藏练斋

U0349537

北京市科学技术委员会科普专项资助
北京科普创作出版专项资金资助

心驰科普

周立伟 著

北京理工大学出版社
BEIJING INSTITUTE OF TECHNOLOGY PRESS

内 容 简 介

收录在《藏绿斋札记·心驰科普》中的很大一部分是有关光学与光电子成像学科的科普文章，向读者通俗介绍光学、电子光学、微光成像、光电子成像、信息与光电技术的成就和进展，剖析科学人物，探讨科技创新等。全书共分8篇。第一篇谈学位论文研究生培养，它是1980年国务院学位条例公布时国内最早关于研究生学习和学位论文工作的全面论述。第二篇谈光学的进展，《光学，明天更辉煌》一文详细回顾了百年光学的发展进程。第三篇关于电子光学的科普，是20世纪70年代作者下厂时给技术员和工人介绍变像管和像增强器中电子光学的奥秘。第四篇关于微光成像的科普，叙述微光成像技术的成就和进展，探讨像增强器的品质因数。第五篇谈光电子成像以及俄罗斯红外热成像技术的进展。第六篇关于信息光电技术的科普，扼要叙述现代战争中的信息获取技术与兵器光电高新技术。第七篇介绍两位创新人物——爱因斯坦与乔布斯，分析他们科学发现与技术创新的特点及异同。第八篇关于科技创新的科普，探讨创新的要素、创新者气质、创新型人才与创造性思维等，研讨连铜淑是如何创建我国反射棱镜共轭理论学派体系的。

本文集可供从事光学和光电子成像领域的技术人员、大学生和研究生参考，对科技创新感兴趣的读者也有一定参考价值。

图书在版编目（CIP）数据

心驰科普／周立伟著．—北京：北京理工大学出版社，2016.6
（藏绿斋札记）
ISBN 978－7－5682－2079－8

Ⅰ.①心…　Ⅱ.①周…　Ⅲ.①光学－研究②光电器件－成象原理－研究　Ⅳ.①O43②TN15

中国版本图书馆CIP数据核字（2016）第066811号

出版发行／北京理工大学出版社有限责任公司
社　　址／北京市海淀区中关村南大街5号
邮　　编／100081
电　　话／（010）68914775（总编室）
　　　　　（010）82562903（教材售后服务热线）
　　　　　（010）68948351（其他图书服务热线）
网　　址／http：//www.bitpress.com.cn
经　　销／全国各地新华书店
印　　刷／保定市中画美凯印刷有限公司
开　　本／710毫米×1000毫米　1/16
印　　张／20
字　　数／307千字
版　　次／2016年6月第1版　2016年6月第1次印刷
定　　价／50.00元

责任编辑／施胜娟
　　　　　王佳蕾
文案编辑／施胜娟
责任校对／周瑞红
责任印制／王美丽

献给已故的双亲
——智慧、勇气和力量的源泉

总序

2007年，当我的《科学研究的途径—— 一个指导教师的札记》问世时，无论是出版社，或是我个人，都没有想到它会在两年间加印到10 000册，而且不到3年，书库里的这本书都被售罄了，一本也找不到了。出版社一直催着我加印，但我总是不愿意，因为回过头来看自己的作品，总是觉得这也没有写透，那也令我不满意。我答应出版社和读者们尽快修订后出版，哪知我一拖再拖，直到今天。对此，我要向读者诚恳道歉。

在我着手修改增订时，友人和学生们都希望我把一些文稿补充进去，于是，我着手收集整理自己的讲话和笔记，以及发表的稿件等，没想到材料还不少。于是我把它们分了类，挑选了一些尚有发表价值的材料，便有了今天的三册书，它们分别为：《情系科研》《感悟人文》《心驰科普》，总名为《藏绿斋札记》。

“藏绿斋”是我给自己家中读书、写作的斗室所起的名字。之所以取名藏绿斋，乃是为纪念故乡的村落——诸暨藏绿。

据会稽外史王思任（1572—1646）撰写之传赞中云：明正德年间（1505—1521）宋周敦颐（濂溪）第24世孙周廷琮（号景胡，世称清三公）偕友人游浙江诸暨五泄、苎萝，行至五泄某地，发现了一处美丽的村落，后全家遂由余姚迁居于此，乃名为藏绿。居数年，家人欲迁回原地，廷琮公乃口吟止之曰：“何处来春色？烟霞此地多；相携入海去，孰与听樵歌？”于是，周氏家族世代繁衍于诸暨藏绿——这个“万绿藏一坞”的山村，至今已500年矣。

藏绿真是一个美丽的地方，位于五泄山之一侧，山林泉石，峰回势接。我曾数次徘徊于藏绿的村落，为它美丽的景色而流连神往。藏绿的地势是周围高而中央凹，故亦称藏绿坞。村落的民居虽经数百年的变迁，却依然保留明、清两代戗角飞檐的建筑及风俗。漫步藏绿，远望高耸的山峰，近见清澈的小溪，一条石板路，小桥流水人家，沿着村落与山溪并行，贴着草木的气息，向深处蜿蜒，耕牛在悠闲吃草，村民在躬身插秧，鸟儿在飞翔歌唱，鱼儿在嬉水觅食，呈现出一片田园牧歌的景象。

我爱藏绿这个诗意的名字，我真佩服先人丰富的想象力。绿，不但是景色之绿，更是心田之绿，它代表美好、淡泊和宁静。藏绿，就是把美好希望的梦想、淡泊坚毅的努力、宁静致远的志向深深地埋藏在心田中，永远不放弃梦想，不放弃努力，不放弃志向。这正是我毕生所追求的，也是先祖廷琮公对他的子孙们的期望。

我从小喜欢阅读，无论是哲学、历史（包括野史），还是武侠小说、诗歌和杂文，都喜欢，读得也很杂。青年时，俄罗斯及苏联的文学书读得很多。年少的时候也曾妄想写作，但后来发现自己形象思维能力实在太差，确实不是学文的材料，就放弃了当作家的幻想。及年长时，见到文化人在我国动辄得咎的狼狈困境和以言获罪的悲剧，特别庆幸自己当年选择学习理工之正确，因为科学的世界任我驰骋，天马行空，不会有碍于政治。1957 年的教训，让我彻底断了写日记、随笔和评论的念头，专心致志于科学研究与教学。这样的境况一直持续到 1988 年。

促进我写作科普的有两位先生，我要说一下。一是关于写作随笔和札记的事，那是受诗人、作家邵燕祥先生启发的。1988 年，中央组织部组织国内 31 位专家学者去烟台芝罘休养，我有幸是其中之一。在芝罘，我很高兴与邵燕祥先生相识。20 世纪 50 年代初，当我读到他的诗作《歌唱北京城》时，心潮澎湃，激动不已。大概是因为我们俩是同龄人，经历有些相似的缘故，他的诗作对新社会的歌颂，对人民的热爱，对未来的向往，正是代表我们那一代青年共同的心声。读他的诗作，我一下子就成为他的崇拜者了。后来，我又读了他写的杂文，他对事物的分析，鞭辟入里，丝丝入扣，极有说服力；鞭挞社会的丑恶现象，毫不留情，颇有鲁迅的风范。最主要的是，他的文字充满了对祖国和人民的热爱。他的文章写得多么透彻啊！我为什么不能学一学啊！我向他请教写作的真谛，他建议我顺着自己的思路，写一些熟悉的事物。是啊！在那时，我从事教学科研已 30 年，完全可以把自己教学和科学研究的心得体会写出来，告诉青年学人们，让他们少走弯路。于是，从芝罘归来后，我学习写作，试着写一些自己熟悉的东西，给学生讲，甚至在报刊上发表出来，好像还受到欢迎。于是有了1998年《一个指导教师的札记》的问世。

二是关于参与青少年俱乐部及科学普及事，是听了王大珩先生劝告的。1997年我协助他起草建议设立光学工程一级学科时，他要我不要每天在书房里推导公式了，要我开阔视野，投身到社会，关心青少年成长，热心科学普及等。他认为这是年长一辈科技工作者的神圣责任。于是，我参加了北京青少年俱乐部、中国光学学会和北京光学学会的科普活动，给大、中、小学学生讲课。有时，还应报刊要求写一些文章，当然写的都是自己熟悉的东西。

自21世纪以来，我自问对于这些活动是积极的。尽管有人传言：周教授科学上不行了，“江郎才尽了”，只能搞搞科普，哄哄孩子了，我也无动于衷，依然我行我素！我的看法是，一个科学人，在科技上作出一些贡献——在某一领域有一些发现和创造，做一个科学专门家并不是很难的。但他的为人必须有两条：一是科学良心；二是人文情怀。前者当然是在科学研究中必须坚守科学道德与操守，后者关系到对青年学人的培养、对少年儿童的关爱、对弱势群体的关怀。作为一个科学人，他绝不应该是一个自私自利，只考虑自己的人，而应是一个有崇高价值观的人。而且，科学人也应该具有科学普及的心怀和能力。因之，我觉得我做的都是一个科学人应该做的，而且做得很不够，也就没有什么遗憾或后悔的。

读者千万不要认为，写科普著作比写学术专著容易。对我来说，两者都是挺难的，我有时甚至觉得写通俗的科普文章和著作更难些。因为，撰写研究型的学术论文或著作，只需要把自己的研究过程、前人的研究、自己的假说、推导的公式、实验的结果、得到的结论按部就班写出来就可以了。学术论文最主要是要合乎逻辑、推理清楚、条理清晰、结论明确，不需要太考虑读者接受的程度。我曾尝试写一些科普文章和科学随笔，但有时写着写着就写不下去了。我的思维来得特别慢，人文修养和底蕴不够；长期从事科学研究工作，抽象思维有一定能力，形象思维就差多了。尽管我对自己从事的科学领域的来龙去脉和科学概念还是清楚的，但有时再怎么苦思冥想，也找不到合适的语言、生动的比喻，以及通俗的例子来表达和描述。这时，我真是佩服那些写科学随笔和科学散文的科普大家，能把一个复杂的科学问题写得那样透彻清晰、通俗明白，语言又那么丰富、优美。小时候，读白居易，不太明白他何以要把自己的诗读给普通老妪听，看她的反应。现在我才感悟到，一个真正懂得科学问题的人，是自己明白又能通俗地说得让别人明白的人。我希望自己向这个方向努力。

《藏绿斋札记》的一些材料，大都是给学生们讲话的内容，或发表于报刊上的文章。《情系科研》主要讲科学研究方法，虽然这类书籍很多，但我是从讲科学研究的途径入手，来讲述科学研究方法上的一些特点和自己的体会。《感悟人文》主要是谈自己对人生的一些心得体会，包括与记者的访谈以及一些怀念前辈老师们的文章。《心驰科普》汇集了自己这些年写的有关光电成像领域的科普报告与评论，其中也有关于科技创新的探讨等。

我承认，我是科学某一个很狭窄的领域的一个专门家，但我并不是作家，也不是科普作家，更不是科学哲学家。这三本书仅是我把自己熟悉的东西、心得和体会、爱憎和感情、思考和认识真实地写出来，如果读者从我的几本小书中能有所体会和收获，我就非常高兴了。

回想自己的一生，除了父母亲给了我许多的爱，很多学术前辈、老师、友人、领导和同志们，包括外国朋友们，也给了我许多爱护、鼓励、关怀和帮助；在《藏绿斋札记》成文和出版过程中，他们给我提出了不少宝贵的意见和建议，我谨在此一并向他们表示衷心的感谢。我还要特别感谢北京市科学技术协会科普部，北京理工大学出版社，以及策划编辑王佳蕾，执行编辑靳媛，责任编辑梁铜华、李慧智、施胜娟等同志，是他们的支持和帮助，才使《藏绿斋札记》得以顺利出版。

是为序。

目录

④ 第四篇 微光成像

⑤ 第五篇 光电子成像

⑥ 第六篇 信息获取与光电技术

⑦ 第七篇 科学人物

⑧ 第八篇 科技创新

前言

《中国科学报》2014 年冬曾经刊登了一篇短文，其中心大意是：科普还是让科普专家干，而科学家还是回实验室做实验为好。我并不这样认为。我的观点是：科学研究当然是作为一个职业科学家的本职，毫无疑问是应该做好的；但科学普及也是科学家的本分，应该尽心尽力去做的。

在知识大爆炸的今天，没有一位是能穷尽人类知识的“百科全书式”的学者。一个人即使是超天才，穷其毕生精力，能在一个学科的一个分支上有所建树并能提出部分真知灼见已属不易，在同一学科的不同分支仍属外行实为正常现象，更不用说其他学科了。作为科学人，把自己研究的学问和本学科的进展，通俗地告诉读者，他须对公众进行“科普”；但他也要了解别人的学问和其他学科的进展，特别是科学常识，他需要“被科普”。而且，人的一生，“被科普”远远大于“科普”。因此，无论是谁，都离不开科普。

许多大科学家如爱因斯坦、狄拉克、李政道、杨振宁、丁肇中、钱学森、华罗庚、李四光、王大珩等，都十分重视和热心科学普及。为了使科学能接近公众，他们花费了不少时间在科普上，深入浅出地将一些科学理论和进展介绍给大众，使大家对科学有一个概貌的了解。

我认为，科学论文，当然是希望作者写得清楚和明白，让大家看得懂，但若写得谁都看不懂也是允许的，如广义相对论，据说当时全世界懂得广义相对论的仅 3 人。而科普文章，不但要求写得清楚和明白，还要求具有通俗性和可读性，如果连业内人士也看不懂，那是绝对不允许的。实际上，科普创作并不比科学创作容易，大凡科技专家写的科普，包括我在内，通常的毛病是：科学性有余，故事性不足。往往是写得艰涩、讲得深奥容易，让大家稀里糊涂、不知所云更容易；而写得通俗、深入浅出、引人入胜并不容易，让大家能读下去、有滋有味有收获更不容易。我近年读曹天元著的《上帝掷骰子吗?》一书，讲量子物理史话这样深奥的话题，能把科学性和故事性结合得如此美妙，实在是令人佩服。

目前，我国的教育科技界，不少人对科普有误解，认为科普创作是“小儿科”：它不是原创的科学发现或发明，它又进不了 EI、SCI 等科技检索系统，更谈不上学术贡献和水平等。通常在评定职称时，很少考虑或根本不考虑申请人在科学普及上的成就，这更加重了一些人对科普的不愿或不屑。

我在大学教书，总是希望一些学有所成的教师们能向青年学人介绍治学的经验，或者把自己所从事的领域和学科的进展科学普及给大家。我希望不要把科学研究与科学普及对立起来。实际上，如果结合得好，它们是相辅相成的。我的认识是：科学研究调动（人脑）的主要是抽象思维，而科学普及调动（人脑）的主要是形象思维，而对于科学人，往往并不缺乏抽象思维，故形象思维的调动则有助于想象力的发挥、创造性思维的获得，这就是为什么许多科学大家十分钟情于科普，甚至武侠小说和侦探小说的一个原因。

收录在《藏绿斋札记·心驰科普》中的科普文章，很大一部分是有关光学学科和光电成像专业的科普，是向读者们通俗地介绍这门学科的成就和进展。当我的学生和友人建议我把历年讲的科普整理出来收录到文集中时，我担忧的倒不是科普的内容太窄（仅限于光电成像和夜视）和作品的文采问题，因为每个人都受所从事的学科领域和学识水平的限制，这是无法改变的。我担忧的是自己写的科普文章的时效性问题，例如，32 年前，即 1983 年，我执笔写了《光电成像 25 年》一文，系统回顾了自 1958 年创建光电成像学科 25 年的进展，当时花了很大的力气，也得到了同事们的肯定和赞赏。今天拿出来看，技术内容大都过时了。但我还是把它收录到文集中，其原因是文章还有一定的历史价值，使今天的学人们能看到一门技术学科初创时期的艰难，能懂得是无数科学先人披荆斩棘，辛勤探索，才有今天的辉煌。任何一门科学和技术，今天都是从昨天走过来的。了解昨天的历史，无论是科技，或是人文，还是能有所借鉴和启发的。此外，我在这本文集里还尝试分析了爱因斯坦和乔布斯创新的特点和异同，以及我校连铜淑教授在反射棱镜共轭理论研究中所展现的科学思维和方法，希望能对今天的青年学人有所裨益。

把自己有关科普的十余篇文章汇集在一起奉献给读者，我是高兴而惶恐的。因为专业面窄的缘故，我不敢妄想一般读者能喜欢我的这一册书，如果光学和光电成像领域的读者读后感到尚有收获，我就十分高兴了。

第一篇 学位论文与研究生培养

关于研究生学习和学位论文工作的札记*

研究生是攀登科学技术高峰的突击队和高等学校师资的后备军。

前 言

随着祖国社会主义建设事业的蓬勃发展，迫切需要一大批高等科技人才来充实高等院校、研究所与工厂企业。“研究生”是输送高级科技人才的一条重要途径，他们将是攀登科学技术高峰的突击队和高等学校师资的后备军，日益受到党和政府以及科技教育界的重视。

按照一些技术先进国家的经验，在科学研究中提倡竞争、加速科技人才的培养、促进科学技术突飞猛进，大力推广学位制是一条重要的途径。自 1978 年起，我国恢复研究生制度，1981 年起施行学位条例，这是一件非常令人欢欣鼓舞的事。但如何提高研究生的水平，进一步完善培养研究生的制度，使之适应我国四个现代化的要求，是一项亟待研究的课题。

由于我在苏联当过研究生，自 1978 年以来，一些同志和学生向我提了不少关于“研究生培养”的问题，如苏美研究生的学位制度，研究生应如何学习、选题、制订研究计划、写学位论文等。在一些座谈会与交流中，我零零碎碎地谈了一些体会与看法。

有人会问，我们新中国成立 30 年了，没有实行学位制度不是照样培养出人才了吗？科学技术不是照样发展了吗？到底实行学位制度有什么好处呢？我认为，学位制度的实行至少有以下好处。

首先，实行学位制，使青年学生有一个奋斗目标，激发青年学生的学习积极性；特别是对从事攻读博士学位的研究生，要求他们培养起独立进

* 本文作于 1980 年 2 月，部分内容曾在校内做过多次讲演，全文没有公开发表过。

行科学研究的能力和习惯，进行开创性工作。其次，对新一代教师的成长，教学、科学水平的提高也是一个重要的促进。科研与教学密切结合，学校既是教学中心，又是科学研究中心，教师既教学又研究，带研究生，这样才能互为补充、互相启发、广开思路、开阔视野。更主要的是，培养青年优秀人才，使他们快速成长，在科学研究上多出高水平的成果，成为学术领域的领军人才。特别是前沿科学更需要年轻人来尝试和突破。

应该指出，学位制度不是仅仅设立一个条例，而是与教学、科研、管理等密切结合在一起的。实行学位制，强调用科学实践来带动科学理论的发展，强调选择与国民经济联系密切的课题或科学前沿的问题去进行探索和突破，鼓励研究生从事开创性的研究，做出世界一流水平的工作来。同时，对培养科学道德与作风、营造学术氛围和环境、改善科研条件、改进科研管理，以及组织学术团队，都有促进作用。

我必须说，这篇文章仅是一份札记。在写作时，我并没有给自己提出全面和系统论述理工科研究生学习和进行论文研究工作的任务，只是想按理工科研究生从入学到毕业获得学位的顺序阐述苏联及国外一些普遍采用的常规的做法，谈谈自己的一些体会与看法。札记中所提到的研究生学习过程中的一些原则与方法，我希望读者将它看成供他参考的建议。如果这份札记能对一些研究生和刚开始从事科研工作的青年同志有所帮助，我认为自己的目的也就达到了。

1. 引　言

邓小平同志在中国科学院纪念建院三十周年茶话会上说：“要认真地培养和发现人才，希望我国的科学事业繁荣昌盛，人才辈出。”在向四个现代化的进军中，党希望我们能尽快培养出一批出类拔萃的达到国际水平的世界第一流水平的专家，以适应四个现代化的需要，这是我国教育工作者的一项非常光荣的任务。

在一些技术发达的国家里，对于通过培养研究生向高校和科研单位输送高级科技人才是十分重视的。特别是在科学技术迅速发展的今天，各门学科之间相互渗透、联系紧密，已成为当代科学发展的一种潮流。新兴学科的出现与发展使学科的领域向深广发展，要求以最快的速度积累知识，同时期望把这些学科的成果迅速推广使用。高等学校、科研院所和工厂都需要补充大量高水平的师资和高级科技人才。形势发展表明，对教学科技人员的使用与补充，仅仅依靠大学两年的专科生与大学四年的本科生已远远不能满足科学技术与国民经济迅速发展的要求。

近年来，人们越来越认识到，培养和使用高级科学技术人才是促进科学技术发展的重要前提。在技术发达的国家，无论是欧美或是苏联，都对高等教育中研究生的培养特别重视，认识到这是培养教育科技高级人才的一条既快又好的途径。他们把研究生看成科学家的阶梯，建立了一整套学位制度甚至法令来培养研究生。在这些国家里，研究生的增长速度是很快的。以英美为例，英国 1966 年与 1939 年相比，研究生增加了 13 倍，本科生同期增加了 4 倍；美国在 1976 年的研究生人数已达 126 万人，研究生每十年的平均递增速度为 2.4 倍，而本科生为 1.6 倍，预计到今年研究生数量将达 150 万人。在美国，有些大学的研究生人数甚至超过本科生的人数。在按人口的百分比上，美国的研究生人数远远超过其他国家。这就保证了科学技术的进一步发展、科学知识的积累以及科技的迅速推广应用。

由此可见，科学技术日益向广深发展，必然需要大量从事研究和发展的工程师、科学家和高级科技人才以及培养这些人才的高水平的师资，研究生正是适应这种需要的主要来源。“文化大革命”前 17 年，尽管我国自己培养的和苏联协助培养的研究生的人数不多，但这些同志现在都是各单位科研、教学的骨干和中坚。因此，无论是国内的实践，还是国外的经验，都说明培养研究生的途径是行之有效的。

为此，本文就理工科研究生学习阶段中的一些问题，如研究生的考试、论文题目的选择、学术导师的作用、研究计划的拟订以及学位论文的撰写与答辩等，谈一些心得与体会。在这里，我将着重谈谈学位论文或学术论文的工作，因为现今撰写学术论文的不仅是研究生，许多青年教师和工程技术人员都在从事科学研究工作，而学术论文正是科研成果的表现。

我希望本文所提到的一些原则、经验和建议对于刚刚进入教育科技界尚未具有足够经验的青年同志有一些参考价值。

这是一份札记，内容远不是系统和全面的，所介绍的一些做法国外也不是都一致的，不一定适用于我国，故不能生硬照搬，而需要结合我国的实际发展。因此，我希望读者将我所谈的一些干巴巴的条文和见解看成仅供参考的建议。

2. 研究生的学位制度

在国外，对于研究生的培养都建立了一套严密的学位制度。所谓“学位”是授予大学生或研究生所达到的学术水平的称号，是评价学术水平的一种尺度。对于研究生，英美等国家设有硕士（MD）和博士（Ph. D）等学位；苏联设有副博士（相当于英美的 Ph. D）、科学博士（D. Sc）学位。获得某一学位的人员，国家和社会要给予一定的优先和好处（如在高校或科研单位任职、较高的收入等），社会承认该人员具有某一学科的科学资历和学术水平。因之，取得学位的程序是通过论文答辩的形式，是由国家法令或制度规定的。故对于研究生及其论文是有一系列要求的。

各国培养研究生的方式大致相同。一是学习一定数量的有关课程，通过考试——在苏联为副博士的最低课目考试，在英美为哲学博士资格考试；二是独立进行与所选学科有关课题的科学研究，准备学位论文。通过论文答辩、考核合格后方能被授予相应的学位。

研究生的入学条件亦大致相同，即相当于大学本科毕业的学士或工程师学位水平的人员才能入学。但各国学位各有不同之处，例如在美国，对于研究生，设有硕士学位与博士学位；有二年制硕士、三年制或四年制哲学博士（Ph. D—Philosophical Doctor）。此外，还有大学生与研究生阶段连在一起的五年制学士—硕士等。在苏联，设有副博士与科学博士，这两个学位并不与欧美的硕士、哲学博士相对应。研究生通常指的是副博士，相当于英美的 Ph. D，学制 3 ~4 年。一般只有获得副博士学位的人才有资格申请答辩科学博士（D. Sc）学位。

从学制与对于研究生的要求来说，苏联的副博士与美国的哲学博士大致相当。本文着重谈三年制或四年制的博士研究生的学习，对于二年制硕士研究生则顺便提一下。国外科学教育事业发展的经验表明，学位制度有利于鼓励人们的学术进取心，促进科学专门人才的成长，故越来越多的大学生都是通过硕士或博士学位进入科学家和高校师资行列的。由于社会上已公认学位是衡量学术水平的尺度，故无论是苏联或者欧美，到研究所或高校任职时往往要求获得某一学位的人员才有资格申请职位。此外，学衔一般是与学位联系的，即通常规定，被授予副教授或者副研究员以上的学衔的申请人必须具有哲学博士（Ph. D）学位。以罗彻斯特大学光学学院为例，研究生部的 30 名教员中，有 26 名获得哲学博士（Ph. D）学位，具有助理教授、副教授、教授的学衔，只有两名教员获得学士学位，具有讲师学衔。

自 1981 年 1 月 1 日起，我国将实行《中华人民共和国学位条例》，这是我国发展教育科学事业的一项主要立法，无疑对于提高我国学术水平、加速培养大批科技人才具有深远的意义。

3. 研究生的学习安排

对于三年制或者四年制博士研究生（以下简称 Ph. D 研究生）的学习安排，国外院校很相似，就美国和苏联而言，其典型安排如下：

第一学年

（1）研究生在入学后课程开始前须与研究生部指定的指导老师会面（在美国，也有在入学一年后再选学术导师的）或直接与学术导师会面（苏联），制定培养方案，如研究方向、必修与选修课程的安排等。

（2）这一学年基本上是课程学习时间。一般，每一学期要上 4 门课，全年为 6～8 门课。

（3）在学习的间隙，要熟悉教研室与实验室，广泛了解课题。

第二学年

（1）在研究生的第二学期开始前，须通过 Ph. D 初试或职称资格考试（美国），或在第三学期末尾通过最低科目考试（苏联）。

（2）继续学习一些高级课程，特别是选择自己将钻研的专题科目进行学习。

（3）进行 Ph. D 研究计划的准备。

（4）提交学位论文计划，通过资格鉴定考试，以及学位论文开题答辩。

第三学年—第四学年

全部为研究工作时间，准备 Ph. D 论文，通过答辩。

一般说来，对 Ph. D 研究生，约 1/3 的时间为课程学习与专题讨论时间，2/3 的时间为研究工作时间，但这两个阶段并不是截然划分的，而是互相渗透的。

应该指出，第一学年学习的目的是给研究生在这一学科上提供一个广泛的背景，使他们了解这一领域的概貌。总的说来，着重的是基础和面上的知识。以光学专业为例，美国罗彻斯特大学光学学院规定的第一学年必修课有：数学方法、量子力学、物理光学、工程光学、几何光学，同时还可选一门选修课，如辐射与探测器、全息术、激光系统、电光学系统以及干涉学等。

研究生在学习期间必须充分表现自己的主动精神与进取心。即使在第一年繁忙的课程学习期间，研究生最好在课余熟悉系内的教研室与实验室，了解高年级研究生以及专业的研究工作。在美国，由于课题方向和导师是由研究生自己选择的，故有的研究生在课余之暇就到实验室工作，因为再也没有其他办法比这个更能了解专业与实验室的教授、副教授以及科研选题等内部情况的了。

研究生在第二学年学习期间仍有约一半时间学习一些高级课程以及Ph. D阅读课等。总的说来，研究生选择这些课程将为自己未来的选题打基础，获得进一步专深的知识。而另一半时间需熟悉某些研究，并与教授或自己的导师讨论可能从事论文研究的课题，进行研究计划的准备。有的研究生在此期间还被安排部分教学工作。

在英美等国家，还广泛招收二年制研究生即硕士研究生。自然，它的要求比3～4年学制的博士研究生要低一些。一般要求在本门学科上有较坚实的理论基础和必备的专门知识，经过科研工作的训练，具有科研工作的初步能力等。

在美国，取得硕士学位可通过不同的途径。一种是撰写硕士学位论文的途径，此时，研究生可少修几门课，而承担一项研究设计计划，并撰写硕士学位论文。另一条途径是通过考试的途径，此时硕士研究生需多学几门课，以完成课程任务为主，但其还必须撰写一般性的学术论文，这类论文具有随笔性质（如专题试验、文献综述和书刊评论等）。

4. 对研究生及其学位论文的要求

研究生的毕业论文，在国外称为学位论文，是指某一科学课题的文集，目前此词的意义是指研究生或作者申请某一学位的科学著作。

研究生的水平反映在他的学位论文上，故各国对学位论文是有一定要求的。以苏联为例，对答辩副博士学位的研究生及其学位论文有以下要求：

（1）在本门专业学科范围内有全面、坚实的理论基础。

（2）在论文课题上有系统深入的专门知识。

（3）有独立进行科学研究工作的能力，反映在学位论文所取得的成果上。

（4）科学研究成果要有新的见解、结论与建议。

这就是基本与原则性的要求，美国的 Ph. D 博士学位论文的要求与此相仿。

因为每一个研究生所进行的研究课题的性质千变万化、范围极广，为了保证在不同领域的 Ph. D 研究生的研究具有近乎相等的质量，即要求研究生达到与国内、国际科学技术相适应的水平，一般要求在申请答辩的学位论文中必须包括三篇或以上公开发表在国内学术刊物或国际期刊的科研论文，这就为 Ph. D 研究生建立了一个共同的标准。同时，必须进行公开答辩，答辩通过，经国家学位委员会批准才被授予学位。

尽管如此，我的认识是，对 Ph. D 研究生，与其说是要求他创造科学研究成果，不如说要求他经过这个阶段掌握科学方法、锻炼科学研究能力，培养学术素养。当然，历史上有个别博士研究生在这期间取得了极为杰出的成果（如居里夫人、巴索夫、德布罗意），这些成果甚至在后来获得了诺贝尔奖。毫无疑问，在研究生学习期间，要充分发挥他们的聪明才智与创造精神，但研究生阶段的着眼点是培养人才，并不是使用人才。因此，对科研成果的要求是有一定分寸的。

研究生通过学位论文答辩并获得学位意味着国家对该研究生在学术上的成熟以及科学研究素养的正式承认。

总之，学位论文是一项非常严肃和责任重大的工作，研究生只有花费大量的心血和紧张的劳动才能完成。

5. 学术导师的作用

每一个研究生，都应有学术导师对他（她）进行指导。导师通常是一个，也可以是两个或指导小组，但必须有一个人主要负责。

由于每个导师的治学方法各异，因此很难说得上有一套定规或统一的格式来指导研究生。一般说来，在研究生的学习与论文工作上予以指导，提出建议，并帮助解决出现的困难，是学术导师的任务。但有些困难是不应由导师解决的，有的困难是导师解决不了的。那么，学术导师究竟应该帮助研究生些什么呢？我想，大概有以下几点：

（1）在培养计划、选题、论文计划或建议书上给予谨慎的建议。

（2）在科研方法与治学态度方面给予指点，引导研究生在分析问题与解决问题上自我培养。

（3）指导阅读科技参考文献。

（4）对学位论文的假设、想法予以引导，特别是在研究生研究过程中的“线索”追踪与否要给予指导。

（5）研究生学位论文的把关。

为了使研究生真正成长为一个攀登高峰的科学工作者，学术导师没有必要再像大学生的任课老师那样辅导与答疑，把着手教。我的看法是，学术导师是应该稍稍“放手”的。具体说来，以下几点是需要注意的：

（1）在培养计划的制订上，要让研究生在选题上有完全的独立性，不要给予压力。

（2）在整个研究探索和准备论文的过程中，要使研究生的工作成为真正独立的科学劳动。

（3）建议和指导不要超过界限，必须让整个论文工作的主要思想是研究生自己的。自然，研究生可吸收导师或他人的想法与建议形成自己的一套想法。不要使研究生感到自己的想象力受到限制，也不要使研究生产生依赖思想。

（4）导师与其在细枝末节上把着手教，不如在研究方向上给研究生把着舵要更好一些。

（5）要注意研究生的学风，引导研究生从事认真的科学研究，拿出经过周密论证、有创见的成果。要尽可能地防止研究生在匆忙草率、证据不足的情况下得出结论。

当然，还可以列举一些，但中心思想是，导师要发挥研究生的主动性和进取心，促进其成长为一个真正的科学工作者。

应该说明，在国外，研究生论文完成与否、能否通过，研究生本人负主要责任，不能责怪导师。但是，研究生的成败在一定程度上也反映了学术导师对科学研究理解或指导的程度。由于学术导师指导失误而使研究成果毫无所得的例子也是不少见的。

6. 研究生的考试

下面分别介绍一下美国研究生的初试和苏联研究生的最低科目考试，它们是有些不同的。

美国的 Ph. D 初试是研究生入学后的第一关，一般采取笔试方式，是在第三学期开始前进行的，连续考三天，每天考三小时。

美国的 Ph. D 初试有两个目的：

（1）为研究生选择一些重要的课目和摄取课程的精华，帮助研究生复习使其获得高年级课程的概貌。

（2）系和研究生部可进一步了解该研究生的基础知识是否可以开始专题的科学研究工作。

虽然 Ph. D 初试成绩不是决定继续学习的唯一评判标准，但在权衡该研究生的去留上还是起作用的。

现将美国罗彻斯特大学光学学院研究生的 Ph. D 初试科目及考试时间列出，供参考。

第一日，光学物理与数学

数学技巧（30 分钟），量子力学（30 分钟），原子与固体物理（30 分钟），电磁场理论（30 分钟），物理光学（30 分钟）。

第二日，光学工程

几何光学（60 分钟），仪器光学（60 分钟），激光与电光学（60 分钟）。

第三日，其他

辐射与探测器（45 分钟），视觉、色度学、照相、电子学、数值分析（共 45 分钟），课程设计（90 分钟）。

通常学校为 Ph. D 初试的每门课目列出一本考试指南，指明复习的范围或深度，以及相应的参考书。但这些指南并不是很详细的，只是一个范围而已。以下是几个例子。

数学技巧（30 分钟）

重点是求解以下范围的问题：复变函数、微积分、拉氏与傅氏变换、渐近展开与矢量分析。

几何光学（1 小时）

傍轴光学、像差、成像分析、检验方法与光学加工。

辐射与探测器（45 分钟）

辐射度学单位与定义、黑体辐射、光源、热与光电探测器、探测器的噪声、光学成像系统中的照明学、眼睛作为探测器。

还应该指出的是，初试的科目与研究生第一学年的学科科目并不一致，由上述考试内容可见，Ph. D 初试主要是在广度上的要求。

苏联副博士的最低科目考试与美国有所不同。对于每一个研究生，规定一些最低科目，如哲学、外文、基础课、专业基础课以及专业课，在一年半内考完。在这些课程中，研究生的专业课考试是一大关。学术导师往往在这次考试中把自己不中意的研究生淘汰掉。考试的方式一般是先笔试后口试，口试时随意提问的问题往往是一些与考题不很相关的数学、物理基础，基本概念和问题，有时使一些研究生十分狼狈。如考生说到这个问题需要进行相对论修正时，考官就会打断发言问考生：爱因斯坦狭义相对论的两个前提是什么？如果答上来，考试立刻被通过；若答不上来，便被认为基础差、概念不清楚，甚至被判定考试不及格。

7. 论文课题的选择

近代科学技术迅速发展，各门学科极其分支所含的内容是极其广泛的，社会主义建设每时每刻都在向科学工作者提出新的课题，故可以接受作为学位论文工作的选题是大量的。但是，当涉及论文工作的具体项目时，也只可能是某一极为狭窄的学科范围。

对于理工科研究生来说，尽管论文课题的选择多种多样，但以下几个方面似乎是应在选题时考虑的。

（1）选题最好与国家建设的需要结合，尽可能选择国家迫切需要发展、亟待解决的课题。

研究生应尽可能选择教研室、实验室或学术导师的科研课题。这些课题大多都构成一个研究领域，而且作为技术科学各专业的研究，都将推动国计民生的发展。研究生自己必须意识到，自己所做的工作是在为社会主义建设“添砖加瓦”。选题若与教研室或导师团队的研究方向结合还有一些好处：你不是孤军作战，你能得益于他们的指导和帮助，你的研究也能有助于他们工作的开展，起点也可能较高，可以在学术导师和团队的“肩上”进一步攀登科学高峰。此外，经费、器材易于得到保证。我们从近年国外高校研究生选题的趋势来看，绝大多数是实验室或导师的科研课题或研究方向，有的系或实验室的科研任务主要由研究生承担。

人们常常会问：“你的研究选题将为祖国的建设、科学的发展带来什么呢？”研究生应该能清楚地回答这个问题。

（2）论文选题须具有一定的科学价值。

研究生所从事的学位论文工作，其成果应有新的创见、结论与建议，具有科学价值与实际意义。一般说来，科学价值与应用实际意义是基本一致的，但有时并不一致。如布尔代数在当年研究时还看不出具体的实际意义，而陈景润的“哥德巴赫猜想”，至少在近期还看不到任何应用的前景，但世界公认其具有卓越的科学价值，因此，评价选题时不要仓促下结论。

（3）选题以研究生为主较好。

论文题目不应硬塞给研究生，而应当让研究生通过自己的观察，对某一课题有强烈的兴趣并渴望进行研究，按照他本人的愿望进行选择。一般说来，研究生自己担负选题的主要责任，他确实为此课题所吸引，有强烈的兴趣和探索的愿望，又是他能力所及的，成功的可能性是比较大的。常有这样的情况：教研室、指导小组，或学术导师都认为好的课题，研究生却一点也不感兴趣，这个时候便不必强求，“强扭的瓜不甜”。

这并不是说，选题过程中任凭研究生去摸索。相反，这正需要引导。大多数研究生是通过导师引导介绍，自己不断了解从而热爱所从事的研究的。

（4）要鼓励研究生注意新兴学科、边缘学科发展的需要。

研究生一般年富力强，正是智力发展的高峰时期，思想敏锐，故要鼓励他们向未知领域进行探索。新的边缘学科正需要年轻一代的科学工作者去攀登，其成果意义往往是比较大的。

在选题中常常遇到的问题是：课题选择太广泛，研究生对自己最终要解决的中心问题不明确。这样的课题牵涉面太广，需要收集的材料太多，以至于实际上已不可能进行深入分析。有时还会遇见这样的情况：研究生滑到题目表面上进行浮光掠影的分析，或是重复别人已经做过的工作，写在论文中的尽是别人的老话。

还应该说明的是，研究生学位论文的特点固然需要有深度、有成果，而更主要的是证明作者掌握了科学研究的方法。研究生在学习期间只能着手解决一两项有限的目标，研究工作每一步的进展都不能期望轻而易举地取得。因此，研究工作的目标和意图必须十分明确。

顺便说一下，在研究生中常常见到这样的情况：有些研究生是带着自己的课题进入大学或研究院的，这些学生在参加科研教学工作以及生产实践中碰到了不少的问题，推动他思考和深入研究，他有强烈的兴趣去解决现实生活中碰到的问题，他意识到自己对于祖国科技发展的责任，这种积极性和自觉性正是一个研究生十分需要的。这些问题之一被选择作为学位论文的题目往往是能做得很成功的。

8. 研究工作的程序

当学位论文课题选定以后，一般说来，研究工作须经历以下几个阶段。

（1）收集文献与资料阶段。

研究生在选定题目以后，必须知道前人在这方面已经做过哪些研究，以此作为研究的起点。

查阅文献是研究生的一项基本功，科学文献是积累知识的宝库。为了不让自己在已解决的问题上白白地无效劳动，必须尽可能地知道在这一问题上已经发表的文献。

在阅读文献的过程中，要学会做“索引卡片”的方法，即在卡片上把与自己工作特别有关的文章做出简明的摘要，做摘要的过程也能帮助记忆文章的要点。研究生要学会快读与精读，首先将这一领域的有关文献浏览一遍，在通篇快读对全貌有所了解以后，再回到那些重要的章节段落，重新阅读并做笔记。

无论是研究生或是科学研究人员，对待前人的文献要持尊重与批判的态度，摘引文献要客观，要采取历史唯物主义的态度，给予公正的评价，不管同意不同意他人的意见，应该是说理的和有根据的。目空一切、打倒一切的态度更是不可取的。

（2）准备论文计划阶段。

查阅文献，进行调查研究获得对该项研究的第一手资料是研究生论文工作的第一步，但这些工作还需贯穿于研究工作的始终。在论文计划阶段，研究生要弄清文献与资料之间的相互关系，寻找现有知识上的空档，不同作者报告中的差别、理论与实践之间的差别与矛盾以及有关课题相似的地方，还要整理自己发现的线索，然后将课题分成若干具体问题，提出一些假设或猜测来解释所得到的材料。从这些假设出发，进行初步探索，或通过实验，来证明或否定某些结论。

因此，这一阶段很像作战前的侦查，拟订作战计划。研究生在研究工作正式开始前对课题进行周密思考，从各方面同时入手，进行理论上的初步分析和实验论证，找到一些“突破口”后，便可拟订“作战计划”了。

论文准备阶段最后的表现形式是“学位论文计划书”或“学位论文建

议书”，我们将在下一节详述。

上述两个阶段的工作在第二学年进行。

（3）研究阶段。

许多人把科学研究比作作战，这个比喻是很贴切的。当一系列的战前准备已告完成后，就可以发起攻击了。

正如作战一样，最有希望取得进展的方法是把兵力集中在敌军最薄弱的有限地区，用初步侦察和佯攻的方法发现敌人的薄弱环节，或利用计谋迂回前进。在取得重要突破时，迅速扩大战果，夺取新阵地后，巩固已经夺取的阵地，把它作为下一步进攻的基地，这也是进行科学研究取得进展的正常模式。

在这一阶段中，当发现有成功希望的线索时，应与导师商量追踪与否，如确有重大意义，应修改计划，全力追踪这个线索。

研究阶段常会遇到进展非常困难的时刻，有时好像“山重水尽疑无路”，这时极需韧性和耐心，想方设法，用尽一切聪明才智去解决它。钻研不等于固执地想一个问题、钻牛角尖。有时可以将难题放一下，从另一个角度看问题，有时会在某一思想启发下豁然开朗，大有“柳暗花明又一村”之感。

应该指出，这三个阶段很难截然分开，研究方法也不是一成不变的，以上讲的是大致的做法。

9. 论文计划书的拟订及其答辩

为了使论文研究工作有所遵循，也是为了顺利地完成论文任务并通过答辩，国内外院校都规定研究生在研究开始之前必须制定出学位论文开题书，并为自己的计划准备答辩。

这确实是很有必要的，论文计划书是研究生论文工作的一个关键，完成这个要求所获得的经验对于研究生是大有益处的。

学位论文计划书（或开题书）的格式如下：

（1）论文题目（1 页）。

在计划书首页，需给出研究生的姓名、研究课题的题目、所在院校系、学术导师的姓名、计划书日期。

（2）论文摘要（1 ~2 页）。

用 1 ~2 页说明论文计划的摘要。

摘要应是资料性的摘要，是作者对所申请的研究的扼要概括。要概述主要论据、结论，并列举关键性的数据材料。

（3）序言（3～5页）。

序言中应对所申请研究的领域做一般叙述，说明研究工作的背景及驱动力。序言应利用广泛的文献资料，简洁地进行讨论，展示作者在所选择课题的领域内对参考文献的理解与熟悉程度。

（4）研究计划（5～10页）。

这是学位论文计划书的核心。作者应详细说明研究目的、工作各阶段的主要内容、预期达到的成果、计划进行方式以及实验方案等。

计划中应包括准备选择的其他方案，也应当指出可能存在的问题。

计划中应附有少量插图。

（5）计划日程表（1～2页）。

除了论文的完成期限外，各阶段工作应大致安排日期，最好说明检查方式，并附上主要参考文献。

系和研究生部将组成论文计划开题委员会，该委员会（美国）规定至少必须有三个本系的教授或副教授、一个外系的教授或副教授，委员会由导师提名、系主任指定。答辩方式是口试，研究生对自己的整个论文计划做说明，介绍其收集资料的概况，以及对拟议研究工作的设想、预期达到的成果，表明其确有能力完成所研究的课题。

委员会对研究生论文开题计划进行如下几方面的考察：

（1）在所从事的专业领域的评论与回顾方面。

（2）由所描绘被研究问题的轮廓反映该生的能力、该项研究的价值与意义。

（3）研究计划中确立的最终目标是否合理。

论文计划开题委员会听取答辩后进行投票表决，至少需获得3/4票才能通过，研究生才能正式开始其研究。若研究生计划及其答辩中有些不合适以及其他缺点，委员会可延期举行表决，给研究生改正这些缺点的机会。如果答辩失败，则在适当的时候进行补试。

论文开题可在第四学期内举行，或推迟到第五学期（对三年制的研究生）初进行。研究生如果在规定期限内不向系或研究生部提交自己的学位论文开题计划书，则应被视为自行除名。

在这里，还想补充说明两点。

（1）论文计划开题委员会审查论文计划书是考察研究生对研究此问题是否具备基本的知识，研究方向是否对头。论文开题计划书通过并不意味着答辩委员会以及学术导师担保计划书的论点都是正确的，如果论文最后没有成功，委员会或是学术导师都不对计划书承担责任。

（2）研究计划的改变是常有的事。许多新发现、新情况不是事先能预见的，而是在过程中产生的。不要把计划看成一成不变的、死板的东西，要不断修订，重大修订应告知系和研究生部。自然，有些有价值的进展的研究是要冒些风险的。

10. 学位论文的要求与格式

理工科研究生学位论文属于科技论文的一种，其目的是介绍作者在研究该课题时所获得的科技成就，在探索该课题领域的客观规律中所取得的进展。形式决定内容，理工科研究生学位论文因学科不同，研究项目、过程和结果不同等，可以有多种写作方式和体例结构。因此很难列出理工科研究生学位论文共同遵循的千篇一律的体例章法。但是，对于理工科研究生学位论文，与其他类型学位论文相类似，以下几点要求是相同的。

（1）论文具有目的性，以明确的观点统率材料，使论文具有明确、鲜明、生动的特点。

（2）论文要突出反映作者研究的新思想和新见解，博士学位论文要求取得创造性的成果。

（3）论文撰写要求概念明确、判断恰当、注意逻辑、讲究词章。

全文叙述的次序应从属于上述的指导思想。下面将理工科研究生论文常见的格式按一般的逻辑顺序逐一探讨。研究生应根据学位论文表达内容的需要，来安排叙述的次序。

（1）引言。

引言或前言是学位论文的“帽子”，常见的引言一般包括下列内容：

①论文的主题和目的；

②论文写作的动力、情况和背景；

③论文的科学价值与对国民经济的意义；

④概述达到目标或理想答案的方法和论文展开论点的计划。

这一节通常写得很短，仅几页。

（2）述评或综述。

述评或综述是表述研究生阅读文献、收集资料、研究问题和提出问题的情况，反映了作者对该课题当前状态的理解。它包括以下内容：

①历史背景与对以往有关论著的回顾；

②基本理论、基本概念与原理的表述；

③清楚说明前人的贡献，解决了什么，还遗留了什么问题；

④作者对这些问题的理解，从而引出作者对此研究课题的观点与态度；

⑤概要叙述本研究课题的计划，顺便说明研究中的发现。

研究生对文献的叙述不应是无目的地纯记录复述原始资料的内容，而应当将目标集中于引述文献中经过作者提炼的对于学位论文工作直接或间接有关的部分。在对待前人的工作上应当研究详尽、分析透彻、评价客观、不怀偏见。

这一章的篇幅长短不一，有的论文的述评可长达全部论文的1/4 ~ 1/3。

应该指出，有的研究生论文将前言和述评结合在一起，统称“引言”或“综述”，这也是可以的。

（3）正文。

正文可以分为若干章节，它是学位论文的核心。研究生应详尽无遗地叙述本人的研究成果，要特别显露自己独到的、新的内容，要充分论证自己的设想、见解与新的原理。

正文须以基本观点为中心，目的明确，要用经过提炼的反映事物本质内在联系的材料来说明自己的观点。

最常见和最普遍组织论文的方法是按感性到理性的规律划分章节，把多次实践和认识提炼的典型材料和观点分别组织到这些章节中去，反映认识由低级向高级上升的运动。例如介绍一项实验成果，首先叙述实验用的材料、设备、过程与结果，然后进行讨论，提出结论与建议。从材料制备到实验结果这些部分，是从感性材料到概念、判断；结论与建议就是使用概念和判断进行推理的结果。

各章的安排顺序必须有逻辑联系，要有科学性。内容安排可按特殊发展到一般或一般过渡到特殊的格式进行组织。

（4）结论与建议。

结论和建议是作者所得的结果的逻辑发展，是整篇文章的归宿。结论是根据材料得出的简介，建议是根据材料提出应如何做的方案。结论要反映作者如何通过实验、计算，经过概念判断、推理的过程而形成总的观点，反映事物内在的、有机的联系。

在研究生学位论文中，结论和建议需独立地放在正文之后，表明作者所得到的成果。自然，也可以在每一章的后面做结论，再在全文后面概括最重要的结论。

研究生列举研究结果应非常简明扼要，结论通常写成提纲形式，要求逻辑严谨，文字简洁、完整、准确和鲜明，不能有第二种解释。

（5）致谢。

应该指出，无论对于研究生或是研究人员，作者对他所参考利用的前人成果应该指明出处。

在结束语中，研究生应对学术导师的指导表示感谢。此外，对常规之外的帮助，对任何曾经为他的研究提供过实质上帮助的人，有责任给予应有的肯定和感谢，用词要恰如其分。

（6）参考文献、附录。

在学位论文中，除了图表、注释直接插入文内辅助阅读外，参考文献、附录一般附于篇末，与其他著作相同。

列举参考文献是科技论文的传统惯例，这反映出作者严肃的科学态度和研究工作的广泛依据。凡引用其他作者的文章、观点或研究成果，都应用数码标明。在参考文献栏中，说明来源时，作者姓名、文献名称、卷、期、页次等内容要准确，格式要一致。

附录一般是将额外引证或推导的结果附在后面，突出主要线索，把那些对总的说明来说是次要的，但必须说明的细节（如复杂的表格以及其他广泛的辅助材料，例如复杂数学计算的细节）列入附录。附录要用大写字母标出次序，文中凡需参见附录的地方都要标明，便于读者阅读。

11. 学位论文写作的一些技术细节

理工科研究生学位论文是一种严肃的书面文体，研究生要十分注意学习科技论文写作的技巧和艺术。

学位论文要求写作准确、鲜明、生动地报道自己的论文工作，表达自己的逻辑思维。在写作风格上崇尚严谨周密，要求行文简练、讲究词章、重点突出。写作中一般常见的通病，如结构松散、缺乏逻辑、词汇贫乏、含混不清等，在研究生学位论文中须竭力注意避免。

这里主要谈谈论文撰写中应注意的一些技术细节。

（1）学位论文有一定的篇幅，为了方便叙述与阅读，应该把全文分成几部分、章与节，并用标题分开。章节的划分应能明显地看出文稿的内在逻辑。每一章节可由一绪引段开始，承接段可以写得很短，用来联系绪引段和第一正文段，接着是若干个正文段，最后是评论段和总结段；要使每一段落讲明一个观点，环绕一个主题，中心突出。尽管如此，在叙事和推理中，要避免八股文和学究气。

（2）文稿要写在单页的稿纸上，这样可方便改稿、增补或删除。小的增补可写在行间或空余之处，大的增补可写在另页上。

（3）全文中术语、符号以及缩写字都要统一，符号尽可能应用一些常用的数理化符号，单位要用国际单位制，文中单位的书写如毫米、微安和千伏等可用中文亦可用外文（mm，mA，kV），但前后要一致。

（4）外国作者的姓名可以不译，或译名后面附上原文。有些知名学者如爱因斯坦则不必附原文。有一本翻译俄文的书，译者把爱因斯坦译成爱斯捷因，大家便不知他究竟是谁了。

（5）文献的列表，在国内外有两种方式：一是以姓字第一字母或笔画为序；另一种以文献出现的次序前后分。文献较多的论文，亦可分章列出文献。参考文献的摘引，例如“[35]”表示参考文献表上编号第35项。

（6）文稿的图形应插入文中，离被说明的内容接近，并写上相应的标题。

（7）表格和图解是科技论文的重要辅助手段。其特点是列举可供运用、运算、对比的具体数值材料。每一表格主要由项目栏、纵向项目以及数据项组成。项目栏的项目横排，每一项所管材料上下读；纵向项目竖排，材料左右横读。要注意表格的排列，使读者一目了然。

（8）数学公式如很长就得转行。但要选在“=”“<”“≤”“≥”或“~”等之类的关系符号处转行。如果做不到，也可选择在项与项之间转行，即在“+”“-”处转行，不得已时可在运算符号如$\int$、$\frac{\mathrm{d}y}{\mathrm{d}x}$、$\sum$、$\prod$之前转行，但不要在这些符号之后立刻转行。如$\int$、$\sum$等符号后面的式子还是太长，一行仍无法排下，可在“+”“-”处转行。如果不是多项式，

完全是乘除，则可在一个括号处转行，用“×”号连接。

（9）注意标点符号使用的特殊规律。正确使用句号、逗号、分号、冒号、惊叹号、问号、破折号、双引号、括弧等。

（10）在论文稿誊清，送到印刷厂准备打印前，需要注意以下事项。

①论文稿誊清最好由自己抄写。如果是他人抄写的话，须经作者再三核对，尽可能避免差错。

②文稿中要用铅笔注明编排格式，有的外文须注明采用字体。着重处（黑体字），甚至字号，字间要稀疏隔开亦须特别标明。

③最后形成的文稿应由卷首封面、目录、论文基本部分（包括文献和附录）组成。根据作者的愿望，也可以写个人简历、作者前言。

封面格式可以有以下内容：

学位论文工作完成的高校或科研单位名称、研究生姓名、学位、论文题目名称、答辩学位（博士或硕士）、学术导师姓名、地点与年月，研究生如有技术职称也可一并写上。

12. 学位论文内容提要

苏联自20世纪50年代以来规定研究生必须在答辩论文前提供学位论文内容提要，它实际上是学位论文的缩写本，为的是让社会公众与学校一起审查研究生的论文工作。

学位论文内容提要应包括以下内容：

（1）研究工作的缘起，以及重要性。

（2）各章摘要，叙述作者的基本思想和连贯的论据，展开作者的工作。

（3）结论，叙述取得的成果。

（4）结束语。

内容提要要求简明扼要，重点突出，一般需要10 000~15 000字。

学位论文内容提要的封面与上述的学位论文的封面相同，内容提要小册子的印刷通常不少于100本，要在答辩前一个月发往有关单位。有的单位将会寄评语到学校，评语要在答辩时向公众宣读。

学位论文内容提要的编辑、校对以及印刷都应十分注意，应当尽量避免出错。如果内容不错，而该提要印刷错误极多，有时会使研究生处于十分难堪的境地。

13. 学位论文答辩

研究生的学位论文写就后，须向系里或研究生部申请答辩，文稿须印刷或打印若干份（在国外，一般为 4 ~5 份）。

在苏联，学校须在研究生答辩的前一个月在地方报纸登载学位论文答辩的消息，宣布答辩人、题目、答辩学位、时间和地点。此外，须邀请外单位两位评阅人进行评议，这两位评阅人须在答辩前提出评语来。评阅人必须由副博士、副教授或副研究员以上的人员或与其相当职称的高级工程师担当。

研究生答辩时，须向院校或系学位委员会报告自己的论文工作，令人信服地阐述学位论文的新原理、新技术与结论。由于讲述的时间很短（约 20 ~30 分钟)，故要特别组织好自己的讲稿，准备好图表、曲线和数据等。在现今的情况下，应充分利用幻灯片等电化教学手段。

应该指出的是，有的研究生答辩时在论文的意义、问题的缘起、前人的工作以及一些细微枝节上喋喋不休，大部分时间消耗掉了，不得已将论文的基本内容和研究成果草草读完，使答辩委员会或学位委员会不能充分理解这位研究生的成就，同时也引出了不少问题，这是应该引以为戒的。

研究生应当回答向其提出的任何问题，回答问题应简单明确，答辩时要沉着坚定，有信心、有礼貌，信心与礼貌有时甚至会影响答辩委员们的投票。

研究生答辩后，答辩委员会宣读评阅人、教研室或实验室、学术导师以及外单位的评语，并听取到会人员的意见，最后以无记名投票表决。表决通过后，由学位评定委员会报上级批准后，方可授予学位。

14. 研究生的培养

培养研究生，每一位学术导师各有各的培养方法，方式也是多种多样的。有的导师在大的方向上指点，其他事情基本不管，完全让研究生自己处理；有的导师带得非常细，在研究过程中事无巨细，都亲自过问；大多数导师是在这二者之间取折中，稍稍倾向于前一种的情况。

除了课堂学习与进行研究工作外，有许多活动对于研究生的培养是很有促进作用的。

（1）讨论班或阅读讨论课。

学术导师与研究生一起讨论或上阅读课，或开讨论班，有助于培养研究生的创造性思维，有利于导师了解研究生的学术水平与思维方式，也有利于研究生学习导师的学术专长。师生相长，彼此常会受到启发、激励与鼓舞。在讨论中，有些研究生敏锐的思想火花（可能是潜意识和不自觉的）往往会被学术导师抓住。

此外，与一些志同道合者讨论问题也是有益的，即使是非正式的讨论也有助于创造性的思考。

（2）参加学术会议。

鼓励研究生参加国内外学术会议对研究生是很有帮助的。在学术会议上，青年研究生们可以看到怎样通过发展别人的工作来对知识做出贡献，看到怎样评议论文，看到作者的答辩以及会议的民主气氛。遇到与自己在科学研究上有共同爱好和兴趣的人，会产生很大的动力，这通常给予青年研究生在未来的科学探索道路上以极大的启发。

一般说来，参加国际或国内的学术会议的机会是屈指可数的。在有的院校，规定研究生必须在教研室一年或一学期内做一次学术报告，这对于研究生亦是很好的锻炼和帮助。教研室的老师与其他研究生可能会提出不少有益的建议，有经验的教师会指出报告中的谬误之处，提出一些建议或提供一些线索供思考，甚至在科学研究方法上也会得益于他们的启示。

（3）在学术刊物上发表论文。

研究生要争取自己的部分工作成果能刊登在国内外的学术刊物上。研究生所在院校的学报要为刊载研究生的论文创造条件。通过编辑、评阅人以及作者的共同努力将使论文质量有一定程度的提高。因为登载到刊物上的文章实际上要较未登载的文章要求高得多。在国外，规定必须有三篇文章登到学术杂志上才能申请答辩，这是保证质量的一项重要措施。

研究生的培养工作不是只靠学术导师或教研室的老师、系领导少数几个人能搞得好的，需要各方面的支持，要为研究生的实验制造条件，要保证实验器材与加工条件能供研究生及时将结果做出来。如果缺乏实验条件，研究水平将受到很大的影响。要为研究生的学习创造条件，特别是计算机、图书资料与文献的复制。

对于研究生，必须高标准、严要求，除了在入学时贯彻宁缺毋滥的原则外，研究生的论文工作必须达到前述的要求才能毕业。为了保证质量，不一定按期答辩，允许继续工作，或延长期限，或回单位继续研究，直到论文工作完成，符合要求，才允许答辩毕业，授予学位。完不成研究任务的研究生可肄业。我想，经过几年的努力，我国研究生的学术水平将与国际水平一致。

15. 关于科学研究方法

关于科学研究方法，有两本书出色地介绍了这个问题。一本是贝弗里奇著，陈捷译的《科学研究的艺术》；另一本是王梓坤著的《科研方法漫话》，都是值得一读的。

我这里讲的谈不上是科学研究方法，只是谈几点个人的心得。

（1）一旦选定课题，要心神俱往，酝酿思考要达到日夜萦绕在心的程度。“机遇只垂青那些懂得追求它的人”“众里寻他千百度，蓦然回首，那人却在灯火阑珊处”，确是一点不错的。

（2）要抓住突然跃入脑际但可能转瞬即逝的“思想火花”。当“思想火花”出现时，自己甚至为先前不曾想到这个念头而感到狂喜和惊奇，要及时地将它记录下来。也许日后证明这个朦胧的想法根本行不通，但也许提供了解决问题的一个途径。

（3）要花力气在各种想法和方案中寻找答案，一旦抓住，全力以赴。

（4）关键在于一个“勤”字。勤做摘记、勤阅读、勤动手做实验。一句话，没有勤奋就没有智慧，也就没有成就。

最后建议研究生们学一点形式逻辑。形式逻辑为我们提供了学习和研究各门学科所必须具备的辅助工具，提供了如何使概念明确、判断恰当、推理有逻辑性、结论有说服力的必要知识。不少年轻科技人员的思维过程和论文表达中所表现的思维混乱、前后矛盾正是由于不遵守形式逻辑的基本规律和规则的结果。

16. 研究生的品格

可以列出一大串词组来说明作为一个研究人员或者研究生应该具有哪些品格，但是在这里我想将下面这个公式：

“热情 + 方法 + 毅力 = 成果”

赠给研究生和其他刚刚从事教学科研的同志们。说得明白些，就是如果你有对科学的热爱，加上正确的科学方法和掌握解决问题的手段，再加上坚韧不拔的努力，就一定会在科学上取得丰硕的成果。

下面，我想摘引一些科学前辈的话，特赠给研究生们。

“为要把（科研）工作做好，首要的是，你应当对你所做的事确实感兴趣才行。兴趣主要是对目前所做的工作精神和态度上的问题。”

“没有热情比没有能力更可怕。”

“假如他在学习的过程中不曾注意到知识的空白或不一致的地方，或是没有形成自己的想法，那么作为一个研究工作者他是前途不大的。”

“几乎所有的有成就的科学家都具有一种百折不回的精神，因为大凡有价值的成就，在面对反复挫折的时候，都需要毅力和勇气。”

“我（爱因斯坦）很清楚，我本人没有特殊的天才。好奇心、专心一致和顽强的耐心，结合自我批评的精神，这些给我带来了我的概念。关于特别强的思维能力，我是没有的，就是有，也只是中等的程度。有许多人思维能力比我强许多，但未做出任何惊人的事业。”

“科学要求每个人有极紧张的工作和伟大的热情。”

最后，衷心希望研究生们在某一学科或某一个方面取得有独立见解、有科学论证的研究成果，成为一个又红又专、有真才实学的专门家。

17. 结束语

如何把大批研究生培养成为又红又专的具有创新精神的人才确实是一个值得探讨的问题，我们不少教师（包括我自己在内）大都是靠自己摸索，走了许许多多曲折的路，到学会若干研究方法时，最具有创造力的年华已经过去了，谈起来都是很感慨的。这篇札记并没有什么新的创见，只是想在一些问题上提醒刚跨入科学征途的研究生们，同时衷心希望广大的老教师们能将自己的治学方法告诉青年同志们，给予若干科学研究方法的指点，促进他们的成长，抛砖引玉，有厚望焉！

限于作者的水平，管窥之见，定有错误或不当之处，敬希同志们不吝指正。

后　记

1980 年春节，国务院学位委员会公布学位条例，我欣喜若狂。我多年盼望的学位制的大事国家终于要实行了。我想，我在苏联当过研究生，应该把研究生如何进行学习和研究、学位论文的撰写与答辩等一些体会总结出来，供研究生和指导教师参考。整个春节，我一天也没有休息，一口气写了这份札记。许多老师看了后，认为这大概是新中国成立后国内第一份系统总结研究生学习与学位论文的报告，有一定参考价值。

北京工业学院[1]副院长周发岐、教务处处长蔡家骅、工程光学系主任李振沂对本稿详加审阅，提了不少宝贵的意见，我把他们当时阅读这份札记所做的批语列在下面。想到他们对一位青年教师的鼓励，我感到特别激动和鼓舞，在这份报告即将公开之际，特向他们表示衷心的感谢。

附当年蔡家骅处长和周发岐副院长的批语。

蔡家骅处长批语：

周立伟同志用了不少精力写了此文，既有原则，又有具体细节的方法，对于研究生和研究生导师很有参考价值，对于准备做研究生或做在职研究生的青年教师或学生，对于准备考学位的同志都有参考价值。建议用院学术委员会或教务处名义组织在全校做一次公开的讲座，请周发岐副院长决定。此外，学术委员会应对周立伟同志的精神表示感谢和鼓励。

蔡家骅　1980 年 4 月 28 日

（蔡家骅时任北京工业学院教务处处长，院学术委员会秘书长）

周发岐副院长批语：

1. 本件写得很好，有参考价值，对周立伟同志应予表扬。

2. 当前 1978 届研究生进入科研阶段，如何搞好论文工作是教务处应立即抓紧的工作；机不可失，同意由教务处组织讲座。

3. 讲座前或后如何征求学术委员会意见，请教务处、科研处商办。

4. 附件请转周立伟同志。

周发岐　1980 年 5 月 26 日

（周发岐时任北京工业学院副院长）

---

① 现为北京理工大学。

藏绿斋札记 ■ 心驰科普

第二篇 光学

光学，明天更辉煌*

“光学老又新，前程端似锦。”——王大珩

光学如同力学、电学一样，是物理学的一个重要分支。20 世纪的 100 年间，相对论、量子力学、激光、光通信的相继出现改变了人类社会的面貌，而它们的诞生就与光学和光子学的发展和深入研究息息相关。20 世纪的科技实践表明，光学的发展历程也是人类创造性思维历程的一部分。

对光和光子的认识和利用每前进一步，人类社会就会前进一大步。昨天的光学成就非凡，今天的光学欣欣向荣，明天的光学将更加辉煌。

一、光的研究促进了人类社会的发展

光学孕育了现代科技的基础，或者说现代科技是从对光的认识开始发展的。光学在 20 世纪对现代社会和现代科学技术发展至少有两大贡献和功绩：一是 20 世纪初期两个最重大的发现（相对论和量子力学）与光有关；二是光学和光子学的发展促进了信息社会的形成。

1. 20 世纪初期两个最重大的发现（相对论和量子力学）与光有关

20 世纪的 100 年间，相对论、量子力学、激光、光通信的相继出现改变了人类社会的面貌，而它们的诞生就与光学和光子学的发展和深入研究息息相关。光子技术的出现和发展与 20 世纪最伟大的科学发现之一的量子力学密切相关。

1905 年爱因斯坦提出的狭义相对论就是基于光的速度不变性的假设，1915 年提出的广义相对论理论的检验也是基于光的实验：引力场会使光线偏转，光谱线的引力红移。

1900 年，普朗克提出了量子假说，即辐射能量量子概念。他原先是为

* 本文收录于《科学与中国——科学的历史与文化集》，白春礼主编，131 - 174 页，2012.

了解决当时所谓的“紫外灾难”而提出黑体辐射的能量分布公式，但需假定物体的辐射能不是连续变化，而是以一定整数倍跳跃式变化，才能对他（普朗克）的黑体辐射公式做出合理的解释。这个最小的不可再分的能量单元称为“能量子”或“量子”。当时的物理学家认为量子假说与物理学界几百年来信奉的“自然界无跳跃”的观念相矛盾，连普朗克本人也曾想放弃量子论而继续用能量的连续变化来解决黑体辐射问题。但普朗克的量子假设已经为新物理学特别是量子力学的发展投下了第一块基石。

第一个意识到量子概念的普遍意义并将其运用到光电问题的是爱因斯坦。1905 年，爱因斯坦在光电效应的基础上（即光电子的速度与所吸收的频率有关，而与光的强度无关）提出了光子概念，他认为光也是由最小能量单元 hv - 光子组成（v 是光的频率，h 为普朗克常数）的粒子所形成的光子流，并假定光的能量是集束成一个个能包，这些能包叫作光子，从而解释了光电效应中出现的“红限”现象，建立了光量子论。

爱因斯坦的光量子概念是在光学进程中人们对光的本性认识的又一次新的飞跃。光量子论的提出使对光的本性的历史争论进入了一个新的阶段。自牛顿以来，光的微粒说和波动说便争论不已。爱因斯坦的理论重新肯定了微粒说和波动说对于描述光的行为的意义，认为它们均反映了光的本质的一个侧面：光有时候表现出波动性，有时候表现出粒子性，但它既非经典的粒子，也非经典的波。这就是光的波粒二象性。长期以来，人们基本上以这种观点来认识光的本性；但现在人们在量子力学的水平上，对光的本质认识又大大提高了一步。

此后，1913 年尼尔斯·玻尔提出了原子模型，其中的电子只能处于分立的能级（围绕原子核的不同轨道）上。玻尔、薛定谔、海森堡的量子力学理论的提出又进一步推动了光的发射和吸收的量子光学的进展，从此光学理论的发展在近一个世纪中便同量子物理学的发展联系起来了。20 世纪二三十年代，在量子物理学领域，可以说是巨匠和大师辈出的时代。丹麦的尼尔斯·玻尔是哥本哈根学派的领袖，他的理论贡献是提出了氢原子结构的理论并解开了氢光谱之谜，他被认为是量子电子学的奠基人。法国的路易斯·德布罗意提出了物质的波粒二象性理论。奥地利的欧文·薛定谔提出了描写粒子运动的微分方程——薛定谔方程。德国的沃纳·海森堡提出了量子力学中的不确定性原理，亦称测不准原理，并推导出一个描写粒子运动的矩阵方程——海森堡方程。英国的保罗·狄拉克证明，薛定谔的波动力学和海森堡的矩阵力学在数学上是等价的。海森堡的不确定性原理对20世纪的科学有着重大的影响。狄拉克还创立了把相对论与量子论统一起来的相对论量子力学，这一理论的发展势头一直延续到今天。

追溯20世纪科技的发展，科学家都认为，普朗克、爱因斯坦、玻尔等对光的本性的认识和基础研究，使得人们对物质结构的认识深入原子的层次。特别是光电效应的研究导致光子的发现（$\varepsilon = h\nu$），以及表达能量质量转换规律的爱因斯坦方程（$E = mc^2$）的提出，成为研究基本粒子和原子能的基础，导致了量子力学和相对论的诞生，促进了近代物理学的发展。20世纪，推动了人类社会发展的核能、半导体、激光、大规模集成电路、计算机芯片和光纤通信等高科技正是源自量子力学和相对论。

2. 光学的发展促进了信息社会的形成

首先谈激光器，1917年爱因斯坦在用统计平衡的观点研究黑体辐射的过程中得出了一个重要结论，即自然界存在两种不同的发光方式：一种是自发辐射；一种是受激辐射。自发辐射是原子从高能态到低能态自发地进行的，与辐射场无关，且不存在逆过程。受激辐射是爱因斯坦在量子论的基础上提出的一个崭新的概念，即在物质与辐射场的相互作用中，构成物质的原子或分子可以在光子的激励下产生光子的受激发射或吸收。而受激辐射则是在辐射场的激励下才得以发生的。特别是它与辐射场的相互作用是双向的，既可以从高能态跃迁到低能态并辐射光子，也可以吸收光子能量，从低能态跃迁到高能态。爱因斯坦引入了自发辐射系数（A）和受激辐射系数（B），不仅能很好地推导出普朗克黑体辐射公式，而且能将普朗克公式中的常数 C 与这两个系数 A 和 B 很好地联系起来：$C = A/B = 8\pi h/\lambda^3$，其中 λ 是波长，h 是普朗克常数。由此可见，波长越短的电磁波受激辐射系数越小。光波波长比微波波长小5个数量级以上，故光波的受激辐射系数比微波受激辐射系数要小15个数量级以上。显然，光波受激辐射比微波受激辐射实现起来困难得多，这就是波长较长的微波激射器（MASER）要比波长较短的光激射器（LASER）更早地制作出来的原因。

爱因斯坦这一概念的提出已经隐示了，如果能使组成物质的原子（或分子）数目按能级的分布出现相对于热平衡分布（波尔兹曼分布）的反转，就有可能利用受激发射实现受激辐射光放大（Light Amplification by Stimulated Emission of Radiation，LASER），即激光。他的这一发现对后来的激光和现代光学与光子学的发展起了决定性的作用。

尽管物理学家们知道爱因斯坦的思想，且用实验证实过受激辐射的存在。但由于物理学家们受到严格的教育和传统观念的束缚，他们认为："世界总是处于热平衡状态，或非常接近热平衡状态。在平衡状态时，无论温度多么高，低能态上的原子总比高能态上的多，因此，吸收总是超过受激辐射引起的负吸收。"当然，在20世纪二三十年代，还受到当时的生产力和科学技术发展水平的限制。

20世纪50年代初，少数目光敏锐又勇于创新的科学家——美国的汤斯（Charles H. Townes）、苏联的巴索夫（Nikolai G. Basov）和普洛霍洛夫（Aleksander M. Prokhorov）——创造性地继承和发展了爱因斯坦的理论，提出了利用原子、分子的受激辐射来放大电磁波的新概念。1954年，汤斯领导的小组第一次实现了氨分子微波量子振荡器（MASER）。由此诞生了一个新的学科——量子电子学。它抛弃了传统的利用自由电子与电磁场的相互作用实现电磁波的放大和振荡的方法，开辟了利用原子（分子）中的束缚电子与电磁场的相互作用的受激辐射来放大电磁波的新思路。

接着，微波技术和通信等电子学的应用提出了将无线电技术从微波（波长1 cm量级）推向光波（波长1μm量级）的需求。这就需要一种能像微波振荡器一样的产生可以被控制的光波的振荡器，即激光器。它也是当时的光学技术迫切需要的一种强相干光源。虽然光波振荡器从本质上也是由光波放大和谐振腔两部分组成，但是如果沿袭发展微波振荡器的老路，即在一个尺度和波长可比拟的封闭的谐振腔中利用自由电子与电磁场的相互作用实现电磁波的放大和振荡，是很难实现光波振荡的，因为光的波长太短了。这是极大的挑战与机遇：如何实现光波的放大与振荡？传统微波电子器件的工作原理遇到了巨大困难。

到了20世纪60年代初，根据对光波的振荡器的构思，总结了产生激光必不可少的条件是：

（1）要有含亚稳态能级的工作物质。

（2）要有强大的合适的泵浦，使介质中粒子被抽运到亚稳态，并实现亚稳态上的粒子布居数的反转分布，以产生受激辐射光放大。

（3）要有光学谐振腔，使光往返反馈并获得增强，从而输出高定向、高强度的激光。

人们明白了产生激光的可能性，便立即开始了向光波量子振荡器（激光器）的进军。面对的难题是怎样实现光波谐振腔？1958年，汤斯和他的年轻合作者肖洛（Arthur L. Schawlow）又抛弃了尺度必须和波长可比拟的封闭式谐振腔的老思路，提出了利用尺度远大于波长的开放式光谐振腔的新思路，这实际上是巧妙地借用了传统光学中早已有的 FABRY - PEROT 干涉仪的概念。

1958 年，布隆伯根（Nicolas Bloembergen）又提出利用光泵浦三能级原子系统实现原子数反转分布的新构思，成为获得粒子数反转（光放大条件）的经典方法。至此，关于激光器的基本构思已经完成，全世界许多研究小组参加了研制第一个激光器的竞赛。机遇偏爱有准备的头脑，当时美国休斯公司实验室的一位从事红宝石荧光研究的年轻人梅曼（Theodore H. Maiman）敏锐地抓住了机遇，勇于实践，使用了今天看起来非常简单的方法：他用一个直径约 9.5 毫米、长约 19 毫米的红宝石棒，两端镀银，一端为半反射输出，螺旋状闪光灯环绕激光棒，外面再加一个聚光器。这样使光更有效地被红宝石棒吸收，由于增强了泵浦能力，终于在 1960 年 5 月演示了世界上第一台红宝石固态激光器。

激光发明的本身生动地体现了科学研究中创造性思维的重要性。激光发明之后的 40 多年，它又导致了一部典型的学科交叉的创造发明史，而且进一步体现了人的知识和技术创新活动是如何推动经济、社会的发展，从而造福人类的物质与精神生活的。自梅曼以后，具有不同学科和技术背景的一批发明家接二连三地发明了各种不同类型的激光器和激光控制技术。例如半导体（GaAs，InP 等）激光器，固体（Nd：YAG 等）激光器，气体原子（He - Ne 等）激光器，气体离子（Ar + 等）激光器，气体 CO_2 分子激光器，气体准分子（XeCl、KrF 等）激光器，金属蒸汽（Cu 等）激光器，可调谐染料及钛宝石激光器，自由电子激光器，极紫外及 X 射线激光器，激光二极管泵浦全固态激光器，光纤放大器和激光器，光学参量振荡及放大器，超短脉冲激光器等。与此同时，各种科学和技术领域也纷纷应用激光并形成了一系列新的交叉学科和应用技术领域，包括信息光电子技术、激光医疗与光子生物学、激光加工、激光检测与计量、激光全息技术、激光光谱分析技术、激光雷达、激光制导、激光化学、激光分离同位素、量子光学、非线性光学、超快光子学、激光可控核聚变以及激光武器，等等，不胜枚举。

激光器的发明是 20 世纪的重大成就之一，它被认为是继原子能、半导体、计算机之后的又一重大发明。计算机延伸了人的大脑，而激光延伸了人的感官，成为探索大自然奥秘的超级“探针”。激光开始了光学领域一场新的革命，它使近代光学和电子学联姻，诞生了光电子学，不知不觉地改变了或正在改变我们的生活。

其次是光纤通信与互联网。激光发明后，人们立即开始研究它在信息技术（例如激光通信）中的应用，但是却遇到了很大的技术困难。首先是多数激光器的体积大、效率低、寿命短，只有半导体激光器体积小、效率高。但是，早期的半导体激光器只能在低温（液氮）下脉冲工作，无法实用。当时也没有一种理想的传输光的手段，只能在大气中试验光通信，无法实用。因而信息光电子技术的发展经历了十多年的徘徊，等待着新的技术思想突破。20 世纪 60 年代末到 70 年代初，终于出现了两个促成信息光电子技术实用化和产业化的关键的技术创新：双异质结半导体激光器和光导纤维。

半导体双异质结新构思是阿尔菲洛夫（Zhores I. Alferov）和克罗默尔（Herbert Kroemer）提出的，他们为此而获得了 2000 年诺贝尔物理学奖。在这之前的半导体激光器都是利用同质结半导体结构，它对电子和光子的约束力都比较弱，因而激光器只能在低温（液氮）下脉冲工作，而新构思的双异质结构却对两者都有很强的约束。异质结构的引入导致室温连续激射的实现。异质结半导体激光器是半导体激光器发展的一个里程碑。现在，半导体量子阱激光器是半导体激光器发展的又一个里程碑。

光纤通信的探索是 1966 年在英国标准通信公司实验室进行光纤通信研究的华裔科学家高锟第一个提出的，他认为，如果消除光纤中的有害杂质，它的传光能力将大幅度提高，可用于实际通信。他和霍克哈姆（George Hockham）一起预言了用基于光学全反射原理的光导纤维来传输光的可能性。

1970 年，柯宁公司的科克（Donald Keck）、舒尔兹（Peter Schultz）和毛瑞尔（Robert Maurer）实现了高锟和霍克哈姆的预言并进而开发出实用的光纤产品。这两大技术突破，加上后来在此基础上出现的半导体量子阱光电子器件和光纤放大器等重大发明，促使光子和电子迅速结合并蓬勃发展为今天的信息光电子技术和产业。光子以其极高的信息传输速率和容量、极快的信息处理速率、优越的并行处理与互连能力和巨大的信息存储能力补充了电子的不足，并相互交叉融合，有力地促进了信息技术的发展。这里我们再一次看到了创造性思维在科学技术发展中的重要作用。这样，20 世纪 80 年代初，以光导纤维（光纤）为传输介质的信息传输系统——光纤通信出现了，它以低损耗石英光纤和半导体激光为基础，具有通信容量大、传输损耗小、抗电磁干扰性能好、保密性好的优点；光电子学和光导纤维的诞生从此开始了通信领域的一场革命。

光纤通信技术的应用使得现代网络成为可能，对我们的工作、生活产生了深刻的影响，已经改变了并将继续改变我们的生活方式。在互联网的发展过程中，密集波分复用（Dense Wavelength Division Multiplexing，DWDM）技术起了决定性的作用。我们知道，未来信息社会对多媒体信息传输的频带宽度（容量）要求越来越大。一根光纤仅在一个波长通道上传输，其速率是远远不够的。于是人们自然地想到了增加波长通道的方法，即在一根光纤上同时传输多个不同波长的信道，它在一定的波长窗口内，每隔0.8 nm（或其倍数）安排一个波长，例如每个波长传播2.5 Gbps，则光纤上的8个波长的等效的总传输速率为（8×2.5）Gbps。这就是所谓的波分复用（Wavelength Division Multiplexing，WDM）光纤通信技术。但是这种方法在其发展过程中曾经遇到了很大的困难，即每一个信道都要有适合于一个特定波长的中继器。因而波分复用（WDM）光纤通信系统就需要大量的中继器，而这在经济上是不可行的。波分复用技术等待着中继器件的新突破。20世纪80年代，一种被称为掺铒光纤放大器（Erbium Doped Fiber Amplifier，EDFA）的中继器件应运而生，它可以同时放大多个不同信道波长的光，因而节省了大量的中继器，使波分复用光纤通信的商用化成为现实。目前密集波分复用技术（DWDM）的水平已达到：高速（每个波长的传输速率已达到40 Gbps）、密集（一根光纤里面可以传输160信道）、长距离传输（1 200 km）。DWDM使光学纤维在长距离通信上携带空前未有的通信量，从而引发了超大容量光通信和网络的一场革命。

光子技术推动着信息技术向更高的水平前进。高速大容量DWDM全光信息网络依然是21世纪初的重要发展方向。可以说，点对点的DWDM光纤传输系统在满足未来信息社会的带宽要求上已经不存在原则上的技术限制了。但是，DWDM光纤传输系统在组成网络时却因通信节点的电子交换“瓶颈”而远不能满足上述带宽要求。因此，发展一种新的光网络来适应21世纪的需求，已经是十分紧迫的任务了。DWDM全光网络（All Optical Network，AON）的特点是：传输到网络节点内的光信号不再需要进行光—电—光的转换处理，而是“以光子的形式处理信息”。它利用光波分复用传输和以光波长路由为基础的光子上下路节点（Optical Add/Drop Multiplexer，OADM）和光子交叉连接节点（Optical Cross Connection，OXC）等新技术，可望克服电子交换的限制。太比特（意味着一对光纤可传1 200万路电话）DWDM全光网络将组成全球信息基础设施的骨干网络。以光纤到家（Fiber to the Home，FTTH）为最终目标的光纤接入网也将作为信息高速公路的神经末梢进入楼房或家庭，为人们提供高清晰度电视、远程教育，远程医疗、电子商务、点播电视和可视电话等质高价廉的信息服务。这也是一个与人类生活方式紧密联系的、市场前景巨大的领域。

这样，在20世纪90年代，光纤通信与个人计算机的结合，进入了一个以互联网发展为中心的创新高峰期。互联网的发展是信息技术发展过程中一个重大的“革命性”转折。90年代因此被称为信息技术发展的“互联网时代”。它比起历史上铁路、电力、汽车等的创新，规模与影响更加空前，使人类从此进入了信息社会。

如果20世纪没有光学的迅猛发展，即没有20世纪初光的本性的认识促进了相对论和量子力学理论的形成，没有60年代激光器的发明，没有80年代光纤通信的出现，没有90年代大存储量光盘的发展，也就不可能有今天的互联网时代，我们的生活也不会像今天那么丰富多彩。

但是，在我国，光学这一门学科并不像它所发出的炫目光彩那样辉煌，在社会和公众的心目中似乎并未取得应有的位置。甚至在某些领导和专家的心目中，光学（工程）不被认为是一门独立的一级学科，而是从属于电子学或仪器科学的二级学科；或者是，光学的面太窄，它无非是几片镜头加机械结构，如望远镜、放大镜、照相机和显微镜而已。这是极大的误解，光学还没有被社会广大公众所了解和理解，实在是很遗憾的。

光学发展到今天，其内容已远不止传统光学研究的对象，如望远镜、显微镜、照相机、放大镜等。今天的现代光学内容由光学精密机械仪器扩展到激光、微光、红外热成像、X射线/紫外、全息、光纤与光纤通信、光探测、光存储、光集成、光信息处理、图像处理、图像融合、灵巧结构、机器人视觉和光计算等，这些都被认为是属于现代光学与光子学的范畴。它的应用已遍及各个领域，如空间、能源、材料、微电子、生物工程、化学工程、医疗、环境保护、遥感、遥测、精密加工、计量、通信、印刷、能源、生态环境、防灾、农业、交通、生命科学、资源保护、文化生活以及军事等领域。光学和光电子学的应用是如此广泛，与我们的关系是如此密切。以至于我们可以这样说，社会主义现代化建设中没有一个部门、没有一门技术学科不与光学密切相关；今天的文明生活、科学、技术、文化都离不开光学，明天社会的发展更有赖于光学。

从上面的叙述可见，光学对现代社会进步和发展的作用尚未得到应有的广泛了解。造成这样的情况说明我们对光学的宣传工作做得很不够。因此，我们光学界当前一个重要和迫切的任务就是要大力普及光学知识，让人们认识光学，理解光学，用好光学，享受光学。

二、20 世纪现代光学的发展

王大珩先生把20 世纪的光学称为近世光学，它可分为近代光学和现代光学。

近代光学是从对量子光学的研究开始的，研究以光的量子性质为基础的光学现象和理论，例如光的波粒二象性，原子、分子、凝聚态光谱学，光电效应，光化学等。

现代光学是从第一台激光器诞生开始的，研究以激光、光电子学、光学信息处理为基础的光学现象、理论和技术，它的发展是以光与物质（光子与光子、光子与电子）的相互作用及其能量相互转换作为更重要的研究内容。光学与机械（包括仪器）、电子、计算机、材料及信息等学科相结合，加速由传统光学技术向现代光学——光子学技术的战略转移。

现代光学不仅将光作为信息传递的手段，研制出各种光学仪器和设备，扩展人们的视觉功能（观察）、听觉功能（通信）、触觉功能（测量）等（众所周知，视觉和听觉占人的感觉知觉的90%）；而且，光可取能量的形式，利用光对物质产生的物理化学反应来改变物质的形态和属性，如激光核聚变以及能量密度最高的能源等；再者，光亦可作为加工处理的手段，如用激光进行材料加工或医疗手术等。

总结一下 20 世纪的光学，其主要特点有：

1. 光学领域的扩展

波段：由可见光向两端扩展，短波→X 射线、紫外，长波→近红外、中红外、远红外、太赫兹，于是就有了 X 射线光学、紫外光学、微光夜视、红外光学、太赫兹光学等；

时间：天文时间→原子反应时间≈10^{-15}秒；研究由静态光学扩展到瞬态光学，如纳秒、皮秒、飞秒等超快速现象；

光强：单光子→激光光源→星际光源；

尺度：百亿光年→单原子尺度，介观尺度（与波长同量级），研究天文光学到纳米光学；

作用：宇宙，宏观，介观，微观；研究宏大光学（天文望远镜）到微小光学（微透镜）；

波长：单色性及相干性，研究激光器、激光全息。

2. 应用功能的扩展

光学工程已成为一门综合技术的学科，“光（光学）、机（精密机械）、电（电子）、算（计算机）、材（材料）”等高技术相互融合已成为主要内涵。

现代光学仪器作为人眼功能的扩充，表现在多功能、高效率的光机电算一体化，技术手段的自动化、数字化、智能化，获取数据的内容从静态转向动态，从有感信息到无感信息。

光（光子）已不仅是信息载体，作为信息传递的手段被用来认识世界；光（光子）也是能量载体，能改变物质的形态，作为能量、加工的手段被用来改造世界。

3. 研究内容的扩展

今天我们所谈的光学，其内容已远不止传统光学研究的对象，如望远镜、显微镜、放大镜等。发展到今天的现代光学，内容扩展到全息、激光、微光、红外热成像、X 射线/紫外、光纤与光纤通信、光探测器、光集成、光信息处理、图像处理、图像融合、灵巧结构、机器人视觉和光计算等，这些都被认为属于现代光学与光子学的范畴。

4. 应用范围的扩展

现代光学和光子学的应用已遍及各个领域，如空间、能源、材料、微电子、生物工程、化学工程、医疗、环境保护、遥感、遥测、精密加工、计量、通信、印刷、能源、生态环境、防灾、农业、生命科学、资源保护以及军事等领域。特别在信息领域的应用，不少学科分支和方向已经形成了大规模的产业。1995 年，全世界光学和光（电）子学技术产业规模已达 700 亿美元，2000 年达到 1 030 亿美元。可以预期，光学和光子学将成为 21 世纪初的一个大骨干产业。

20 世纪是光学的大发展时期，这一百年来，我们可以清晰地看到传统光学及其仪器向现代光学及其仪器（现代光电子仪器）的演变和转化。从传统光学及仪器过渡到现代光学及仪器，实际上有一个较长的由旧至新的逐渐演变的过程，两者之间并不存在不可逾越的鸿沟。它们之间的重要区别和主要特征是：

（1）传统光学仪器是以经典理论——几何光学或物理光学的原理为基础的，应用领域受到很大限制；现代光学仪器突破了传统理论的束缚，拓宽了可见光的概念，从可见、微光、红外、太赫兹、激光、光纤到光信息的各个波长；其原理是波动光学、量子光学、光信息理论，不再局限于古典和经典光学的狭窄领域。

（2）传统光学以光学、机械为主体，主要是光学—机械仪器；现代光电子仪器和设备冲破了光机的基本结构，具有光机电算一体化的特征，开始走向自动传感，微机控制，CCD 摄像监视，智能操作，图像处理。电子技术和计算机成为光学仪器不可分割的主要部分。

（3）传统光学仪器基本上是视觉参与下的人机系统，离不开人的操作和观测，其观察、测量大部分靠人眼作为传感器，靠人来操作、控制。而现代光学仪器已完全冲破这种经典模式，操作、检测和数据处理由计算机控制，自动化与智能化程度、工作方便性和可靠性均大大提高。

（4）由于信息革命及多媒体技术的发展，现代光电子设备及系统越来越先进，要求从模拟量走向数字化，从单一终端走向网络，从一台套的单功能走向网络终端的多功能。

（5）从涉及的原材料、功能元件来看，也从简单的玻璃、机械发展为多种原材料和光电子器件。由于二元光学的出现，光学元件也愈来愈微型化、多元化、阵列化、集成化，将使系统更为紧凑和轻便。

（6）从设计方法上看，传统光学仪器除光学设计外，总体与结构设计的主要方法是模仿、参考设计与经验设计；现代光学仪器则越来越多地采用计算机辅助设计、优化设计和“三化”设计。仪器设计方案的制订不单纯考虑某一产品，而是整个系列仪器，各品种之间零部件通用性很强，标准化程度高，采用标准件多，因而产品成本下降，质量提高。

（7）从技术发展速度来讲，现代光学仪器的循环周期越来越短，更新速度越来越快，标新立异的现象经常出现，且软件的比重急剧增加。

20 世纪的中后期，传统光学仪器向现代光学仪器的过渡和转变，主要是靠扩大微电子技术在光学仪器中的应用，实现光机电算一体化，这是现代光学仪器的最重要的特征。其中关键在于计算机化和自动化，而微电子技术是这一过渡和转变的基础。应用微电子技术和计算机，可提高仪器的使用价值，即提高技术性能、工作效率、仪器质量和可靠性。例如，采用自动图像分析和图像处理的方法可以提高效率150倍以上。应用微电子技术和计算机还有利于采用新的工作原理，使仪器结构明显改进和简化。光学仪器中微机的使用，便可以用微电子器件或简单的机械和微电子组件来代替原结构中光学、机械以及电子学中成本昂贵的组件，从而提高了经济效益。

20世纪，现代光学进展中的一个显著特点是光在信息领域大显身手，光电子主动地进入信息界广泛的领域，无可争议地成为信息产业的主角之一。以光的方式采集的CCD器件已进入各个领域，采用线阵或面阵的CCD图像传感器在扫描仪、传真机、摄像机、摄录机、数字照相机等的应用，其发展无可限量，而且它使很多方面的光信息数字化。在图像显示和复制设备方面，激光照排、印刷、分色、打印、复印、传真等改变了印刷业的面貌，已经组成了一个庞大的产业。在机械领域，激光在加工（包括打孔、切割、焊接、表面处理等）、激光光刻与激光微细加工（0.3～0.5微米）、X射线光刻（小于0.3微米）等方面大显光彩；在能源领域，太阳能电池已为空间卫星提供能源，而在未来，激光核聚变也许最终能解决地球上的能源问题；在显示技术领域，液晶大屏幕显示以及有机发光显示（OLED）也许会成为下一代电视机屏幕的主流。光纤通信以低损耗石英光纤和半导体激光为基础，已经形成当今通信的主体和方向。在成像和探测领域，光电子成像器件和红外探测器使极微弱光和不可见光（微光、红外）的探测和成像成为可能。

光电子的应用扩展和渗透到几乎国民经济和人民生活的各个领域。如生理光学以人类的视觉作为研究的对象，对视觉的机制和结构的了解，将有助于对机器人视觉、图像识别、神经网络等的研究。在生物工程领域，有激光诱导细胞融合、激光显微切割染色体；在医疗方面，有激光光谱诊断、治癌激光临床医疗，利用激光技术探测艾滋病病毒和治疗艾滋病等；在化学工程领域，有激光引发化学反应、光化学沉积、激光化学提纯等；在流通领域，有全息商标、全息饰物、激光标记、纸币防伪标识；在环境保护方面，有大气污染激光监测；在计量领域，有无接触测速、测长、测径、测温，计量标准，物质分析等；在材料领域，有非线性光学材料、光电子学功能材料、激光工作物质等；更不用说在航空、航天和军事领域了，光电子的应用可以说不胜枚举。

现代光学和光子学的发展，已形成了一系列学科分支，如非线性光学、导波光学、强光光学、全息光学、自适应光学、X 射线光学、天文光学、激光光谱学、瞬态光学、红外光学、太赫兹光学、遥感技术、声光学、成像光学等。现代光学和光子学的一个最大特点是对其他学科和各个技术部门有很强的渗透力。如光学和光子学与物理学结合，便有激光物理学、量子光学、激光等离子体物理等；与化学结合，便有光化学、激光诱导荧光光谱学等；与生物学结合，便有激光生物学、生理光学等；与医学结合，便有激光医学、红外医学。在当代，可以这样说，没有一个技术部门不与光学和光子学有联系。以兵器上的应用为例，光学装备便是发现敌人、瞄准敌人的高级传感器系统，是武器的眼睛，它能完成对敌方进行的侦察、监视。它还能完成预警、瞄准以及通信等任务。于是产生了微光夜视技术、红外热成像技术、光电火控技术、光电对抗技术、坦克光电系统及技术、野战信息数字化光电子技术、精密制导技术，以及激光武器、激光测距、激光制导、激光雷达、激光引信等。

现代光学与光子学的研究内容可概括如下：

（1）以光作为信息传递的媒介，对客观事物进行认识与了解，特别是它作为视觉及其他人身感官的延伸，从而包括图像及多维时空信息的传输、存储、处理、显示等。

（2）光的产生，如激光、发光光源等。

（3）光对物质相互作用的应用，如光敏探测器件、光刻蚀、光化工等。或以光能量作为加工手段，如激光加工、激光核聚变、光能应用等。光（光子）不仅是信息载体，而且也是能量载体，它能改变物质的形态。

（4）利用光学等效原理进行图像及多维时空结构的观察及处理，如微光夜视技术、变像管高速摄影等。

随着激光技术和光电子技术的崛起，现代光学和光学工程已发展为以光学为主的，并与信息科学、能源科学、材料科学、生命科学、空间科学、精密机械与制造、计算机科学及微电子技术等学科紧密交叉和相互渗透的学科。学科的交叉与渗透使现代光学产生了质的跃变，而且推动建立了一个规模迅速扩大的、前所未有的现代光学产业和光电子产业。在一些重要的领域，信息载体正在由电磁波段扩展到光波段，从而使现代光学产业的主体集中在光信息获取、传输、处理、记录、存储、显示和传感等的光电信息产业上。这些产业一般具有数字化、集成化和微结构化等技术特征。与传统的光学系统不断地实现智能化和自动化，从而仍然能够发挥重要作用的同时，对集传感、处理和执行功能于一体的微光学系统的研究，以及开拓光子在信息科学中作用的研究，将成为今后现代光学和光学工程学科的重要发展方向。

光学的发展表明，人们对光的认识经历了多么复杂的演变过程。20 世纪的光学取得了无比辉煌的成就，但是对光和光子的认识，只能说刚刚开始；现代光学与光子学的发展也仅是初露头角而已。

三、光学，迈向光子学与光子技术的时代

美国宾州大学的杨振寰（Francis T. S. Yu）教授给我寄来了一张人类创造的现代科技发展图（如下页图所示）。这张图描绘了自我国古代四大发明以来科技发展的进程，特别是人类创造的现代科技经历了蒸汽机时代，到机械时代、电子学时代、光子学时代。可以看出，机械学依然在发展着，而光子学欣欣向荣，与电子学比翼双飞。这张图对我们从事光学和光子学研究的人是极大的鼓舞。

1. 信息社会以“3T”为标志

信息化时代将以“3T”作为标志：

社会运作对信息量的巨大需求将达到太比特每秒超大容量量级：TB/s = 1 000 GB/s；

相应的信息最快处理速度将达到皮秒量级：ps =（1/T）s；

存储器的存储密度将要求达到太比特（TB）位元。

简而言之，21 世纪的社会将是以“3T”为起点的高度信息化社会。

2. 光子技术由此破门而入

20 世纪是电子学的时代。雷达、微波通信、卫星通信的出现；半导体微电子学、大规模集成电路技术、电子计算机的发明；光纤通信与电子计算机结合，使人类迈进了信息社会。电子学与电子技术仍然是 21 世纪信息化社会的一个主要支柱。

电子技术无疑对 20 世纪文明社会的发展做出了奠基性贡献，然而电子（或电磁波）技术受到荷电性、带宽、互扰等固有特性的物理限制，没有新的根本性的突破，已很难满足“3T”的需求了。以光子或光波代替电子或电磁波作为信息载体是现代信息化社会的必然选择；它不存在传输的

“瓶颈”效应，带宽比电子技术大 1 000 倍，响应速度比电子快 3 个数量级，有高度并行处理的能力，有高度的抗扰性，因此，可以这样说，光子技术是对电子技术的发展与突破，完全可以满足“3T”的需求。毋庸置疑，它将成为 21 世纪信息化社会的另一个主要支柱。

人类创造的现代科技发展图

21 世纪，现代光学与光子学将大踏步发展，这是由于光子（光波）的本质决定的。相对于电子（电磁波）而言，光子（光波）的特点为：

（1）光频范围宽，包括 X 射线、紫外、可见光，直到红外、太赫兹等波段；

（2）光波段波长短，频率高，带宽宽，因而分辨率高；

（3）光的速度最快，因而处理速度快；

（4）光具有并行性、串音小、不受干扰以及能在空间互连等特点；

（5）光波段（例如微光和红外）抗干扰性好，具有高度隐蔽性；

（6）光子具有较大的能量；

（7）光子间无相互作用；

（8）光（在光纤中）传输损失很小。

这并不是说，光子（光波）在一切方面都优于电子（电磁波）。实际上，限制光学显微镜分辨率的主要原因则是光的波长。按照1924年德布罗意（de Broglie）的理论，电子波长比光子波长短5个数量级，因此运用电子束成像的电子显微镜可以提供比光学显微镜高得多的分辨率。20世纪70年代，电子显微镜的衍射限制的分辨率就达到0.2纳米。

3. 信息时代与光子学

目前，人们对光子学的研究内容、范围及其理解，还没有统一的认识。但可以看出，研究以光子为信息载体，包括光与物质（光子与光子、光子与电子）的相互作用及能量转换等诸多基本问题，是这一学科的基本内容。光子学的研究内容和范围，在许多方面，可以与电子学作类比。

关于光子学与光电子学二者之间的关系和联系，光学界的人士认为："光子学是物理学的两大分支——电子学与光学的融合，这种融合的初期产物即光电子学，而其发展的更高级形式则是光子学。"在目前国际光学界，认为光子学的内容涵盖了光电子学。Photonics（光子学）的名词已逐步取代Photoelectronics和Optoelectronics（这两个词的中文都译为光电子学）的名词；也取代了70年代常用的电光学（Electro-Optics）名词。这种认识，究其原因主要是从本质上来说，光子是起主导作用的。

通常所说的所谓"信息时代"的到来，其含义是指进入21世纪后，社会上每个成员的生活、工作无不与信息的传输、重组、分析密切相关。从社会发展的角度来看，支撑信息社会的两个主要方面是发达的信息产业及先进的信息技术，二者具有相互依存的关系。

从技术发展的角度来看，众多学者又将21世纪称为"光子时代"，其意指人类社会在20世纪的"电子时代"（又称"微电子时代"）的基础上又向前发展了一步，即迈向"光子时代"。这样，人们不禁要问，信息与光子二者之间是什么样的关系呢？这当然不是几句话能说清楚的。简单地说，二者存在着"相互支撑、相互促进"的关系。

光子学与电子学相互依赖、相互渗透；许多概念、理论和原理是相互借鉴的。信息社会，电子（学）和光子（学）比翼双飞。我们看到信息光电子技术正是这两大学科的交叉和发展：

光学与电子学的交叉→光电子学（光子学）

无线电（微）波技术（λ：cm；υ：10^{-10}Hz）→光波技术（λ：μm；υ：10^{-14}Hz）

微电子技术→微机电技术→微光机电技术

我们知道，信息可分为信息的探测、采集、处理、传输、显示及存储和拷贝。由于信息量成倍地急剧增加，原来基于电波长波传送信息的通道拥挤不堪，因而基波由长波转向短波及超短波，最后只好转向光波。于是，光纤通信、光记录、光存储、光显示等进入了我们的社会和生活。

信息化技术基础的要求可归结为两大方面：

一是要求信息密度越来越高，这促使人们开发更短波长的信息载体即光波，而且光波的运用由红外向短波，向紫外方向发展。

二是数字化的要求更加迫切。因为数字化比模拟量更准确，容易合成，容易压缩。从多媒体角度出发，图像传输直接用光更方便，如图像信息获取、存储、光纤传输、光纤通信、图像处理、光电显示（高速、实时）等。由此可见，光子学或光子技术在信息的探测、采集、处理、传输、存储及显示等诸多方面都显现出其突出的优点，具有很强的竞争力。

当今高速发展的信息社会，要求对复杂的信息进行实时、高速采集，大容量的快速传输，高密度的实时记录，大面积真彩色的显示和复制。而这一切，离开了“光子”是很难想象的。可以这样说，信息产业的需求极大地促进了光子技术的发展，而光子技术的发展使信息技术和产业出现革命性的变革。目前，支撑信息技术的三个主要方面是电子技术及微电子技术、光子技术（包括光子的产生、传输、控制和探测）、材料科学。它们和计算机软件等共同组成现代信息社会的基础。当然，电子技术及微电子技术发展历史悠久，技术趋于成熟，影响较大。而光子技术正处于发展时期，从发展战略上要给予更多的关注。可以这样说，光子学及光子技术的真正大发展以及光电子工业的产业化是以数字化技术为代表的信息革命的出现而发展起来的。

4. 光子学和光子技术的优越性

光子学和光子技术在信息、能源、材料、航天航空、生命科学和环境科学技术中的应用必将促进光子产业的迅猛发展，而应用的热点是在光通信领域。这对全球信息高速公路的建设以及国民经济和科技发展起着举足轻重的推动作用。国际知名科学家预言光子时代已经到来。光子技术将引起一场超过电子技术的产业革命。

光子技术的优点是：

（1）响应速度快：光开关器件的响应速度的理论值可达 10^{-15} 秒，即飞秒（fs）量级，而目前电子器件及其系统的响应时间最快达到 10^{-9} 秒，即纳秒（ns）量级，前者比后者几乎高出 6 个数量级以上。

（2）传输容量大：光子信息系统的空间带宽和频率带宽都很大，一路微波通道可以传送一路彩色电视或 1 000 多路数字电话信号；而光通信中以光纤（线）中的光子流代替电线中的电子流来传输信息。一对商用光纤可传 24 万路电话（20 Gbps）。一条 20 芯（10 对光纤）光缆可传 240 万路电话，相当于两个 240 万人口的城市间每人有一专用电话线。传输衰减小——中继站距离可长达几百千米。

（3）存储密度高：当用激光束（针）代替唱针在光盘上存储和读出信息时，在一张直径 12 cm 的光盘上可以存储数 GB 的数字信息（DVD - ROM）或 4 小时左右的高质量电影（DVD），还可以像磁盘和录像带一样地擦除和重录。

（4）处理速度快：由于光的频率高，故可高速传递信息，而且利用多重波长、信息二维并列传送等，可以同时并行处理二维信息，易于三维并行互连及并行处理，特别有利于图像信息的处理、传输。

（5）微型化、集成化：由于光波的波长短，光子信息系统的几何尺寸将大大缩小。小尺寸是光子技术的一大特点，未来的光子信息系统将足够灵巧和可靠。而光子集成将有源光电子器件（如半导体激光器、光放大器、光探测器）与光波导器件（分/合波器、耦合器、滤波器、调制器、光开关等）集成在一块半导体芯片上，构成了一种单片全光功能性器件。微光学是研究微米级尺寸光学元件或光学系统的现代光学分支，是在基底材料上用光刻、波导及薄膜技术制成的光学微器件；衍射光学是基于光的衍射原理发展起来的微光学，衍射光学元件是采用光刻和微细加工方法，用电子束、离子束或激光束的刻蚀技术制作而成的，这就使透镜批量生产变得容易了，微光学特别是衍射光学的发展，使光学得以创新，使传统光学实现微型化、阵列化和集成化成为可能。

此外，还有信息获取（传感）灵敏度高，抗电磁和辐射干扰等特点。这些特点促进了一系列信息光子技术的成熟并最终形成了以光通信、光存储、光显示和光传感为主要内容的信息光电子产业。

光计算机、光盘、光通信、光探测器件、微光子技术、光集成与信息处理是光子技术的最重要的应用。发展光子学和光子技术，是信息时代发展的需要和必然。

四、光电子产业，迈向新世纪

1. 光电子技术的高科技特性

一般说来，光电子技术形成高科技产业具有以下特性。

战略性：光电子科技对国家当前与长远的经济、科技、社会、军事的发展具有战略意义，是国家综合国力与战略力量的组成部分。

创新性：创新是光电子科技发展的灵魂。通过强化 R&D 投入，使光电子科技不断有所发现、有所发明，创造出具有自己知识产权的科学技术，才能增强国际竞争力。

智力性：光电子科技是知识密集、技术密集的高新科技。推动光电子科技发展，要靠智力与资本的结合。但是，从某种意义上讲，人才资源比资金更为重要。

驱动性：光电子科技是信息化带动工业化的有力技术支撑，是推动经济发展与社会进步的强大驱动力。

时效性：光电子科技的竞争十分激烈，只有适当超前研发军用光电子科技，才能具有战略威慑作用；只有适时推出创新产品，才能够占领市场，取得最好的经济效益。

风险性：光电子科技的探索处在科技前沿，任何一项原创的研究与开发都有风险，只有高瞻远瞩、科学论证，才能把风险降低到最小程度。

2. 光电子技术产业化的技术内容

（1）作为光子产生、控制的激光技术及相关的应用技术。

各种激光装置的设计制造技术、光放大技术、光调制、光开关、光滤波、光耦合、光稳频、光锁模、光限模、光调制与解调和光互联等技术。

（2）作为光子传输的波导技术。

光纤制作与应用技术、有源和无源光波导技术、光纤通信网及相关的光电器件、光纤传感技术、非线性聚合物波导互联技术。

（3）作为光子探测和分析的光子检测技术。

光电子成像（微光与红外热成像）技术、光谱分析技术、激光光谱技术、光计量技术、光电探测技术和遥感技术。

（4）光计算与信息处理技术。

光计算技术、光互连、激光雷达、激光测距、光制导和光陀螺。

（5）作为光子存储信息的光存储技术。

磁光记录、三维存储技术。

（6）光子显示技术。

无源液晶显示、有源液晶显示、电致发光，场致发光、等离子体平面、阴极射线管、发光二极管、三维全息显示、激光投影显示、硅芯片上液晶显示等。

（7）利用光子与物质相互作用的光子加工与光子生物技术。

激光材料加工、激光分离同位素、激光热核聚变、光诱导化学反应与气相沉积、激光育种与遗传变异激光医学诊断与治疗。

3. 迈向21世纪市场巨大的光电子产业

光电子产业化内容很广，它包括信息光电子、能量光电子、消费光电子、军事光电子、软件和网络等领域。

光电子产业已成为21世纪最具魅力的朝阳产业。美国光电子产业振兴协会预计世界光电子产业到2010年，将超过4 500亿美元。预计从2003年到2010年，全球激光加工市场平均增长率约为13%，达到100亿欧元。其中，激光微加工系统市场增长率平均将达到17.2%，激光加工设备的增长率将达到11.2%。

光电子产业近年来在我国也得到了蓬勃发展，我国已经形成了一个加速发展光电子产业的热潮。目前，已经有10多个光电子产业基地，如北京、上海、武汉、广州、深圳、长春、石家庄、南京、昆山、宁波、温州、萧山、山东、重庆、西安、福州、南昌、合肥等。难怪实业界人士惊呼，20世纪是微电子世纪，21世纪将是光子（光电子）世纪。

光电子技术的发展极大地推动了光子学本身的发展并加快了光子科学技术向其他科学技术领域的渗透，将形成市场可观、发展潜力巨大的光电子产业：

（1）光纤通信产业；

（2）光显示产业；

（3）光存储—光盘产业；

（4）光机电一体化产业；

（5）激光材料加工与合成产业；

（6）办公自动化与商用光电子产业；

（7）激光医疗器械产业；

（8）激光器件产业；

（9）激光全息产业；

（10）光电子成像产业；

（11）光子检测产业；

（12）军用光电子产业；

（13）光子材料产业。

预计有重大发展前景的光子产业有：

（1）光计算与光信息处理产业；

（2）全光光子通信产业；

（3）光子集成产业；

（4）聚合物光纤光缆产业；

（5）聚合物光电器件产业；

（6）光子传感器产业。

光电子产业一般可分为以下种类和产品：

（1）光纤通信、器件、光开关。光源、放大器、有线电视分布网、光学调制器、转换开关、光纤、波分复用器、连接器、发送和接收模块等。

（2）信息光学设备。光学处理装置、记忆存储器件、条码机、打印机、图像处理、互联网、传真、显示器等。

（3）工业/医疗设备。机器人视觉、光学检测和测量、激光加工、非激光医疗设备、激光器等。

（4）非军用交通设备。自动内部显示元件、交通控制系统、光导航设备、驾驶舱显示系统、激光雷达测干扰系统、光学陀螺仪。

（5）军用设备。光纤地面和卫星通信系统、航天航空侦察系统激光雷达系统、光学陀螺仪、前视红外元件、夜视仪、军用导航系统、激光武器等。

（6）家用设备。电视、视频照相机、CD 机、VCD 机、DVD 机、家用传真、显示屏、报警器等。

（7）光电子系统和组件。光电探测器、半导体光源、混合光学器件。

结束语

在 21 世纪，现代光学与光子学积极参与解决的科技问题有信息高速公路、研究微观世界、增强国家实力（国民经济与国防建设）、光电子进入家庭、探索宇宙、人类健康、能源问题和农业问题以及可持续发展项目（环境、防灾、资源维护、保健医疗等）。现代光学和光子学的未来，不仅仅是国民经济和国防建设，更重要的是利用光子学技术解决人类的健康问题，使地球上60亿人口都能过上健康的生活。

展望未来，光学与光子学在技术应用与科学发展两方面都还有巨大的机遇和创新的空间。光学与光子学的前沿，孕育着新的突破，即以激光技术而言，自激光器发明以来，已发现了大量的非线性光学效应，特别是各种频率变换和非线性散射效应的研究促进了新的激光器和激光光谱分析技术的发展。展望未来，光与物质的非线性相互作用效应及其在各种非线性光子器件中的应用研究仍将是光子学的重要研究方向之一，例如光纤通信中的光纤非线性效应，光孤子的形成与传输以及未来全光通信网中的光子交换器件等。应当指出的是，许多重要的非线性光学效应是与超短、超强激光脉冲技术或超快光子学的发展密切相关的。现在，我国中长期发展规划已把激光技术列为重大专项。新的激光介质、新的激光机理和新的激光效应及应用探索是研究的重点，要大力研究激光技术及应用发展中一些关键科学技术问题，如超高强度、超短脉冲、超宽调谐（三超）激光；超强问题、阿秒问题、超短波长、超宽调谐问题。

此外，在基础研究方面，光子学也正在孕育着突破性进展。在光和物质相互作用方面，非线性和非经典（即量子）光子学和技术可能在未来扮演越来越重要的角色。量子光学主要研究光子的量子特性及其在与物质相互作用中出现的各种效应和它的应用。量子光学与信息科学的交叉正在形成光量子信息科学并期望取得信息技术的革命性突破。以量子理论和信息科学的结合为标志的这场革命可能使诸如量子计算机、量子通信、量子密码技术、量子信息编码与译码、量子信息网络等令人耳目一新的概念转变为全新的信息技术。

王大珩先生谈到光学与光子学的重要性时说：“中国自称是龙的国家，我们是龙的传人。我们中国常把事业的兴盛发达比作龙的腾飞。龙要腾飞，就要靠龙头，因为它是神经指挥系统。神经指挥系统要靠眼睛——信息获得系统来认识世界，所谓“画龙点睛”之说。有了眼睛，龙头才能使脊梁动作，龙才能腾飞。由此可见眼睛的重要性。眼睛是什么？就是光学、光子学。”

20世纪的科技实践表明，光学的发展历程实际也是人类创造性思维历程的一部分。对光和光子的认识和利用每前进一步，人类社会就前进一大步。但是，迄今为止，人类对光的认识和利用还是非常有限、非常表面的。我们今天对光的认识自然比360年前牛顿的时代进步多了，但那也不过是比牛顿那时找到的一些也许更为美丽灿烂的贝壳而已。

年轻时，当读到牛顿在老年时把自己比作在海滩上玩耍捡到一些美丽贝壳和石头的小孩子，觉得难以理解。当时认为牛顿太谦虚了。实际，这是牛顿经过深刻的思考后对人生、对科学的理解。这不是“不可知论”，而是他对科学真理的追求和认识是无止境的一种认识。目前人们对光和光子的科学认识仅仅是很少的一部分，如果把光比作大海，无边无际，我们对光和光子的认识和知识仅仅是“沧海一粟”而已。今天，我还是这样的认识。

人类社会期待着光学和光子学的进展。光学（光子学），不应是配角。昨天的光学成就非凡，今天的光学欣欣向荣，明天的光学将更加辉煌。

致谢：作者衷心感谢美国宾州大学杨振寰（Francis T. S. Yu）教授对本文的支持。

参考文献

［1］王大珩，周立伟．光学——迈向新的世纪［M］//光电技术在工程领域中的应用．北京理工大学光电工程系，2001：1-22.

［2］王大珩．光学老又新，前程端似锦——论光学工程［M］//现代光学与光子学的进展——庆祝王大珩院士从事科研活动六十五周年专集．天津：天津科学技术出版社，2003：38-54.

［3］周炳琨．从量子论到光子技术［M］//现代光学与光子学的进展——庆祝王大珩院士从事科研活动六十五周年专集．天津：天津科学技术出版社，2003：157-167.

［4］王启明．展望21世纪信息光电子与光子技术的发展［J］．激光与红外．1995，25（5）：7-9.

［5］王玉堂．发展光子学的重大意义［J］．光电子·激光．1995，6（3）：129-133.

［6］庄松林．光电子技术展望［M］//现代光学与光子学的进展——庆祝王大珩院士从事科研活动六十五周年专集．天津：天津科学技术出版社，2003：168-190.

藏绿斋札记

■ 心驰科普

第三篇

电子光学

变像管与像增强器的电子光学*

变像管与像增强器的电子光学是研究大物面宽电子束成像的一门科学。

“微光夜视”是专门研究在夜天光或能见度不良条件下，实现光电子图像信息之间相互转换、增强、处理、显示等物理过程的一门高新技术，它能将不易（或不能）看见的微光、极微弱星光、近红外辐射转换为可见光图像；所用的核心器件是各类微光像增强器及其微光电视等耦合组件，它们通常由光阴极、电子光学系统、微通道板（MCP）、荧光屏以及电荷耦合器件（CCD）等多个环节组成，从而能够弥补人眼在空间、时间、能量、光谱和分辨能力等方面的局限性，扩展人眼的视野和功能。

静电聚焦像管是以光学纤维面板作为输入窗和输出窗的两电极的电真空成像器件，如图1所示。通常所说的第一代级联像增强器，是以纤维光学面板耦合的三级级联静电聚焦像增强器，俗称微光管，如图2所示。第一代级联像增强器，能把人眼不能察觉的辐射像或辐射极度微弱的像转换

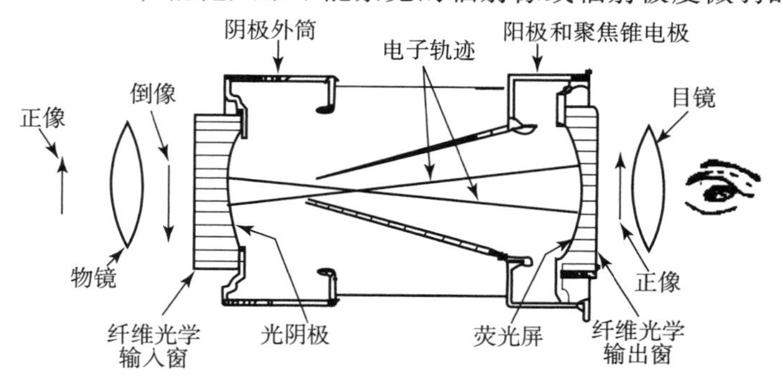

图1　静电聚焦像增强器

---

* 本文是1974年作者带领学生赴昆明实习时，在云南光学仪器厂为制作变像管的工人和技术员作的科普报告。这次出版时在文字上做了修改和补充。

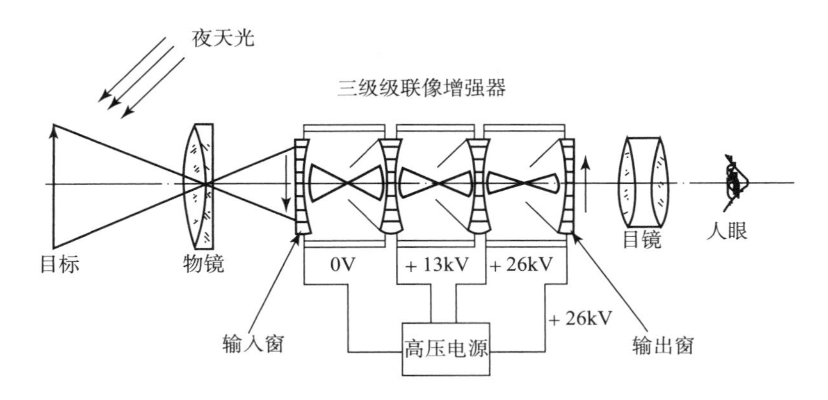

图 2　三级级联静电聚焦像增强器

增强为在正常视觉条件下能够观测的图像，也就是说，可以使人们在黑暗的环境下观察物体。

由于同心球型静电聚焦像电子光学系统（如图 3 所示）具有结构简单、尺寸小而工作面积大，像质好且不需要调焦等一系列优点，已成为国际上第一代夜视像增强器的基本管型，受到普遍的重视。

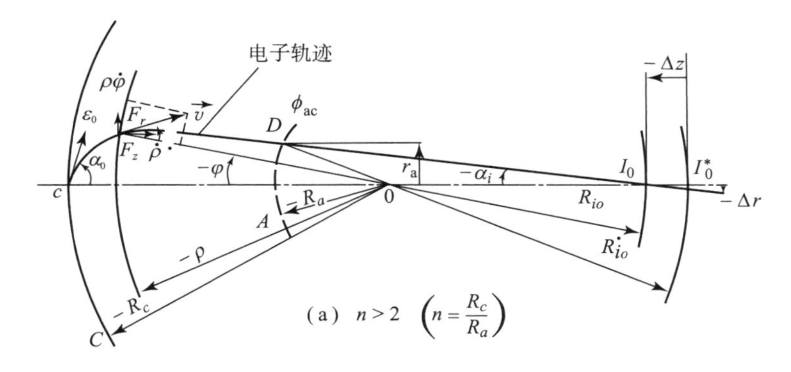

图 3　同心球型两电极电子光学系统

我到贵厂后，不少技术员和师傅问我红外变像管的电子光学系统的原理。普遍的问题是，当发现管子像质不好时，不知原因何在，也不知从何处下手改进。我今天讲的同心球型电子光学系统，主要用在微光管上，其电子光学，与红外变像管的原理是一样的。二者主要区别在光阴极上，红外变像管用的是 Ag－O－Cs 光阴极，而微光管用的是 Sb－K－Na－Cs 多碱光阴极。今天，我以一问一答的方式介绍电子光学系统的原理，希望大家对它的成像特点有所了解，在制作管子时能有所借鉴和参考。

➢ **静电聚焦像增强器的原理是什么？**

我们从图 1 可以看出，单个静电聚焦像管一般有三个基本部件：光阴极、电子光学系统和荧光屏。光阴极是把入射辐射（光子）转换成电子从阴极面射出，荧光屏则是把投射到屏面的电子转换成光子，而电子光学系统的任务是把光阴极上的电子像尽可能不走样地转移到荧光屏上，并轰击屏，还原成光学像，并使图像有足够的亮度。这样，像管就把极为微弱的辐射转换为人眼可见的图像。通常，以纤维光学面板耦合的三级级联像增强器（简称第一代像增强器）采用静电聚焦两电极同心球型的电子光学系统。所谓两电极静电聚焦系统即由球面阴极和球形阳极（它与屏联成一体）所构成。高达上万伏的静电电压就施加在阳极上（设阴极电位为零）。

➢ **对像增强器的电子光学系统的要求是什么？**

电子光学系统是整个像管的一个组成部分，因此，很难截然划分对管子本身的要求或对电子光学系统的要求。不过，从电子光学的角度来看，一般说来有以下几点：

（1）系统的选择能满足仪器对于管子的结构尺寸的要求。也就是说，在给定的管子外形尺寸下满足所需的放大率的要求。通常总是希望所设计的系统使管子的纵向尺寸短、工作面积大、重量轻、结构简单、使用方便等。

（2）系统要保证整管有足够高的分辨本领，能分辨出图像的细节，在整个屏上和边缘部分，图像应是清晰的。

（3）系统要保证屏上的图像几何畸变小，即图像的变形小。

此外，还可以从增益、电源、电极系统的结构工艺性等各种不同的角度提出对电子光学系统的要求……这里不一一叙述了。

➢ **什么是静电聚焦呢？静电聚焦像增强器的电子光学系统的成像要满足哪些基本条件？**

静电聚焦是一种聚焦方法，它是在构成电子光学系统的电极上加上相应的电位，从而在管子的空间内形成电位场。静电场的聚焦作用是把光阴极（物面）上各点发出的电子汇聚在接收屏的相应位置上，从而形成可见的图像。这里，静电场（它可用旋转对称的等位面来描绘）对电子的作用与光学透镜对光线的作用相类似。我们知道，光的直线传播定律是几何光学的基本定律，但当散射光线经过光学透镜改变自己的方向并汇聚于一点时，才发生光学像。同样，如果在高度真空容器的空间内没有场的作用，电子做直线运动，并没有聚焦作用，而利用静电场（或静磁场）构成的电位构成电子透镜，可以改变逸出电子运动的方向而汇聚在一起。但是要产生光学意义上的成像，对于这类大物面宽电子束的静电聚焦电子光学系统，上述的场（静电场或静磁场）还应满足以下基本条件：

（1）它应当具有旋转对称。

（2）要保证聚焦，电子受电场（力）偏转作用的程度应随着离轴距离增大而增长，而在本身轴上等于零。

（3）场应有足够的光学本领，使由阴极面轴上点发出的电子轨迹，必定再次与轴相交。

➢ 为什么把这类系统称为大物面宽电子束的电子光学系统？能否把由阴极面上发出的电子束聚焦成像的过程说得更详细一些？

静电聚焦像增强器的系统属于大物面宽电子束的电子光学系统。因为阴极面本身就浸没在场中，通常把这类系统称为静电阴极透镜。

由于阴极面本身就是大物面，且由阴极逸出电子的斜率可能趋于无穷，而电子光学系统是把整个物面逸出的宽电子束进行聚焦成像，故称大物面宽电子束成像。这与一般的电子透镜的细电子束成像是有很大区别的。为了描述清楚起见，我们先以两电极同心球电子光学静电聚焦系统为例来说明系统聚焦成像及其像差形成的过程。

两电极同心球电子光学静电聚焦系统简称同心球系统，如图 3 所示。它是由两个共同曲率中心的球形电极——半径为 R_c 的球面阴极和半径为 R_a 的栅状球面阳极所组成。这是电子光学中一种极为特殊的情况，它的电位分布和电子轨迹可以用解析形式表示。通常令阴极处于零电位，在阳极上施加上万伏的电压 ϕ_{ac}，则在两电极间的场等效于集中在球心的点电荷所产生的有心场。电场力线的方向正是沿着系统的矢径方向，处处垂直于阴极面。现在我们分析电子在这一系统中的受力情况。

我们知道，电场强度 $\boldsymbol{E}$ 定义为电位负梯度，即与电位增大的方向相反，故它是沿着矢径向着阴极的方向，而作用在电子上的力 $\boldsymbol{F}$ 的方向正与电场强度 $\boldsymbol{E}$ 的方向相反。由图 3 可见，电子在空间任一点所受的力 $\boldsymbol{F}$，可以分解为两个分力：一个是指向系统轴的径向分力 F_r，它的大小与离轴距离成正比；另一个是沿着系统轴向着阳极的轴向分力 F_z，它的作用使电子在轴向加速。因此，自阴极面逸出的初速度很小而初斜率可能很大的电子束，受到与强场相对应的力 F_r 和 F_z 的剧烈作用，使轨迹斜率急剧改变，迅速向轴靠近汇聚成一细束，并向着阳极方向运动。

但是，要使电子汇聚在轴上某一点，还必须使系统满足 $n = R_c/R_a > 2$ 的条件，也就是阴极面的曲率半径要比阳极的曲率半径大两倍以上，此时电子在到达阳极之前轨迹的斜率小于零（那时，电子轨迹行进的方向偏向轴）。如果假定阳极是透明的，而阳极后面为无场的等位空间，电子通过阳极时的轨迹与斜率都是连续的，则此电子通过栅状阳极后做直线运动而交于轴上某点 I_0，I_0 就是电子以初能量 ε_0，初角度 α_0 自阴极面射出的轨迹经过系统后的交轴位置。

对两电极同心球系统，这个位置是能求出来的。设 R_{i0} 为曲率中心 O 至该交轴点 I_0 的距离，它可以近似地表示为：

$$R_{i0} = -R_a \frac{n}{n-2} \times \left\{1 + \frac{2(n-1)}{n-2}\sqrt{\frac{\varepsilon_z}{\phi_{ac}}} + \frac{2n(n-1)}{(n-2)^2}\frac{\varepsilon_z}{\phi_{ac}} - \frac{2(n-1)^2}{n-2}\frac{\varepsilon_r}{\phi_{ac}} + \cdots\right\} \tag{1}$$

式中 $n = R_c/R_a$，为球面阴极的半径与球面阳极半径的比值；$\varepsilon_z = \varepsilon_0 \cos^2\alpha_0$，$\varepsilon_r = \varepsilon_0 \sin^2\alpha_0$，分别为逸出电子的轴向初能量与径向初能量。

由此可见，自阴极面轴上点发出的电子轨迹经过阳极后的交轴位置对应的曲率半径 R_{i0} 与逸出电子的初条件参量（ε_0，α_0），结构参量（R_c，R_a）以及电参量 ϕ_{ac} 等有关。这个公式表示的特点是，大括号内的量，后一项比前一项要小一个数量级。它告诉我们，系统的成像主要取决于结构参量（R_c，R_a）；电参量和初条件参量都居次要的位置。因此，各位师傅在制作装配像管零件时，一定要保证结构尺寸的精确性。

➢ 从公式上看，由阴极上同一点射出的初能量 ε_0 和初角度 α_0 不同的电子将交于不同的位置？

正是这样。在电子光学系统中，若假定电子初能量 $\varepsilon_0 = 1$ 伏，阳极对于阴极的电压 $\phi_{ac} = 16\ 000$ 伏；仔细考察式（1）就可看出，括号内含有 $\sqrt{\varepsilon_z/\phi_{ac}}$ 及与 1 相比较是高阶小，更不用说 ε_z/ϕ_{ac} 和 ε_r/ϕ_{ac} 了。因此，尽管逸出电子的初能量 ε_0 与初角度 α_0 都有变化，但同一点发出的不同电子束的交轴位置是非常靠近的。也就是我上面讲的，影响系统的成像（位置）主要取决于结构参量。

➢ 那么，怎么理解所谓“成像”呢？难道“成像”不是一个物点与另一个唯一的像点相对应，物空间的一条直线与像空间一条唯一的直线相对应吗？

是的，但这里所说的乃是光学系统中理想意义上的成像。例如在几何光学中研究傍轴成像时，便假定光线与光轴或法线的夹角很小，光线通过各折射面时入射角与折射角都很小。在这样的傍轴假设下，你所说的“成像”才成立。在我们这里的情况下，阴极面位于场中，自光阴极逸出的电子与阴极面法线的夹角可以达到90°，无法应用傍轴条件来讨论理想成像。因此，在宽束电子光学中提出近轴成像的概念，宽束电子光学系统的理想成像乃是满足近轴条件下的成像。

在宽束电子光学系统即阴极透镜中，近轴条件的假设有二：

（1）电子轨迹的离轴距离 r 非常靠近对称轴即处在近轴区域内。

（2）轨迹的径向速度 $\dot{r} = \mathrm{d}r/\mathrm{d}t$ 很小。

于是，在研究近轴成像时，可以略去含有 r^2 、$\dot{r}^2$ 及其以上的高次项。按照这样的条件来考察式（1），并且，由于 ε_r 与 $\dot{r}_0^2$ 相关，故按照近轴条件，与 ε_r 有关的量可以略去。于是式（1）变为

$$R_{i0}^* = -R_a \frac{n}{n-2}\left\{1 + \frac{2(n-1)}{n-2}\left(\frac{\varepsilon_z}{\phi_{ac}}\right)^{1/2} + \frac{2n(n-1)}{(n-2)^2}\frac{\varepsilon_z}{\phi_{ac}} + \cdots\right\} \quad (2)$$

式中，R_{i0}^* ——近轴成像时对应的曲率半径。可以证明，式（2）正是在同心球场下近轴轨迹方程的精确解所对应的成像位置的表达式。它表明，由阴极面的轴上点以相同的轴向初速度所对应的初能量 ε_z 射出的电子束经过同心球系统后将会聚于同一点。式（2）中不包含 ε_r 的项，也就是说，近轴成像位置 R_{i0}^* 与电子逸出的径向初能量 ε_r 无关。由此我们得到一个重要结论：只有轴向初能量 ε_z 相同的电子束才能理想聚焦。这当然是物理学中的一种抽象，但我们把主要矛盾突出了。

➢ 这样说来，逸出电子的轴向初能量 ε_z 改变时，理想成像位置也随着变动了。那么，接收图像的荧光屏应放在什么位置呢？

不错，这正是阴极透镜与一般的静电电子透镜的区别。后者所研究的是细束下的傍轴成像，理想像面指的是高斯像面；而我们这里所研究的是宽电子束下的电子光学成像，理想成像位置随着逸出电子的轴向初能量 ε_z 变动。当 $\varepsilon_z = \varepsilon_0 = \varepsilon_{0\max}$ 时，所确定的位置称为高斯像面位置：当 $\varepsilon_z = 0$ 时，所得到的像面位置称为极限像面位置。由式（2）可以看出，在成实

像时，高斯像面较极限像面的位置离光阴极为远。

至于接收像的荧光屏应放在什么位置，那只有在把轴上点射出的电子束在极限像面到高斯像面之间的任一像面上所形成的像差考察清楚才能回答。

➢ 那么请你谈谈宽束电子光学系统的像差。

在宽束电子光学中，若要考察系统的横向像差，首先需要给出理想成像、实际落点以及横向像差等术语的定义。什么是理想成像呢？理想成像就是按照轨迹的近轴条件导出的近轴方程求解自阴极面逸出的电子轨迹（近轴轨迹）。这些轨迹无论电子逸出的初速度和初角度有多少差异，只要它们的轴向初能量是一样的，它们将会聚在像面上的同一点。即一个物点对应着一个像点。什么是实际落点呢？实际落点就是按照实际轨迹方程求解自阴极面逸出的电子轨迹在像面上的落点。什么是横向像差呢？顾名思义，横向像差是像面上实际落点与理想成像的偏离。按照这个定义，我们首先确定理想成像的位置。如上所述，我们定义自阴极面原点以某一轴向初能 ε_{z1} 逸出的电子按近轴条件聚焦的位置为理想成像位置 I_0^*（星号 * 表示理想成像，这表明，它是由近轴轨迹确定的）；而自同一点逸出的初能量为 ε_0，初角度为 α_0 的实际轨迹则交于 I_0 处，则产生了像的位移，我们称之为纵向像差，它以 Δz 表示。于是，初条件（ε_0，α_0）的实际轨线在 ε_{z1} 确定的理想像面上的落点所形成的径向位移，我们称之为横向像差，以 Δr 表示，如图 4 所示。

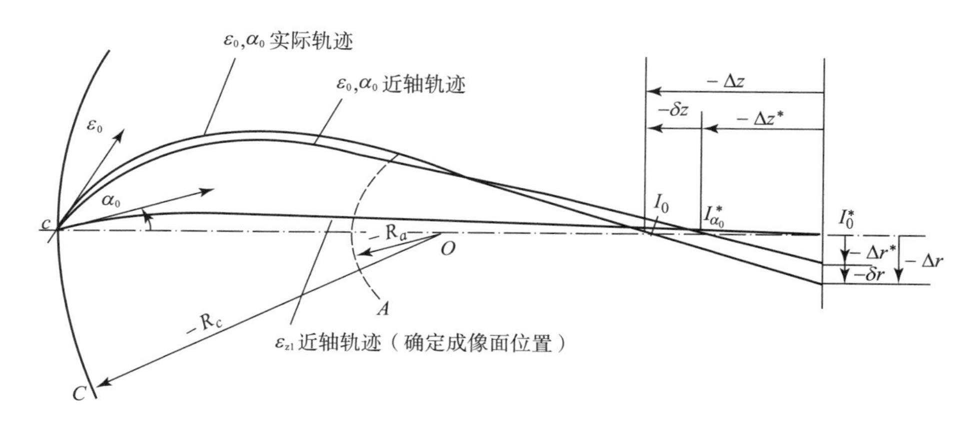

图 4　近轴轨迹与实际轨迹，纵向像差与横向像差

对轴上点而言，由实际轨迹的落点位置和近轴轨迹的理想成像位置的式（1）和式（2）及其斜率表达式，不难求得在 ε_{z1} 所确定的理想像面上

的横向像差 Δr 为

$$
\begin{aligned}
\Delta r &= \Delta r^{*} + \delta r \\
&= \Delta r_2^{*} + \Delta r_3^{*} + \delta r_3
\end{aligned}
\tag{3}
$$

这里:

$$
\Delta r_2^{*} = \frac{2M}{E_c}\sqrt{\varepsilon_r}\left(\sqrt{\varepsilon_z} - \sqrt{\varepsilon_{z1}}\right) \tag{4}
$$

$$
\Delta r_3^{*} = \frac{2M}{E_c\sqrt{\phi_{ac}}}\sqrt{\varepsilon_r}\left(\varepsilon_z - \varepsilon_{z1}\right) \tag{5}
$$

$$
\delta r_3 = \frac{2M}{E_c\sqrt{\phi_{ac}}}(n-1)\varepsilon_r^{\frac{3}{2}} \tag{6}
$$

式中, M ——系统的线性放大率，因倒像故取负值; E_c ——阴极面上的电场强度，取负值。这里，星号“ * ”表示近轴情况。式（3）的意义是，成像系统的横向像差 Δr 可以视为近轴横向像差 Δr^{*} 与几何横向像差 δr 之合成；而近轴横向像差 Δr^{*} 又可分解为二级近轴横向色差 Δr_2^{*} 和三级近轴横向色差 Δr_3^{*} 之合成。这里, Δr_2^{*} 、Δr_3^{*} 表示以初条件（ ε_0 , α_0 ）逸出的近轴轨迹在对应于初条件 ε_{z1} 所确定的理想像面上的二级、三级近轴横向色差；而 δr_3 表示同一初条件（ ε_0 , α_0 ）的近轴轨迹与实际轨迹在 ε_{z1} 的理想像面上的横向偏离。δr_3 在电子光学中即通常所说的三级几何横向球差，它与（ $\sqrt{\varepsilon_r/\phi_{ac}}$ ）^{3} 成正比。

➢ **为什么你把横向像差这样分类呢？这样的分类有什么优点呢？**

在考察横向像差时，我们不但要关心像差是如何形成的，更要关心是什么因素影响横向像差的，把主要的因素与次要的因素分离出来。定义横向像差时，必须合乎逻辑，并能得到严格的证明。由式（3）可知，我们认为，成像系统的横向像差 Δr 是由两种像差所组成，一是近轴横向像差 Δr^{*} ；二是几何横向像差 δr ，这是我们在上面严格证明的。这个理论的优点是，把影响较小的量与影响较大的量分开，把主要因素与次要因素分开。这样，就突出了主要矛盾。应该指出，在宽束电子光学研究中，近轴横向像差（它主要是由电子能量的差异引起的，也可以称为近轴色差）与几何横向像差是联系在一起的。在几何光学或细束电子光学中，虽然也研究色差，但它与几何像差是可以分别考虑的。

由式（4）、（5）、（6）可以看出，这种表示方式是把横向像差按（ $\sqrt{\varepsilon_0/\phi_{ac}}$ ）^{j}（ $j = 0,1,2,\cdots$ ）的阶次的量级分类的，由此可以看出系统的

哪些参量对像差的影响以及这些参量影响的大小。

由式（3）可见，我们把横向像差以这样的形式表示是为了突出主要的矛盾，我要告诉大家的是，在轴上点横向像差中，二级近轴横向像差 Δr_2^* 占首要的绝对的地位；三级近轴横向像差 Δr_3^* 和三级几何横向球差 δr_3 对于 Δr_2^* 来说都是高阶小。数值计算表明，Δr_2^* 占整个横向像差的96%以上。

如果我们在式（3）中略去 Δr_3^* 和 δr_3 等高阶小量，则可以认为：

$$\Delta r = \Delta r_2^* = \frac{2M}{E_c}\sqrt{\varepsilon_r}(\sqrt{\varepsilon_z} - \sqrt{\varepsilon_{z1}}) \tag{4}$$

这就是所谓莱克纳格尔—阿尔齐莫维奇（Recknagel - Artimovich）公式，简称莱阿公式，它是静电阴极透镜中计算轴上点像差、研究成像系统分辨率的基本公式。这是一个非常重要的公式，我们在下面将进一步讨论。

➢ **这是否是说，同心球系统所导出的与二级近轴横向像差式（4）乃是静电阴极透镜普遍适用的表达式，那么三级近轴横向像差式（5）是否普遍适用呢？**

对于二级近轴横向像差正如说的那样，如果我们在同心球系统的阴极和阳极之间加入多个同心球面电极，从而形成多电极同心球系统，或者把同心球系统的阳极改成阳极孔阑，则可以证明式（4）依然成立。结论是，莱阿公式在阴极透镜中普遍成立，这是宽束电子光学的一个非常重要的结论。

莱阿公式表示的二阶近轴横向像差，只与系统的放大率 M 、阴极面上的场强 E_c 以及逸出电子的初能相关，而与聚焦场的结构无关。实际，通过放大率 M 把聚焦场的性质反映到公式上去了。

莱阿公式为我们设计电子光学系统时提供这样一个启示：要减小横向像差，提高系统的鉴别率，一个有效的途径是加大阴极面上的场强，另一个重要途径是降低光阴极的电子逸出初能。

关于式（5）表示的三级近轴横向像差，它似乎与式（4）表示的二级近轴横向像差有相同的性质，也不出现表示结构的参数。但实际上，三级近轴横向像差式（5）与系统的结构参量无关仅是一种特殊情况，在阴极透镜中并不是普遍成立的。尽管这样，用式（5）来估计阴极透镜的三级近轴横向像差是足够精确的。式（6）表示的三级几何横向球差，与式（5）属于同一个数量级。通过三级近轴横向像差，我们把二级近轴横向像差与三级几何横向球差联系起来。不管怎样，三级近轴横向像差 Δr_3^* 以及三级几何横向球差 δr_3 与二级近轴横向像差 Δr_2^* 相比都是高阶小，在通常情况下它们都可不予考虑。

当在此两电极同心球系统中加入多个中间球面电极后，其二级近轴横向像差仍然可以用式（4）表示时，而三级近轴横向像差与系统的电参量和结构参量有关，便没有如式（5）所示如此简单的关系了。

➢ **你给出的莱阿公式中有一个确定像面位置的参量——某一轴向初能量 ε_{z1}，但你并没有告诉我们 ε_{z1} 取值的大小，能否由此确定 ε_{z1} 对应的最佳像面的位置？**

能。现在我们可以讨论像面位置的问题了，因为从莱阿公式（4）出发可以确定从高斯像面到极限像面之间任意像面上的弥散图像即像差了。

设电子束为单色束，令 $\varepsilon_0 = \varepsilon_{0\max}$，则在高斯像面上，即 $\varepsilon_{z1} = \varepsilon_0 = \varepsilon_{0\max}$，当逸出初角度 $\alpha_0 = \pm 90°$ 时，横向像差取最大值：

$$\Delta r_g^* = \mp \frac{2M\varepsilon_{0\max}}{E_c} \tag{7}$$

而在极限像面上，即 $\varepsilon_{z1} = 0$，于是，当 $\alpha_0 = \pm 45°$，横向像差取最大值：

$$\Delta r_t^* = \pm \frac{M\varepsilon_{0\max}}{E_c} \tag{8}$$

从这里，我们可以想象一下，由光阴极轴上点发出的电子束，假定逸出的是单色电子束，其初能是一样的，逸出电子的初角度为 $-90° \sim +90°$。于是，电子射线在高斯像面与极限像面之间形成一束轨迹的包络。这个包络的最右端是高斯像面，所形成的横向像差最大（见式（7））；左端是极限像面，横向像差仅是高斯像面的一半（见式（8））。

由式（4）出发，我们可以确定最佳像面的位置。如图 5 所示。它是轴上点发出的各个方向的单色电子束在极限像面和高斯像面之间形成的焦散面，其最小截面称为最小弥散圆，它所在的位置称为最佳像面位置。它是阴极面上的原点以逸出角为 $\mp 90°$ 和 $\pm 38°10'$ 的两条电子轨线经过系统后的交点位置。或者也可以说，最佳像面位置与光阴极上原点以 $\pm 72°31.5'$ 的角度射出的电子轨迹与光轴的交点相对应。

此时，最小弥散圆的半径为

$$\Delta r_m^* = \pm 0.6 \frac{M\varepsilon_{0\max}}{E_c} \tag{9}$$

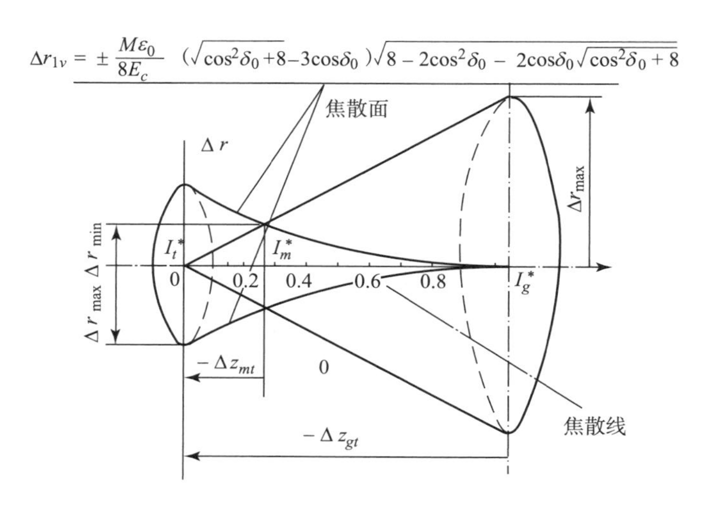

图 5　最小弥散圆与电子束形成的焦散面

由此可见，

$$\Delta r_t^* : \Delta r_m^* : \Delta r_g^* = 1 : 0.6 : 2$$

此时，极限像面离最佳像面和高斯像面位置的比例可表示为

$$\Delta z_{tm} : \Delta z_{tg} = 0.3 : 1 \tag{10}$$

有意思的是，我们通常所说的黄金分割或黄金比例，即 0.618 法则，任何事物按 0.618∶1 比例关系组成的都表现出其内部关系的和谐与均衡，引起人的美感。在宽束电子光学这样严肃的科学课题中也是成立的。我在上面讲过，最佳像面是位于由阴极面原点以逸出角为 ∓ 90° 和 ± 38°10′ 的两条电子轨线经过系统后的交点位置。而

$$\sin\alpha_0 = \sin(\pm 38°10') = \pm 0.618 \tag{11}$$

这说明，束腰所在的位置正是选择逸出角的正弦值为 1 与 0.618 的交叉处了。应该指出，0.618 黄金分割原则在变像管和像增强器电子光学的电子束成像也是成立的。我们可以看到，宽电子束形成的束腰（最小弥散圆）及其所处的位置和各部分所占的比例都是符合美学原则的。由光阴极射出的各个方向的电子束经历了场的加速、弯折，最后形成了弥散线包络，这个包络，就像一个穿着结婚礼服的亭亭美女，上端粗，束腰细，底部大，比例协调，十分美观。

➢ 对于同心球系统，除了近轴横向像差和几何球差外，还有其他像差吗？

这就要看接收屏的形状与半径了。如果接收图像的荧光屏制成球面形

状，其曲率半径等于成像位置到系统曲率中心的距离，则除了色球差外，其他类型的像差——彗差、畸变、像散和场曲都不存在。如果接收屏是平面，则除了色球差外，还出现了其他类型的像差——畸变、彗差和场曲（像散由于系统的球对称性，子午轨迹与弧矢轨迹交在同一点而趋于零），而在平面屏上形成一散射椭圆或像差椭圆。此散射椭圆是由近轴横向像差项和场曲项决定的。在近轴区域，色球差的作用较为显著；而在离轴较远的区域，像差主要由场曲项来确定。彗差的影响可忽略不计。畸变是由于实际像点相对于理想像点有一沿着子午方向的位移，当物面较大时，畸变还是比较严重的。

总之，当接收屏是平的，则系统的畸变与场曲随着物点离轴距离迅速增大，它们与近轴横向像差是值得引起重视的主要像差。因此，通常在考察产品时，由近轴横向像差引起的鉴别率以及图像的畸变是成像质量的重要指标。

➢ 上面所谈的乃是纯粹由球面电极组成的电子光学系统的理想模型，实际应用的系统又是怎样的呢？

我们在上面所谈的是纯粹由两个球面电极组成的同心球电子光学系统，假定阳极是透明的栅状阳极，电子直接穿过栅状阳极而成像的。实际上，通常是在球面阳极上开一小孔，此小孔起着类似光学发散透镜的作用；由于阳极孔阑的作用，系统的电子光学性质便随着变化。

关于引入小孔后电子束的成像可以这样解释：自光阴极上逸出的电子本来是在阴极和阳极形成的聚焦场的作用下朝着平行于等位线的法线方向运动。我们在上面说过，由于场的聚焦作用，使逸出的电子迅速会聚，向着阳极方向运动，并透过阳极前进，最后会聚到屏上。但是，一旦开了小孔后，等位线钻过小孔，从而形成一个发散透镜。

电子射线在通过阳极孔阑进入发散区时虽然受着离轴的作用力，但由于原来的会聚作用大于发散作用，当电子轨线迅速穿过小孔时，受到一点向上的偏折力，故它交轴的位置要比没有开孔前远一些。也就是说，像面位置要比原来的系统离阴极面更远一些。

球面阳极引入小孔后系统的电子光学性质可用一些简便近似的方法来讨论。如图 6 所示，若我们先假设系统为两电极同心球理想模型，光阴极上的物在阳极后面形成一虚像；然后考虑起着薄透镜功能的球面阳极上的小孔的作用，此虚像经过薄透镜在离阳极更远处形成一实像，我们便可求得与系统的几何参量和电参量有关的系统的放大率与像面位置。

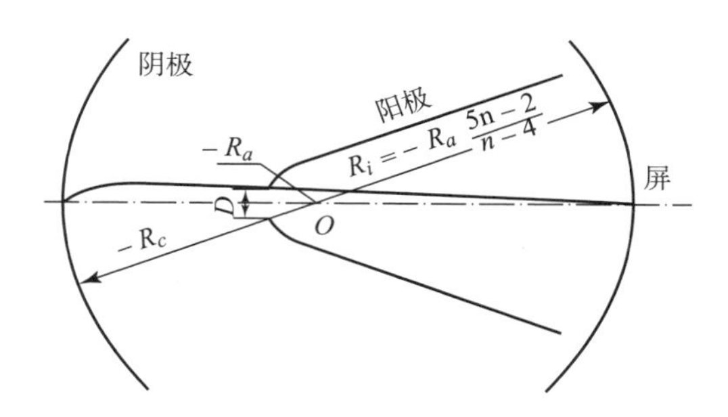

图 6　阳极带有小孔时两电极同心球系统的成像

因此，当阳极开有小孔时，由于薄透镜的发散作用，实像位置较之虚像位置离阴极为远。理论分析表明，只有当 $n>4$ 时，即阴极与阳极之间的距离足够远时，系统才能形成实像。

理论分析表明，关于阳极带有小孔下同心球系统的电子光学像差具有以下特点：

（1）当引入阳极孔阑时，莱阿公式依然成立。不过需注意的是，此时的放大率 M 是包括阳极孔阑作用下系统的总放大率。

（2）畸变除了随着总放大率的增大而按比例增大外，还出现一附加项，它随着带有孔阑的负透镜的放大率的比值提高而增大。

（3）决定散射椭圆的像散和场曲项与带有孔阑的负透镜的放大率有关。减小像散和场曲，只有使阳极离阴极距离较远，且阳极孔阑足够小时才能实现。

（4）彗差的变化与上面的像散和场曲项的变化相仿，由于它较之场曲与畸变为高阶小量，故可忽略不计。

在两电极电子光学系统中，想依靠改变系统的几何尺寸既能满足所需的放大率的要求，又能同时满足减小场曲与畸变的要求，而且不截获轴外电子束以保证系统的结构尺寸在足够紧凑的范围内，是比较困难的。

➢ **那么用球面屏呢？**

在球面屏的情况下，毫无疑问，成像质量提高了。由场曲决定散射椭圆的项将进一步改善，即轴外鉴别率提高了；但这必须通过光学纤维面板才能实现。

➢ 令人不解的是，为什么如此简单的系统直到近年来才获得广泛发展？

早在 1952 年科学家就提出以同心球系统作为基础来设计像管，但 20 世纪 50 年代并没有得到广泛应用，主要有以下几个原因：

（1）用这种系统作为像管，希望有一曲率半径较小的球面阴极，这对物镜提出了更高的要求，光学系统设计要使被观测物体投射在阴极面上的像与像管的球面阴极曲率半径相匹配，这在球面阴极的半径较小时是比较困难的。

（2）除了要求有较小半径的球面阴极外，还希望显示图像的荧光屏也是球面的，这在 20 世纪 50 年代尚受到技术上的限制。

（3）两电极同心球的电子光学系统作为倍率是缩小的系统比倍率是放大的系统易于实现。但正如上面所指出的，平面屏上的畸变与场曲所形成的散射椭圆影响系统的像质还是比较严重的。

鉴于以上原因，尽管同心球系统具有一系列的特点，它的发展受到一定的限制。因此 20 世纪 50 年代出现的一些典型像管，如美国的 6914 管和 6929 管，德国的 AEG 管，这些系统的入射光阴极面的曲率半径都很大，实际上它们离同心球系统相去甚远。

直到 1958 年，Kapany 提出光学纤维面板可以用来耦合传输图像才解决了这个难题。可以这样说，作为级联像增强器的各级输入窗和输出窗的光学纤维面板的出现是导致同心球系统发展的前提。

➢ 照这么说来，采用纤维光学面板耦合的静电聚焦像增强器中应用同心球系统是合乎逻辑的发展！

正是这样，在纤维光学面板出现之前，为了使像管有很高的增益，人们用云母片作为夹心层形成类似三明治的结构，它一面是荧光屏接收电子，另一面是光阴极发射电子，但无法将云母片制成两面都弯曲的形状。因而用云母片作为夹心层的三级串联像增强器无法获得优良的像质。此外，由于需要同时制作三个光阴极，制作工艺十分复杂，良品率极低，因此，人们都在探索新一代像增强器。

纤维光学面板的出现，一方面使单个像增强管耦合成多级级联像增强器成为可能；另一方面使光阴极制作工艺相应简化，良品率大大提高，也使球面阴极和球面屏的构成类同心球系统成为可能。

但这并不是说，严格按照同心球系统的原理设计的系统就是最好的系统。首先是系统具有较大的场曲，从而使轴外鉴别率下降。同心球系统，由于过分追求同心性，保持球对称，则无法使边缘轨迹会聚于更远的像点，从而使像场变平。

针对上述问题，微光管采用的两电极静电聚焦像增强器的电子光学系统从结构上进行了改进，我们曾对这类“微光管”的等电位曲线、轴上电位分布和阴极面上的场强分布进行分析，发现系统有以下特点。

（1）“微光管”的系统类似于同心球型电子光学系统，特别是在阴极面附近的场，球面性较好，这将使围绕着轴外的主轨迹的场，对主轨迹亦是旋转对称的。于是使子午轨迹与弧矢轨迹在阴极面附近较大的区域内经历着类似的场，从而限制了系统的像散（像散定义为主轨迹上弧矢焦点与子午焦点之差）。

（2）系统的球面阴极的曲率中心位于球锥形阳极小孔之外（即阴极面曲率半径稍小于阴极与阳极之间的轴向距离），事实上这已破坏了所谓系统的“同心性”。因为拘泥于阴极与阳极之两球面的同心，一方面将造成系统设计上的困难，增大畸变与场曲，另一方面有截获轴外电子束的可能，从而减少成像面的区域。计算与试验证明，取阴极面曲率半径为阴极面原点至交叉点的距离的0.7～0.9倍的关系，有利于场曲的改善。实际，在微光管中，由于球形阴极被支撑在圆筒结构上，故又可适当利用弯钩形电极（它与阴极同电位）的配置使阴极附近的电场力线更趋于阴极面的法线方向，从而有利于整个宽电子束在阳极极端头附近会聚，而穿过直径较小的阳极小孔。

（3）“微光管”的阴极面上的场强从中心向边缘逐渐加强，这将使轴外单元电子束较之近轴区域在阴极面的法向受到更强的作用力，于是主轨迹的近轴轨迹将在较远处会聚，从而有利于场曲的改善（像场变平）以及鉴别率的提高。

（4）轴上电位分布的拐点位置是系统聚焦区与发散区的分界点，该拐点的位置很靠近阳极，且其电位与总电位的比值较大。这就保证系统对整个电子束有较强的聚焦作用，有利于整管纵向尺寸的缩短。

➢ **那么，“微光管”系统的像差与上述同心球系统相比较有什么特点？**

正是由于在系统的结构上进行了上述的考虑，且应用了球面屏，故改进了系统的像质。总的来说，有以下几点。

（1）系统的畸变比较小。采用了球面屏后像质比平面屏有所改进，放大率的变化小，畸变下降，鉴别率提高。在通常的平面屏下，畸变为枕形畸变。如果逐渐向阳极锥孔方向弯曲荧光屏，则枕形畸变量逐渐减小，最后甚至将过渡到桶形畸变。考虑到过分弯曲荧光屏的纤维光学面板对于朗伯辐射的传递性质的系统性的径向变化，从而造成从面板的视场中心到边缘光通量增益的不均匀性。因此，宁肯用稍大的曲率半径的面板屏，使在像面上尚保留允许的一定量的枕形畸变。

（2）与散射椭圆的直径相比较，彗差只占较小的百分数，故通常彗差可忽略不计。

（3）在成像的中心区域，电子光学鉴别率主要受二级近轴横向像差所制约；而在远离中心的轴外区域，电子光学鉴别率主要是受场曲的限制。在这里我们所定义的轴外鉴别率是由成像屏的散射椭圆来确定。而散射椭圆的大小固然取决于电子束在成像空间的会聚程度，但更主要的是取决于像场弯曲昀程度。“微光管”系统采用了曲率半径较小的球面阴极，且从结构上作了考虑，故使场曲有了较大的改善。不过对于远离中心的轴外鉴别率，场曲仍是影响像质的重要因素。

（4）系统的像散比较小。我们知道像散起因于主轨迹与电场力线之间所形成的大的角度，而目前从结构的配置上强使电场力线更趋近于阴极面的法线方向，故使子午焦点与弧矢焦点的离散较小。此外，弧矢方向的场曲又比子午方向的场曲要更小一些，故轴外弧矢方向的鉴别率将比子午方向的鉴别率要高一些。

➢ **实际像管的成像屏应该放在什么位置合适呢？**

成像屏的位置和系统的放大率是电子光学系统的两个最基本的参数。前者决定了像管的纵向尺寸与鉴别率，后者决定了像管的横向尺寸。我们在上面说过，像面位置随着逸出电子的轴向初能量 ε_{z1} 而异，于是便有极限像面、高斯像面和最佳像面。对于实际像管，如果按照系统近轴区域的成像情况来考虑，球面屏的位置以放在最佳像面处较合适，它大概对应于 $\varepsilon_{z1}/\varepsilon_{0\max}=0.09$，与极限像面的位置 $\varepsilon_{z1}/\varepsilon_{0\max}=0$ 也是非常靠近的。这当然是从假定电子逸出初能量是单一分布的角度来考虑的；理论分析表明，即使是电子逸出初能量服从某一分布，其最佳位置也介乎极限像面与最佳像面之间。就荧光屏上整个视场成像的清晰度而言，屏的位置宜选择在最佳像面与极限像面之间。这样，从中心到边缘，鉴别率比较近乎一致。

对“微光管”计算表明，如果考虑电子发射的初角度为朗伯分布，初能量为贝塔分布，则在整个视场上将可以达到每毫米 80 ~ 100 对线以上的电子光学鉴别率。

➢ 为什么在像管电子光学系统中不放上限制光阑呢？

在像管中一般都不利用附加光阑来限制电子束。以同心球系统为例，如果把限制光阑放在阳极位置上，希望到达屏上参与成像的电子束所对应的逸出角度不大于30°，则限制光阑的孔径便要小到阳极半径的百分之几。尽管用这样小的孔径的光阑能减小系统的近轴像差，但同时大大地降低了屏的亮度，而且由于轴外电子束被光阑所截获，也妨碍了大尺寸的阴极物面的像的形成。通常在像管中，如上所述，从阴极面上以任意逸出角度射出的电子束在强场的作用下迅速聚成细束。因此用附加光阑来限制电子束的发射角度是没有必要的。

但是在某些像管中，可以在电子束行进途径的交叉点的位置上安置限制光阑。这时使附加光阑的孔径等于或大于交叉点处电子束的直径，但它的作用并不是切除从整个光阴极面上射出的电子束，而是切除杂散电子以及尽可能地减少屏上发出的光线反馈到光阴极上。

➢ 请谈谈对于加速电压的要求。

通常提高阳极电位可以显著改善管子的性质：一是可促使图像亮度提高，从而提高增益；二是可促使分辨本领提高。本来，初速度和初能量的分散是限制器件鉴别率的因素之一，而在提高管子加速电压也就是提高电子的能量时，初速度和初能量分散的影响相对也减小了。

对于两电极定焦型的系统，加速电压的提高可以增大阴极面上的电场强度，从而提高近轴鉴别率。但是，加速电压的提高将受到一定的限制，主要是怕引起场发射，这将造成图像的噪声或背景对比的下降，从而导致模糊的信号像。

一般说来，对于这一类定焦型的电子光学系统采说，加速电压的起伏要求并不严格。因为它的起伏对于像面位置以及放大率甚至像差的影响都是高阶小。

➢ 你在报告中讲到“定焦型”系统，它的含义是什么？

两电极静电聚焦的像管属于定焦型系统，这是由于系统的像面位置与放大率主要取决于系统的几何尺寸，而不取决于系统的加速电压。说得精确一些，即改变系统的加速电压对于像面位置和放大率的改变是极其微小的。因此，如果电极系统制造得不精确，或者在装配时不能保持正确的几何关系，则阴极面逸出的电子便不能很好地聚焦在给定的屏面上，而且也无法通过改变加速电压来改善聚焦质量。

➢ 这么说来，对于电极系统的几何尺寸要求是很严格的了。那么，电子光学系统尺寸公差将如何给出呢？

的确，要保证成像质量，对于系统的几何尺寸要求是极为严格的。当然，严格的程度视电极系统的尺寸变动时影响聚焦性质状况而定。

通常，希望电极尺寸变动时仍然满足两个主要的要求：放大率的起伏与半视场鉴别率的降低在某一允许范围内。但在实际上，只需用成像位置的偏离这一指标表示尺寸变动后系统主要的电子光学特性偏离标准方案的状况。因为当系统的电极尺寸及其相对位置的改变使成像位置偏离原设计方案（标准方案）愈远时，对于鉴别率的降低亦愈剧烈。此外，电极尺寸变动时对于放大率起伏的变化规律与成像位置摆动的变化规律相类似，而前者的变化远不如后者来得灵敏。

因此，首先需要考察系统的电极尺寸与其相对位置变动下成像位置的变化规律，然后根据系统所容许的“景深”——像面位置的允许摆动量，来确定系统各几何尺寸合理的公差分配，也就是所谓电子光学的尺寸公差。

在这里，所谓系统的“景深”是沿用光学上的名词。它的含义是在系统的景深范围内，即在像面位置允许摆动的范围内，图像依然是清晰可辨的（或者也可以作另外的规定，如在系统的景深范围内，鉴别率允许下降多少）。举例来说，对整个像管而言，影响视场中心区域的像质是由电子光学系统的二级近轴横向像差和荧光粉的颗粒度共同决定的，而荧光屏的鉴别率一般低于电子光学系统的中心鉴别率。如果设 N 为电子光学系统的中心鉴别率与屏实际所能达到的鉴别率的比值，则就中心鉴别率而言，像面位置的允许摆动量或景深 Δz 可用下式表示：

$$\Delta z = 1.45(N-1)\frac{M^2\sqrt{\phi_{ac}\varepsilon_0}}{E_c} \tag{12}$$

以“微光管”为例，测得的数据为：$M = 0.97$，$E_c = 117.8\text{V/mm}$，$\phi_{ac} = 16\,000\text{V}$，$\varepsilon_0 = 0.5\text{V}$，$N = 1.6$，则按式（12）可以求得 $\Delta z = 0.6\text{mm}$。

显然，这里仅是在考虑屏与系统的中心鉴别率的关系下近似导出的，对于轴外情况以及其他考虑，则应对式（12）加以适当修正。

➢ 请谈谈“微光管”系统中电极尺寸制造和装配的要求以及它们对成像质量影响的规律。

这是一个非常重要的问题，特别是对第一线制作像管的技术人员和工人师傅来说，控制电极形状和装配尺寸是保证良品率的关键问题。对于定焦型的“微光管”来说，计算表明电极尺寸变动时存在着如下的规律。

极间距离，即阴极面中心至锥形阳极端头之间的距离，锥形阳极头部的半径和孔径的变化对于成像位置的影响颇为剧烈，为1∶5～6；其次是与阴极等电位的弯钩圆心的径向位置，弯钩的曲率半径，为1∶3～4；再次是阴极面的曲率半径和阴极圆筒的半径，它们对于成像位置的变化为1∶1.5～1.7；而弯钩圆心的纵向位置与钩顶的径向位置对系统的成像特性影响甚小，为1∶0.2～0.3。

根据所给定系统的景深值和上述的变化规律，可以求得电子光学系统各几何尺寸合理公差分配。不过，在一般的情况下，可以按照上述变化规律以及零件加工和装配的条件与可能，预先给出各几何尺寸的公差值，其原则是，若系统某一几何尺寸或装配尺寸的变化剧烈影响原定的成像位置，则应给以较小的公差；反之，可以给以较大的公差。然后依据概率理论推算成像位置的移动量，看其是否在给定的景深范围内以检查所给公差的合理性，从而给出电极加工与装配时的尺寸精度。

➢ **请谈一下关于电子光学系统的设计以及如何评价系统设计的优劣。**

我们在上面扼要地介绍了像管电子光学系统的成像、像差的一般规律。关于静电宽束电子光学系统的计算与设计已经超出了本题目的范围，这里简单叙述一下电子光学系统计算与设计的概况。

在20世纪60年代以前，变像管和像增强器的电子光学系统即静电宽束电子光学系统的计算与设计是在一些实验的基础上进行的，那时大多数是先按已有的管型的尺寸做出了一些试验样管，但其荧光屏不是固定的，而是可以移动的。然后在电子光学试验台上对试验样管抽真空，并在各个电极上加上相应的电压，由此测量荧光屏成像清晰所在的位置，以此作为最佳成像位置，随之可定出系统的放大率。经过多次修改试验样管内部的结构和尺寸，直到满足成像位置（即像管的长度）、放大率以及鉴别率的要求为止。这样的试验方式在那时被称为电子光学“拉尺寸”。由此可见，电子光学系统结构尺寸参数和电参数确定的主要手段是通过实验进行的。顺便指出，我在20世纪60年代对同心球电子光学系统进行研究，一方面是探索电子光学理想成像与像差的规律；另一方面，这些电子光学关系式也为试验样管“拉尺寸”时确定管子的结构和电压的基本参数打下基础。

20世纪70年代以来，电子数字计算机的高速度和通用性使电子光学系统的计算和设计有可能走上类似光学透镜设计的途径。电子计算机的快速计算能使系统设计达到高精度、高效率，以及与实际系统高度的一致，以至于按计算机的计算尺寸再做试验样管的实验也成为多余的了。

近年来，电子光学系统的计算与设计逐步地由单纯按边界形状，阴极电子发射的初能量和初角度的分布规律来计算电子光学的主要参量过渡到利用光阴极的光谱响应和输入光谱分布的数据计算电子光学传递函数，将此调制传递函数与荧光屏本身的调制传递函数相综合后，可预告所研究的像增强器总分辨性能。而且，电子光学系统设计达到所需的要求由计算机进行优化已成为可能。因此，电子计算机的应用使电子光学系统设计迈入了一个新的阶段。

与光学透镜设计相类似，适合于同一目的的电子光学系统设计可以说是千差万别，系统设计的优劣自然可以从它实现所提出的要求进行评价。实际，也可以类似于光学镜头设计中以相对孔径 D/f（D——物镜的有效直径，f——物镜的焦距）作为主要设计指标。像管电子光学系统亦可用有效直径 D 和像管系统的纵向长度 l 的比值来衡量，故 D/l 亦可称为成像电子光学系统的相对孔径。与光学透镜一样，设计大相对孔径的成像电子光学系统不是一件容易的事。

➢ **请对我们厂现制作的红外变像管的电子光学系统作一评价。**

我试着分析贵厂正在制作的仿 6914 型（图 7）和 6929 型红外变像管，供各位参考。这类变像管的光阴极大都是曲率半径很大的球面或平面，根据上述的电子光学的基本原理，很明显，其电子光学系统将有相当大的场曲与像散。但管子仍能得到满意的像，主要是因为红外辐射所逸出的电子具有较低的发射初能量。一般假定，对红外灵敏的 S－1 型银氧铯光阴极，光电子发射的最可几能量 ε_0 取 1/16 电子伏，而对白光灵敏的 S－20 型多

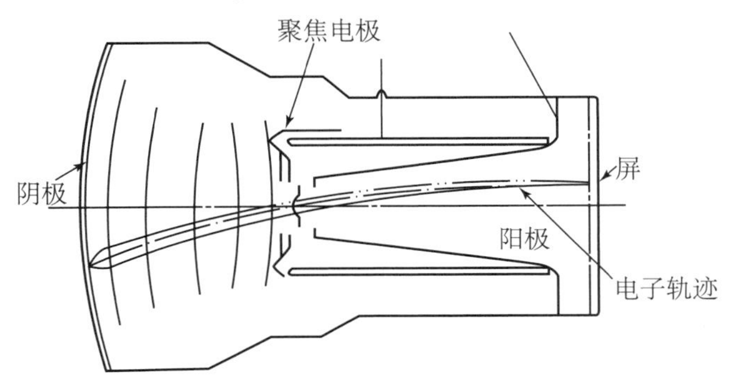

图 7　6914 型红外变像管

碱光阴极，则 ε_0 取 0.5 ~ 1 电子伏。而系统的高加速电位将光阴极逸出的电子束迅速被限制在一狭窄的锥体中向前行进，从而依然有较高的鉴别率。因此，这类红外变像管迄今仍在实践中应用。

➢ **结束语**

同心球型静电聚焦两电极像增强器的电子光学系统，它的优点是结构简单紧凑，管子的相对孔径大，成像品质好，其鉴别率、畸变、场曲等电子光学的主要性能指标都较一般的两电极静电聚焦电子光学成像系统有较大的改进。因此，它被普遍采用作为第一代微光夜视仪的像增强组件不是偶然的。而且，在第二代像增强器方案中的静电聚焦微通道板像增强器也是应用这一类系统，只是把光阴极发射的电子聚焦至微通道板上。

尽管如此，随着科学技术的发展，随着人们对客观世界规律性的进一步认识，我们相信，必将会有更简单紧凑的结构、更大的相对孔径和更好的像质的电子光学成像系统出现。

后　记

本报告写于 40 年前，即 1973—1974 年，那是在“文化大革命”期间，一切学术活动包括会议与出版期刊都停止了。当时这份讲课材料是油印的，是为了下厂实习给工人和技术人员讲课用的，封面没有署我的名字，是避免招来不必要的麻烦。我带学生到昆明国营云南光学仪器厂实习时，厂里的技术人员和工人师傅正在仿制 6914 型和 6929 型红外变像管，但他们都不了解管子的电子光学成像原理，像管中各个电极的作用，以及它们对成像质量的影响。他们希望我借此机会对这种管子的电子光学成像原理作一个科普报告。我在这份报告中采用一问一答的方式，期望用通俗的解释，深入浅出地讲清像管电子光学成像和像差等问题，使从事这种器件制作的工人和技术员能对它的原理有所了解，从而提高像管的制作质量。我在厂里讲的这堂课效果很好。一位听课的技术员曾是我教过的学生，他对我说，过去在学校听你讲电子光学，理论一大套，公式一大堆，大家都稀里糊涂，这次比过去好多了，都听明白了。尤其是，你告诉我们当电极尺寸变动时对成像质量的影响对我们制作像管的实践特别有用。

我想指出，虽然这份报告写于 40 年前，但我所讲的，无论原理和基本原则并没有过时，依然具有指导意义。这次刊出前，我仅做了很少的修改和补充。

藏绿斋札记

心驰科普

第四篇 微光成像

为什么在黑暗中我们看不见？*

黑暗中人们看不见的原因有二：一是光很弱，即光子数很少；二是光子数起伏，目标与背景之间的差异太小了。

太阳下山了，天空由朦胧昏暗逐渐转向黑暗，我们开始看不清甚至最后完全看不清周围的事物。为什么在黑暗中我们看不见呢？最简单的回答是："因为黑暗中没有光。"这个回答没有错。如果我们考虑到，夜晚来临，天空上有星星、有云彩的漫射光等，我们也可以作更精确一些的回答："因为黑暗中光很少。"一般说来，这样的回答是正确的，也没有什么错。但这样的回答是不完整的，假如我们要从上面的回答来找寻事物的原因，恐怕是很难找到在黑暗中我们看不见的缘由。

为了给上面的问题较为完整的回答，我们先略为谈谈光的性质。大家知道，光是在流动的。那么，是什么在流动呢？是光子在流动。我们通常称光为光子流、光通量，认为光是由最小的且没有重量的粒子——光子所组成。正像原子是物质的这一元素的最小单位一样，光子是光的最小的粒子。少于一个光子的光是不可能的。

为了使我们进一步理解，一个光子在光中所占有的量到底微小到什么样的程度，我们举一个例子：科学家已经测出，波长为0.55 μm（微米）的黄光，其光子能量等于3×10^{-19} J（焦耳）。爱因斯坦给出的光子能量表示式如下：

$$E=\frac{hc}{\lambda}=h\nu \tag{1}$$

式中，E——光子的能量；h——普朗克常数，$h=6.626\,068\,96\times10^{-34}$ J·s；λ——波长，c——光速，$c=3\times10^{8}$ m/s。因为频率$\nu=c/\lambda$，这就是说，光子的能量与波长λ成反比，与频率ν成正比。

---

* 这是作者所写的科普文章一文《黑暗之眼》中的前言。

由爱因斯坦公式（1），我们可以求出以某一波长射出的一个光子的能量为

$$E = \frac{(6.626 \times 10^{-34})(3 \times 10^{8})}{\lambda(10^{-6})} = \frac{1.9863 \times 10^{-19}}{\lambda}(\mathrm{Ws}) \quad (\lambda \text{ 以 } \mu m \text{ 计})$$

因此，$1W = 5.0345 \times 10^{18}\lambda$ photons/s（光子数/秒）。这里 λ 以 μm 表示。

如果夜间照明灯泡用30瓦灯泡的话，为简单起见，我们假定所有的辐射能量都集中在黄光（波长为0.55μm）波段，于是

黄光 $30W = 30 \times 5.0345 \times 10^{18} \times 0.55$ photons/s $= 8.3 \times 10^{19}$ photons/s

这个30瓦灯泡的光子流每秒发射大约 10^{20} 光子。这是一个多么大的数字啊！

在物理学的历史发展中，下面这个事实值得注意。20世纪30年代，早期的物理学家发现了物质在电子作用下有一种未知的辐射。当把进行实验的场所慢慢变暗，并且在做实验之前长期待在实验室，使眼睛在黑暗中完全暗适应。在进行这一实验时，科学家们弄清楚了，我们的人眼甚至可以记录一个单个光子。你们看，原来人眼是那么灵敏。那为什么我们在黑暗中看不见呢?

要理解这点，我们还需要知道一个现象。原来，在基本粒子流中，无论是光子流还是电子流，它们的数量在理想而稳定的外界条件下并不保持常数。这是粒子流的一个基本性质，我们不可能将粒子的非常量的部分从那里排除掉。

在许多有关电子流和光子流的物理现象中，粒子数量的平均偏移值等于粒子流中粒子数量的均方根值。因此，30瓦灯泡的光（光子流）的平均偏移值约为 $\sqrt{10^{20}} = 10^{10}$（光子数/秒）。这是多么巨大的天文数字啊！光子数的涨落（增加或下降）是以百亿计，看来，这将会多么不稳定啊。但是，我们从这个变化量与总量相比较的相对值来看，它等于 $10^{10}/10^{20} = 10^{-10}$。这又是一个小到可以忽略的数字。实际上，第一个巨大数字给人以错觉，以为这样的情况光子流将会极不稳定。但是第二个数字告诉我们，光子流实际上是极为稳定的，因为光子数量变化的绝对数字虽然极大，而这一变化量相对于总量来说，其相对数字是非常非常小的。

当光很微弱时，情况就完全不同了。比方说，假定某一物体发出（物体本身发射出或从物体反射出）仅9个光子每秒，则其平均偏移值为 $\sqrt{9} = 3$，其相对值为 $3/9 = 0.33$。这就是说，这一辐射源的亮度的平均变化是

±33%。符号±是因为粒子的变化量可以往增大的方向变化，也可以往减小的方向变化。我们知道，我们观察这一景物总是在某一背景下进行的，背景本身通常也发出光子。现在假定背景发出的是4个光子每秒，则其平均偏移值为$\sqrt{4}=2$，其相对值为2/4＝0.5，即背景亮度的平均变化是±50%。这表明，有两束光子流发出光线：一束来自物体；另一束来自背景，但发出的都是不稳定的闪烁光，一会儿加强，一会儿减弱。而且在某一时刻，物体和背景在亮度上是可以比较的，而在某些情况下，背景甚至看起来比物体还要亮一些。事实上，在平均变化值下，由物体发射的最少光子数为6，由背景发射的最大光子数也可以达到6。而在某些情况下，实际的偏离比平均值还要大一些。因此，由物体发出的光子数，便有可能比背景发出的多一些，或者少一些。在这样的条件下，你能保证看得见物体吗？很难说，值得怀疑。如果你的眼睛接受物体和背景是差不多同样的光子数，你能分辨它们之间的差异吗？

为什么在黑暗中我们看不见呢？现在我们可以给出较为全面的回答：这是因为，在黑暗中，一是光很弱，即光子数很少；二是光子数起伏，目标与背景之间的差异太小了。

为了能解决黑暗中能看得见的问题，科学家就研究了一门在漆黑的夜晚能看见的技术，那就是“夜视技术”的由来。

微光成像技术的发展和展望*

把黑夜变成白天，是人类自古以来的理想。

引　言

众所周知，人眼是一个非常灵敏而且紧凑的图像探测器，但它具有一系列固有的物理限制。通常，人眼的限制可以分为两大类型：一类是眼睛作为成像仪器的限制，即受地点（此地）、时间（此时）和细节察觉能力的限制；另一类是眼睛作为辐射探测器受限于可见光的限制，即受灵敏度和波长的限制。光电子成像的目的是采用光电子的方法来克服或缓和上述的限制。对于前者，可利用电视、图像存储和图像处理的方法以补救人眼在空间、时间和细节察觉能力上的局限；对于后者，可利用图像增强和图像转换技术来弥补人眼在灵敏度和响应波长上的不足。这样，人眼所见到的利用光电子方法所构成的图像包含了肉眼所不能察觉的图像信息。因此，光电子成像技术开拓了人眼的视觉，特别是克服了人眼在极低照度下以及有限光谱响应下的限制。图1示出了微光成像的基本原理。

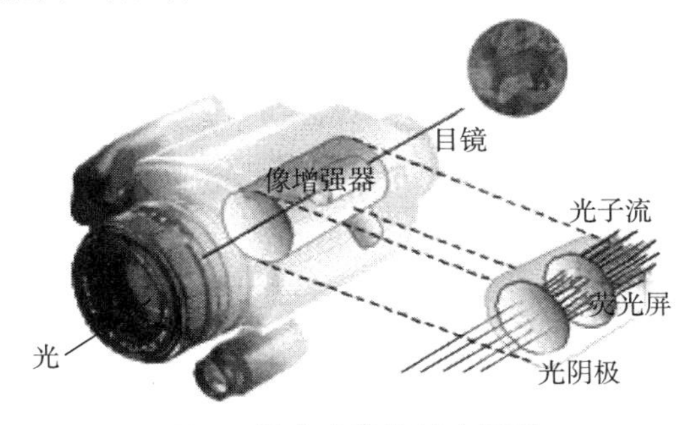

图1　微光成像的基本原理

* 本文发表于《现代光学与光子学的进展——庆祝王大珩院士从事科技活动六十五周年专集》，天津：天津科学技术出版社，2003：316－339。

光电子成像是以光子作为信息载体通过对物质（电子，电子/空穴对）的相互作用，将可见或不可见的辐射图像转换或增强为可观察、记录、传输、存储以及可进行处理的信息或图像。它的发展历史，如果自1934年Holst等人发明了第一只红外变像管算起，已有六十余年了。六十余年来，光电子成像技术取得了惊人的发展，显示出极为辉煌的前景。

推动光电子成像学科前进的动力主要来自三个方面。首先是对黑暗的征服，实现人们“把黑夜变为白天”的理想。特别在夜间作战中，要求冲破黑夜的障碍，在极微弱光照且不借助照明的条件下透过雾烟和水汽进行更清晰的观察，或利用景物本身的热辐射来获得图像信息。这两者构成了夜视领域中极为重要的微光像增强技术、微光摄像技术与红外热成像技术。其次是对娱乐完美的向往，社会公众对影视的巨大兴趣。广播电视与未来家庭影院的发展有赖于高清晰度、高信噪比电视摄像管的进展，而“图像信息”的获取与处理已成为现代文明社会发展的标志之一；光电子成像技术的发展将在消费电子的领地与新的娱乐方式中起着重要的作用。三是对视觉的开拓。人们需要记录极为快速的瞬态事件（纳秒、皮秒，直到飞秒），捕捉和增强γ射线、X射线、紫外、红外、太赫兹等非可见辐射图像。所有这一切，无不依赖于光电子成像技术的发展。正因为如此，光电子成像技术在国防、工业、医学、核物理学与天文学上获得广泛的应用，具有很强的生命力。

光电子成像技术始于20世纪30年代第一只Holst主动红外变像管的问世，它利用了光子—电子转换原理，使银氧铯光阴极接收红外辐射，由光子转变为电子，再通过荧光屏，使电子转换为光子，得到人眼能察觉的图像。但在实现观察时，它必须有一红外辐射源“主动”照明目标。在第二次世界大战和朝鲜战争中，主动红外夜视得到了应用，主动红外变像管如图2所示。

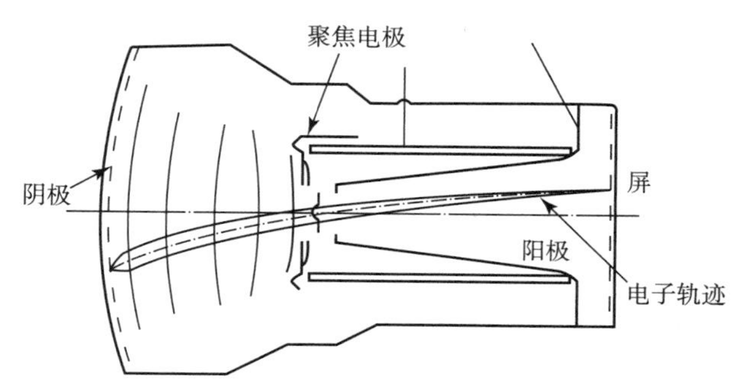

图2　主动红外变像管或零代管

主动红外夜视具有隐蔽性不可靠、易暴露自己、红外辐射源及供电装置笨重不便等缺点。人们自然想到从两个方向发展：一是利用夜天自然微光，即研究被动微光技术使微弱照度下的目标成为可见；另一是利用红外波段 3 ~ 5 μm 和 8 ~ 14 μm 两个大气窗口，即物体本身的热辐射，研究被动红外热成像技术使热目标可见。为此，近半个世纪来，发展了像增强技术、微光摄像技术、成像光子计数探测技术和红外热成像技术。

微光成像利用夜间自然弱光或低照度下的反射辐射，通过光电、电光转换及增强措施，使景物转换为可见光图像。人在白天自然光下有相当强的视觉探测能力，能分辨约 0.15 mrad 的高反差目标。但在光照低于 10^{-1} lx 的微光条件下，人眼视觉细胞灵敏度、分辨力、响应速度均下降，只能分辨约 15 mrad 以上的目标。通常，微光成像技术在输入端采用具有比人眼视觉高得多的量子效率、宽得多的光谱响应和快得多的响应速度的光敏面，进行光电、电光转换与增强，从而提供足够的图像亮度，供人眼观察或其他记录装置处理。

由于微光成像能在夜间或能见度不良条件下完成观察、瞄准、测距、制导和跟踪等任务，具有图像清晰、体积小、质量轻、价格低、使用维修方便、后勤保障容易和不易被电子侦察干扰等优点，故它是各国部队进行夜间作战的主要手段。

本文回顾微光成像技术自 20 世纪 30 年代以来的进展，概述一代、二代和三代微光直视像增强技术、真空和固体微光摄像技术以及光子计数成像技术（统称为微光成像技术）的现状和进展，展望新世纪中微光四代像增强技术以及新型微光摄像技术的发展。

一、微光像增强技术

所谓“微光像增强技术”，是指景物的极微弱的辐射光投入到成像器件的光敏面上，产生光电子或光生载流子，经过电子光学系统聚焦到荧光屏上，显示出被增强的、人眼直接可视的图像，如像增强器等。它主要用在夜视上，随着夜视技术的发展，它经历了近四代的历程。

1. 零代管

零代管乃是具有玻璃壳体、Ag－O－Cs 红外光阴极、玻璃面板输入窗和输出窗所组成的单级管的总称。一般，零代管系指玻璃管型红外变像管，如图 2 所示。但在实现观察时，它必须有一红外辐射源“主动”照明目标，故亦称主动红外变像管，它在第二次世界大战和朝鲜战争中得到了应用。主动红外夜视具有隐蔽性不可靠、易暴露自己、红外辐射源及供电装置笨重不便等缺点，故逐渐被淘汰。但由于结构简单、价格低廉，在一般的民用和保安中尚有应用。

2. 一代管

1955 年，A. Sommer 发现，若将 Na_2KSb 双碱光阴极进行铯处理，所形成的 Na_2KSb（Cs）多碱光阴极（S－20）具有很高的灵敏度，且在可见光直到近红外波段有很好的光谱响应。这一新的光电发射体使低照度下图像增强成为可能。20 世纪 50 年代中期，对可见光敏感的高灵敏度三碱光阴极、传输图像的纤维光学面板和高像质的同心球电子光学系统出现，使 60 年代初诞生了以纤维光学面板作为输入、输出窗的三级级联耦合的像增强器问世，这被称为第一代像增强器（或称一代管）。第一代像增强器于 60 年代在微光观察镜、瞄准镜以及远距离夜间观察装置上应用，70 年代初已完成标准化工作。

一代管的单级乃是锐聚焦像管，它利用准同心球型的电子光学系统将自光阴极逸出的光电子加速并聚焦到荧光屏上，形成增强的可见光的输出图像（见图 3）。单级微光管，如果制成缩小的管型，例如 18/7 的放大率，则由放大率得到的增益为 $(18/7)^2 = 324/49 = 6.6$ 倍，而对于 40/8 的管型，则可获得增益为 25 倍。若放大率为 1 的单级管的增益为 50，则上述两个管型的增益分别为 330 和 1 250。

图 3　一代单级微光管

一代管的性能典型值为光阴极灵敏度为 250 μA/lm，850nm 处的辐射灵敏度为 20 mA/W，亮度增益为 $2\times10^4 \sim 3\times10^4$ cd/m²/lx，鉴别率为 25～32 lp/mm。畸变为 17%。三级级联耦合的像增强器如图 4 所示。

为了进行畸变校正，对于一代管的各个锐聚焦像管，在阳极和屏之间插入一个低电位甚至负电位的电极，从而使电子向轴偏折，达到校正畸变的目的。为了防护强光的轰击，可在一代管的第一级的管中，在光阴极和阴极套筒之间加一电阻；当受到强光时，使电子光学系统散焦，以免荧光屏灼伤。

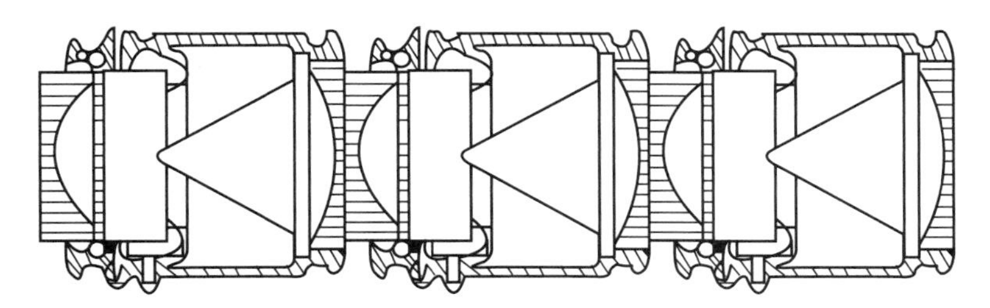

图 4　第一代三级级联耦合像增强器

3. 二代管

三级级联的一代管在低照度下应用具有增益高、成像清晰、不用照明源等优点，但太重太笨、防强光能力差。为了克服这一缺点，人们经过多年的探索，于 20 世纪 70 年代初成功研制了能实现电子倍增的二维元件——微通道板（MCP）（图 5）。它由上百万个紧密排列的空芯通道管所组成，通道芯径间距约 12 μm，长径比为 40 ~ 60，通道板的两个端面镀镍，构成输入和输出电极；通道的内壁具有较高的二次发射特性，入射到通道的初始电子在电场作用下使激发出来的二次电子依次倍增，从而在输出端获得很高的增益。单片 MCP 能将电子倍增到 10^3 以上。由于 MCP 具有高电流饱和特性，它还能抑制强光目标干扰。

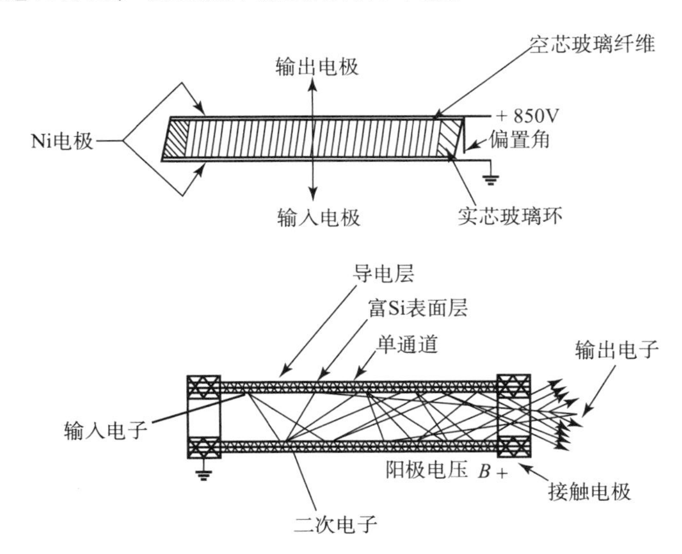

图 5　微通道板及其电子倍增原理

利用微通道板的像管称为第二代像增强器（二代管），它有两种聚焦形式：一是锐聚焦，它类似通常的纤维光学输入、输出窗的单级一代管——静电聚焦像管，但在管子的荧光屏前安置一微通道板，称为二代倒像管；二是近贴聚焦，微通道板被贴近放置在光阴极与荧光屏之间，荧光屏通常制在纤维光学面板或光纤扭像器上，此称为二代薄片管。从性能上比较，二代倒像管的像质要更好一些，但二代薄片管更短更小。二代管的商用水平典型值为250～300 μA/lm，850 nm处的辐射灵敏度为20 mA/W，亮度增益为5 000（ϕ18/ϕ18）～17 000（ϕ25/ϕ25）cd/m²/lx，鉴别率为30～32 lp/mm。微通道板像管的分解图如图6所示。

图6　微通道板像管的分解图

与三级级联一代管相比较，二代管的优点是体积小，长度仅是级联一代管的1/5～1/3，重量轻，畸变小，能防强光和自动亮度控制，因此，自问世以来发展很快，部分已取代三级级联一代管。二代倒像管和二代薄片管的原理和剖面图如图7、图8、图9所示。

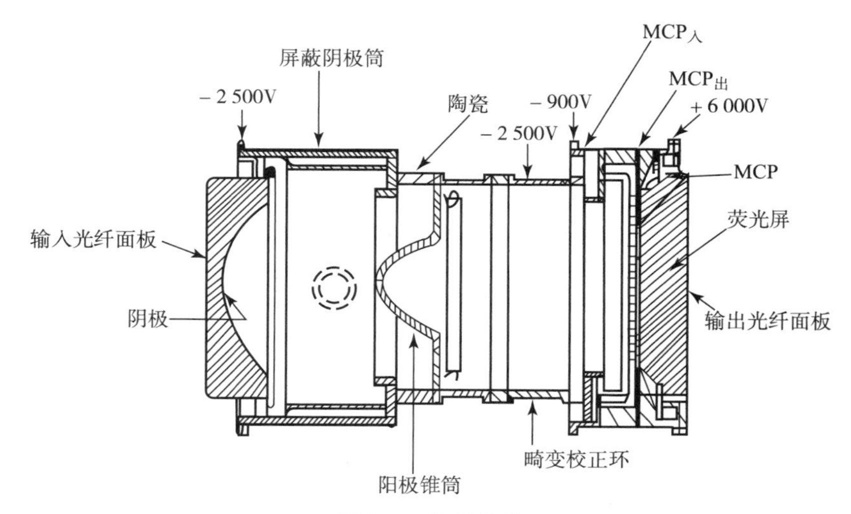

图7　二代倒像管

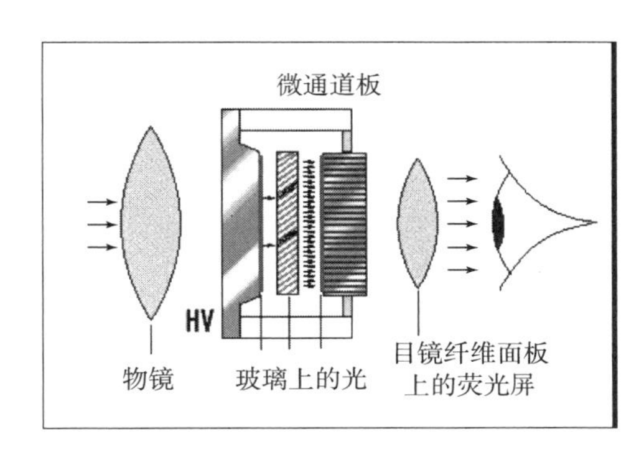

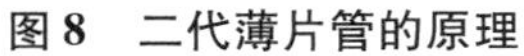

图 8　二代薄片管的原理

图 9　二代薄片管的剖面

4. 三代管

上述一代管和二代管所用的 Na_2KSb（Cs）光阴极乃是常规的光阴极。对于这样的光阴极，电子从价带逸出到真空形成光电发射所需的最小能量为电子亲和势与禁带宽度之和，被称为正电子亲和势（PEA）光阴极。1965 年，Scheer 和 Van Laar 发现，对一简并掺杂型 GaAs 表面上进行处理，使真空能级位于体中导带底之下，电子亲和势为零或负值，便得到负电子亲和势（NEA）光阴极。

负电子亲和势 GaAs 光阴极的灵敏度很高，大部分光谱区都比 S－1，S－20 光阴极要高好多倍；在近红外波段有很高的响应，量子效率比 S－1 光阴极高几十倍，暗电流仅是 S－1 光阴极的千分之一。

第三代像增强器（三代管），即在二代薄片管的基础上，将 Na_2KSb（Cs）多碱光阴极置换负电子亲和势 GaAs 光阴极。GaAs 光阴极的制作工艺特别复杂，大致有以下步骤：利用液相外延（LPE）或金属有机物汽相外延（MOVPE）在［100］GaAs 基底上生长 AlGaAs－GaAs 双异质结结构。此双异质结然后热封到蓝宝石窗上，通过膨胀系数调节到尽可能与 GaAs 蓝宝石窗匹配。热封后，进行一系列化学处理，将 GaAs 基底和第一层 GaAlAs 去掉。这样的结构然后引入专门的超高真空装置中，在高真空下对 GaAs 激活面进行热清洁，随后进行 Cs、O 激活，以达到负电子亲和势。其工艺过程如图 10 所示。

标准三代管的典型值为：光阴极类型为 GaAs，白光灵敏度为 1 300～2 100 μA/lm，辐射灵敏度为 600～800 nm 处，＞100 mA/W；880 nm 处，＞60 mA/W；中心鉴别率为＞45 lp/mm；等效背景照度 EBI ＜2.5×

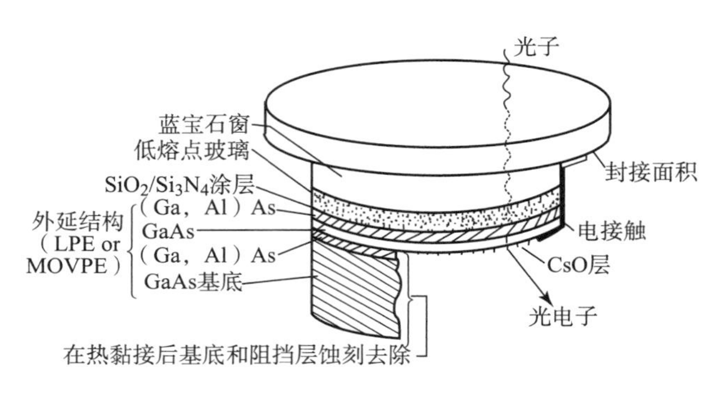

图 10　负电子亲和势光阴极制作工艺

10^{-11}lm/cm^2。

第三代像增强器具有高灵敏度、高鉴别率、宽光谱响应、高传递特性和长寿命等优点，故自 80 年代初不少技术发达国家竞相研制。在美国，到 80 年代中期，便有装备三代管的航空驾驶员夜视成像系统（ANVIS）和 AN/PVS7 夜视眼镜。将 ANVIS（三代管）和 AN/PVS—5 夜视眼镜（二代管）相比较，在 10^{-3}lx 夜间照度下，视距约提高一倍。

5. 超二代管

应该指出，制作三代管需要超高真空技术、表面物理技术、大面积高质量的单晶和复杂的外延生长技术，难度是相当大的，因而管子的价格也是相当昂贵的。那么，有没有可能在二代管的各部件如光阴极、微通道板、荧光屏以及结构上挖掘潜力，改进性能，从而大幅度提高二代管水平，增大观察视距呢？答案是有可能的。

众所周知，像增强器的性能是以在低照度下提高探测与识别距离的能力来评价的。探测与识别的距离正比于输出信噪比（S/N）和调制传递函数（MTF）的乘积。在带有微通道板的像管中，提高光阴极的白光灵敏度，改善微通道板的质量以减小噪声因数，则能增大输出信噪比。对于具有负电子亲和势光阴极的三代管，它有很高的白光灵敏度，且红外区有很高的光谱响应。但是，微通道板为了要与负电子亲和势光阴极相容，不得不进行很剧烈的清洁处理。这种处理减小了二次发射系数，从而增大了噪声因数。其次，在三代管的微通道板上镀上一层 Al_2O_3 或 SiO_2 离子隔离膜。这层薄膜固然保护三代管的稳定性和可靠性，但俘获了来自光阴极的低能电子，且后向反射了部分电子，降低了微通道板的电子收集率，从而使管子的噪声有明显的增加。这样，噪声因数的增大极大地抵消了光阴极的高灵敏度。

为了充分挖掘二代管的潜力，人们在二代光阴极（S－20，S－20VR，S－20ER，S－25）的基础上，通过阴极薄膜生长光电流监控技术和测反射率法相结合制作光阴极，使二代管光阴极的灵敏度有大幅度的提高。高性能二代管光阴极的灵敏度可达到350～450 μA/lm，超二代光阴极的灵敏度可达到500～600 μA/lm。这样的光阴极被称为Super S－25，如图11所示。图12示出了超二代和三代的光谱信噪比。

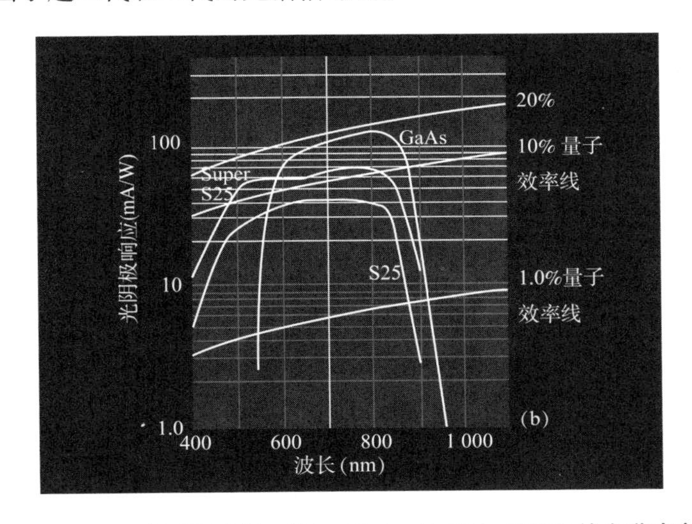

图11　S25，超S25（超二代），GaAs（三代）光阴极的光谱响应

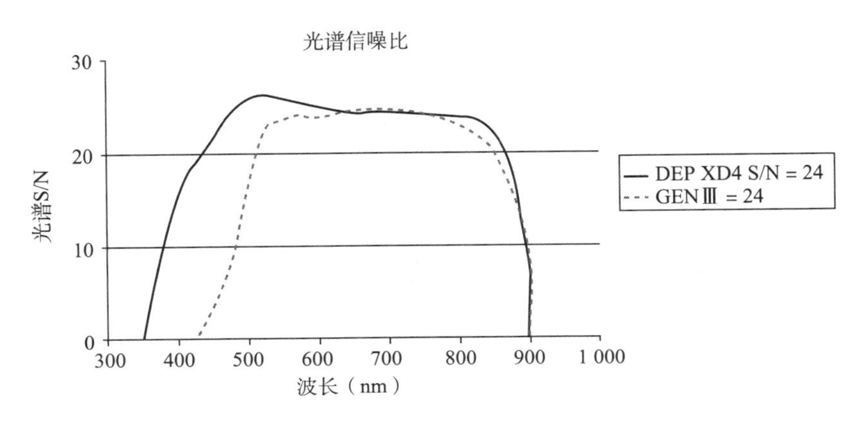

图12　三代与超二代的信噪比

在超二代管的研制中，减少噪声的途径，可以通过增大MCP的开口面积比（可增大到80%以上）提高电子的首次撞击的二次发射系数以及撞击它的倍增过程的统计特性来达到。此外，在通道输入端涂上高二次发射系数的材料（MgO，CaI，KBr 等），也可以降低噪声因数。超二代管的上述改进大大地改善了输出信噪比。视距仅比标准的三代管少 10% ~20%，而费（用）效（率）比也较标准的三代管为好。图 13 示出了超二代与三代的结构。从外形上人们很难看出它们之间的区别，但它们的光阴极面板的颜色是不同的，且三代管内有一层离子壁垒薄膜。图 14 示出了超二代与 CCD 耦合、三代管与 CCD 耦合的信噪比，荷兰 DEP 公司的研究表明，改进后的超二代的性能与三代的性能是接近的，但制作工艺远较三代管简单，且价格便宜好多。

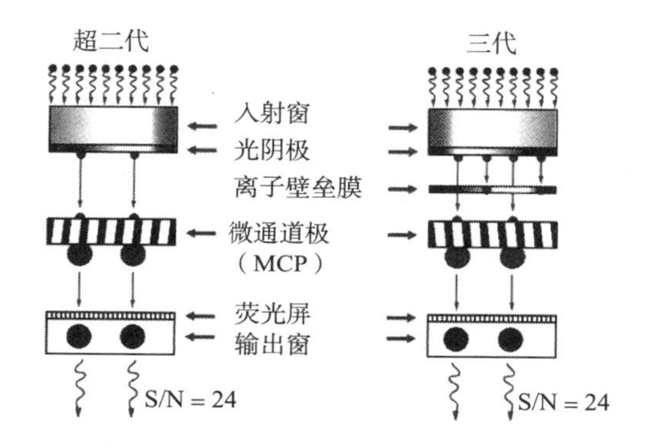

图 13　超二代与三代结构的比较

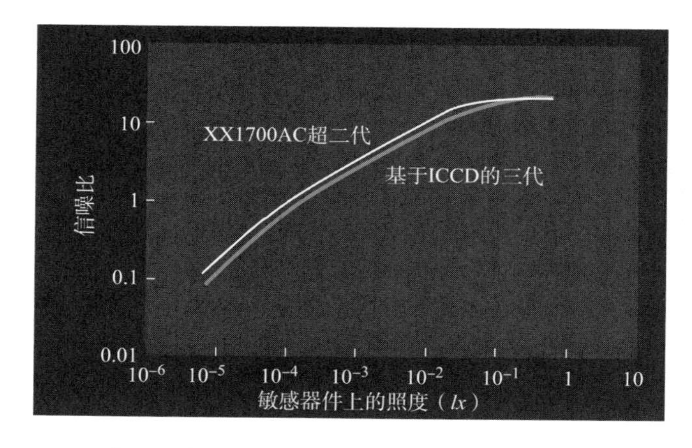

图 14　与 CCD 耦合的超二代和三代管的比较

6. 杂交管（或称混合管）

为了进一步解决在极低微光下的应用，出现了杂交管的方案，它是以二代薄片管、超二代像管或三代管作为第一级，一代管作为第二级相耦合的组合式像管，如图 15 所示。它的优点是可以获得很高的增益，并有可能减小微通道板的增益以寻求信噪比与增益之间的最佳折中，而分辨力比二代薄片管仅下降 10%。这一方案充分运用各自的优点，使增益和信噪比充分发挥出来。表 1 给出了杂交管与一代管和超二代管的比较。

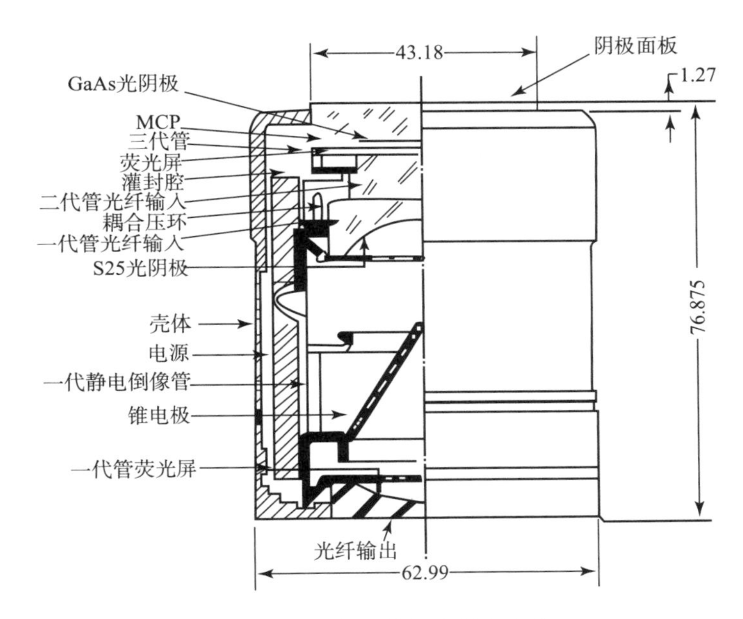

图 15　三代与一代耦合的杂交管

表 1　杂交管与一代管和超二代管的比较

性能比较	一代管	超二代管	杂交管
尺寸重量	大	小	小
局部亮度控制	无	有	有
极低微光下的性能	优	良	优
光增益	20 000	22 000	100 000 ~ 300 000（可调）

7. 选通管

在一些实际应用中，常采用像管选通的方案。一个选通管（或选通像增强器）是在保持正常工作的高电压的同时，在选通电极上加一相当低的电压变化，使光阴极的电流截止而实现选通的。这种管子实际上是像增强与快速电光快门的组合，它的特点是大大扩大了器件的动态范围，并具有抗模糊和捕捉快速事件的功能，一个选通单级一代管可将原来的动态范围（10^{-3} ~ 10^{-1} lx）提高两个数量级（10^{-3} ~ 10^{+1} lx）。而一个选通杂交管则能提高四个数量级（由 10^{-6} ~ 1 lx 到 10^{-6} ~ 10^{+5} lx），如图 16 所示。

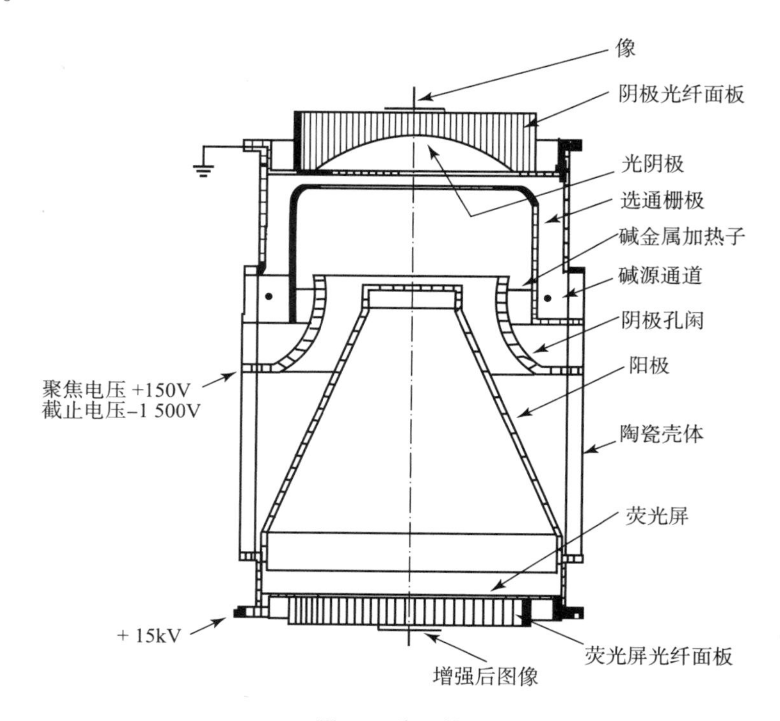

图 16　选通管

对于直视微光像增强器，一代、二代、三代以及杂交管能解决夜间观察距离一公里以内的问题，可以根据不同的需要进行选择，在尺寸、重量和局部亮度控制并不十分重要的场合，一代管通常优于二代管。二代管由于小而轻，能防强光并有自动亮度控制，通常用于夜视头盔、夜视瞄准镜等场合。杂交管通常优于二代倒像管和薄片管，与三级级联的一代管相当。但其重量轻、尺寸小并有局部亮度控制。三代管的性能较一代、二代有很大的提高，特别是高性能三代管，视距在 10^{-4} lx 下约为二代管的 1.5 倍，但工艺复杂，价格昂贵。从这些年来像增强器的进展来看，三代管的发展非常迅速，是值得注意的动向。表 2 给出了各代的性能比较。

表 2　二代管、超二代管、三代管的性能比较

项目	二代	超二代	高性能超二代	三代	高性能三代
灵敏度（μA/lm）	240 ~ 350	500 ~ 700	700 ~ 800	800 ~ 1 000	1 300 ~ 2 400
鉴别率（lp/mm）	32	40 ~ 55	60 ~ 64	40	45 ~ 64
信噪比（10^{-4}lx 下）	14	21	22	14 ~ 21	21 ~ 25
寿命（h）	2 000	10 000	15 000	10 000	15 000
价格（$）	~ 2 200	~ 2 700	~ 3 200	~ 3 500	~ 5 500

二、微光摄像技术

所谓“微光摄像技术”，是指景物的极微弱的辐射光投入到成像器件的光敏面上，产生光电子或光生载流子，通过靶面产生视频信号，经图像处理，在显示屏上显示可见图像。由于军事、天文学与航空航天科学的需要，作为间接观察的微光摄像技术，近 20 年来得到了极大的发展。

微光摄像通常采用视频信号输出，因而可以实现远距离多点同时观察，观察者不必进入危险的侦察区；通过电路的信息处理，可以加强图像对比度；通过改变扫描速度，根据不同观察条件的要求变更积累时间，可获得最适宜的视觉增益，这一系列优点使它形成一个新的技术领域，获得了广泛的应用。

微光摄像具有两条途径：一条是真空摄像器件，如硅增强靶管（SIT）和分流直原管（Isocon）；另一条是固体摄像器件，如像增强电荷耦合器件（ICCD）和电子轰击电荷耦合器件（EBCCD）。

1. 真空微光摄像器件

用于微光下的真空微光摄像器件主要有两类器件：硅增强靶管（SIT）（见图 17）和分流直像管（Isocon）（见图 18）。硅增强靶管（SIT）的靶面采用极薄的硅片上形成紧密排列的二极管列阵，当输入面光阴极逸出的光电子被加速到上万电子伏轰击到靶面上，引起电子—空穴对的游离，随后空穴被扫描电子束所中和时，信号便由靶的信号板上读出。SIT 的滞后小，并在强光照射下具有低晕光的能力。此外，结构简单，价格低廉，当在 SIT 上耦合一像增强管，成为 ISIT，它可在极低微光下工作，分辨率可达 700 电视线。

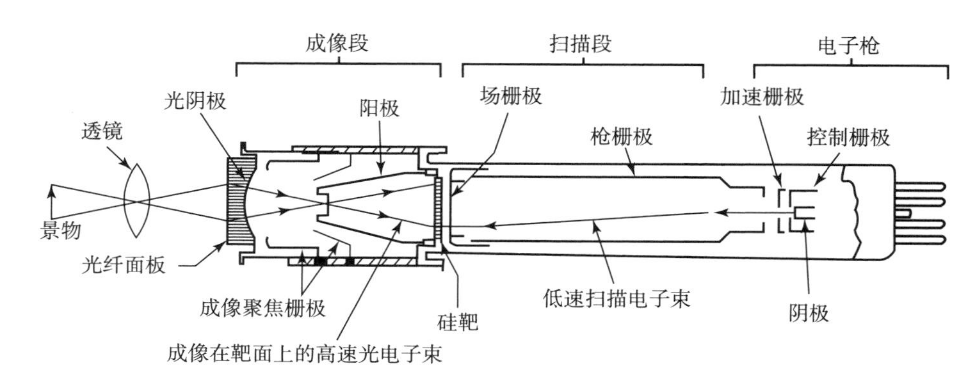

图 17　硅增强靶管 SIT

分流直像管（Isocon）是当今用于低照度下摄像最佳的真空器件，如图 18 所示。它利用电子束上靶被返回的散射电子构成信号，具有高灵敏度、低滞后、高分辨率、大动态范围的特点；但结构很复杂、价格高，使用上受到限制。若在分流直像管上耦合一像增强管，则可应用于 10^{-5} ~ 10^{-6} lx 极低照度的场合，分辨率达 1 000 电视线。

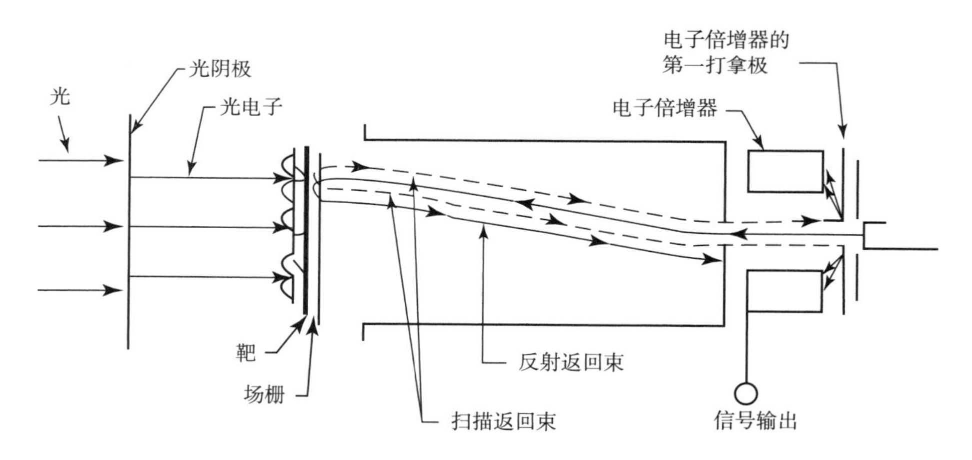

图 18　分流直像管（Isocon）

应该指出，上述两种真空微光摄像器件虽仍有应用，但因 CCD 用于微光摄像发展异常迅速，部分已被取代。

2. 像增强 CCD（ICCD）

鉴于一般的 CCD 摄像只能在景物照度 1lx 以上才能工作，解决微光摄像的方案之一便是将像增强管耦合到 CCD 上，即 ICCD，如图 19 所示。耦合的方式通常有纤维光锥耦合或将图像缩小再与纤维光学耦合两种，使图像尺寸与 CCD 幅面相适应。

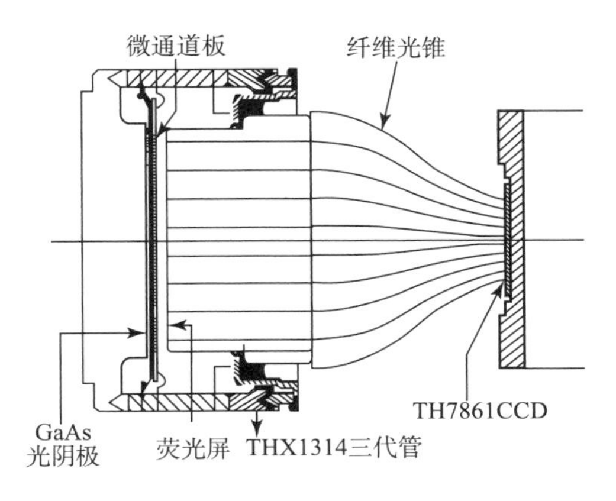

图 19　ICCD

表 3 列出了一代、二代、超二代、杂交管与 CCD 耦合的 ICCD 的性能，如增益和分辨率。对于许多应用，单级缩小倍率的一代管与 CCD 耦合，能提供很吸引人的方案，其入射光照可下降两个数量级；若在前面再加一个二代薄片管，形成杂交管结构，则此 ICCD 可用于景物照度低于 10^{-4} lx 的场合。若再在管子内加选通，景物照度的动态范围可达 $10^{-5} \sim 10^{+3}$ lx。二代管、三代管通过缩小倍率的光纤与 CCD 相耦合，亦能形成高性能的 ICCD 系统。其总尺寸小，结构紧凑，且通道板能抗过光照防护；不过，三代管的应用增加了费用，且目前的光锥有遮掩杂散光、畸变与疵点等毛病。

表 3　基于不同的像管的 ICCD

ICCD，基于	光学直径（mm）	增益（$cd/m^2/lx$）	分辨率*（电视线）
一代管	18 ~ 40	30 ~ 300	450 ~ 800
二代管	12 ~ 40	100 ~ 10 000	400 ~ 500
SHD – 3™管	12 ~ 25	3 000 ~ 10 000	500 ~ 600
XD – 4™管	12 ~ 18	7 000 ~ 15 000	500 ~ 900
混合管**	18 ~ 25	100 000 ~ 300 000	400 ~ 500

* 取决于 CCD 的类型

** 混合像增强器含有一个一代像增强管，并耦合一个二代管、SDH – 3™或 XD – 4™像增强器

3. 电子轰击 CCD（EBCCD）

利用 CCD 进行微光摄像另一个方案是将 CCD 作为电子图像探测器直接置于像管内取代荧光屏，构成电子轰击 CCD（EBCCD）像管，如图 20 所示。它是以电子直接轰击 CCD，CCD 提供视频信号。通常采用背面轰击 CCD 灵敏面的途径，以避免在集成的 MOS 电路中的绝缘层中的能量损失与充电效应。背面轰击的 CCD 要进行减薄，以便获得高分辨率、高探测效率和高稳定性。EBCCD 可在景物照度 10^{-4} ~ 10^{-5} lx 下工作，分辨率为 500 电视线。

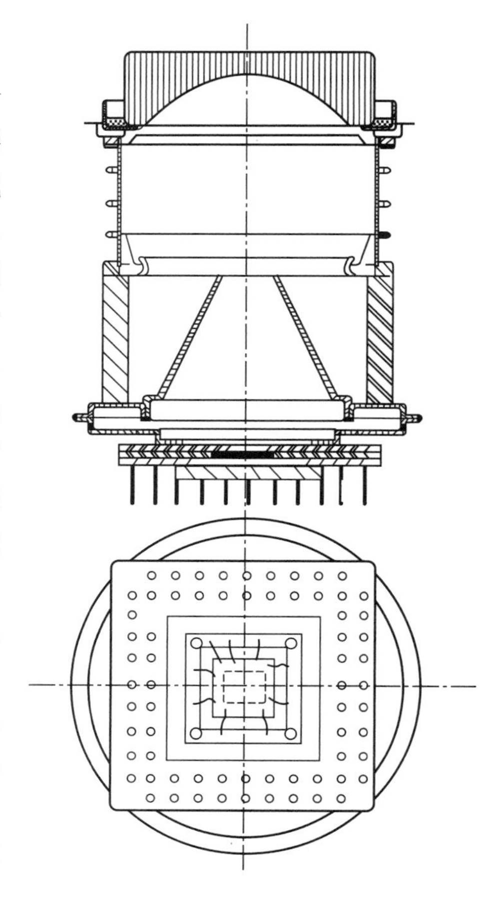

图 20　电子轰击 CCD（EBCCD）

EBCCD 的优点是高增益、低噪声、高分辨率，可以在很暗的状态下工作，甚至可以记录单个光子。缺点是工艺复杂，要将 CCD 封装在管内后制作光阴极，装架困难，且要求封装到管子中的 CCD 与光阴极制造工艺相兼容，排气温度不能太高，从而限制了光阴极的灵敏度。此外，管子寿命较低，约为 500 小时。但 EBCCD 在光子计数成像器件中仍然有广泛的应用。

随着高分辨率电视（HDTV）的进展，采用真空摄像的途径将在靶面研究上有突破。同时，随着光子成像计数技术的进展，各类电子读出系统与 CCD 日新月异发展。看来，真空摄像与固体摄像间的竞争与结合将会创造新的局面。

毫无疑问，ICCD、EBCCD 等 TV 摄像机是 ISIT、Isocon 等 TV 摄像机强有力的挑战者。显然，微光真空摄像器件目前处于较为困难的境地，但一旦新型靶面出现，将会有新的突破，胜负尚未可预期。但无论如何，器件的固体化或真空与固体的结合是大势所趋的方向。

三、成像光子计数探测技术

用于天文和空间探测的成像光子计数探测系统的出现是天文电子相机必然的逻辑发展。成像光子计数探测技术实际是天文电子照相技术和微光摄像技术结合的进一步发展。自20世纪30年代拉尔芒相机利用电子照相像管和核乳胶底片结合获取星空图像以来，虽经多次改进，但均没有实时显示与接着的图像分析能力。80年代以来，CCD以及各种电子探测读出系统的出现彻底改变了原先天文电子像管的工作方式，使天文星空探测大踏步地向前迈进。

所谓成像光子计数探测技术，意指利用极弱微光图像转换和增强原理，集高灵敏度光阴极、低噪声、高增益多块MCP、高亮度和高分辨力荧光屏和高帧速CCD和读出系统于一身，通过对其输出噪声脉冲高度的分析和拟制，使探测灵敏阈下降2～3个数量级，从而可实时探测并提取远程目标光分布经大气层扰动后引起的波前畸变信号。为自适应光学望远镜的波前校正器提供所需的焦平面二维瞬态图像光子数分布信息。这对于天文观测、卫星跟踪、洲际导弹预警和激光武器的正常工作，是必不可少的技术关键。

一个光子计数探测系统必须具有三个重要特征：①探测单个光子或带电粒子的能力；②极低的无光照下器件的暗计数速率（暗计数 $<10^2$ 计数/$cm^2\cdot s$）；③实时成像与接着的图像分析的能力。实际要求有：高光子数增益（$10^6\sim10^7$）；宽动态范围（10^6）；高输出亮度（$>400\ cd/m^2$）；快响应速度（$\leqslant 1ms$）；单光子脉冲高度分布；低畸变和高空间分辨能力。它在天文学、高能物理、光谱学与空间科学中获得广泛的应用。

目前广泛应用有三种主要的成像光子计数探测系统。前两种类似ICCD与EBCCD，这里就不细述了。第三种是直接的电子读出成像MCP探测系统，它与EBCCD的差异是具有高分辨率的电子读出系统，是目前研究的热点。这又可分为两大类：①模拟读出系统，即所被检测的光电子决定于电荷比或电子定时技术；②分离的像素探测系统，即由MCP输出的电荷被收集到精确的列阵或分离的电极上。

在成像光子计数探测系统中，通常MCP有两块堆积（Chevron结构）、三块堆积（Z形结构）与弯曲通道（C板）结构，使由光阴极逸出的电子在通道内多次倍增。MCP探测电子读出系统多种多样，典型的有位置灵敏器件（PSD）和多阳极微通道列阵（MAMA）。

位置灵敏器件（PSD）对电子所在的位置进行探测时，具有以下优点：①不要外围扫描电路，故能实现装置的简单化；②无盲区，能进行连续检测；③不受射线形状的影响。二维 PSD 的表面有 4 个电极，一对电极在 x 方向，另一对电极在 y 方向。电子入射到 PSD 表面任一位置时，在 x 和 y 坐标就有一个一定的且是唯一的信号与其对应。PSD 输出信号的正、负和大小是此电子云斑在坐标中位置的函数。

对于多阳极微通道列阵（MAMA）探测器系统，探测器列阵被安置于 C 形微通道板输出端构成近贴聚焦，此探测器为成像多阳极微通道列阵。目前有两种阳极列阵，一种列阵像素数为 360 × 1 024，像素尺寸为 25 μm × 25 μm，列阵有效面积为 9.0 × 25.6 mm^2；另一种列阵像素数为 2 048 × 2 048，像素尺寸为 25 μm × 25 μm，列阵有效面积为 51.2 × 51.2 mm^2，由此阳极列阵探测与测量单光子事件所产生的电子云的位置。然后，被阳极电极所收集的电荷被高速放大器与识别线路放大与成形，如图 21 所示。

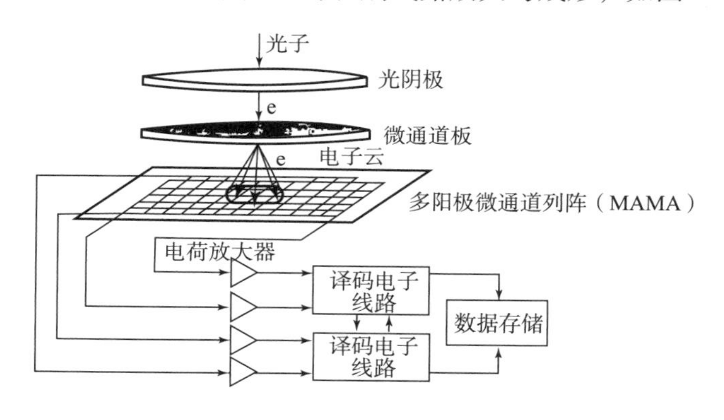

图 21　光子成像计数系统原理

近 20 年来，光子计数探测系统的发展彻底地改变了原先天文电子像管的工作方式，使天文星空探测大大地迈进了一步。

四、微光成像技术的发展现状和展望

半个世纪以来，微光成像技术在军事需求的推动下，经历了一代、二代、超二代、三代和四代等发展阶段。各国都围绕着提高器件的灵敏度、信噪比、分辨力、光谱范围的向红外和紫外端延伸以及与 CCD 耦合实现图像处理、传输，完成观察、测距、瞄准、制导和预警等功能，不遗余力地进行研究。近20年来，特别在三代微光和超二代微光方面，取得了重大突破。

鉴于三代微光在高灵敏度、扩展光谱响应和延伸夜视作用距离上的很大潜力，使其具有重要的军事价值和广阔的民用市场，一直受到不少国家政府、科学界和工业界的普遍重视。80年代中期，美国启动了“Omnibus三代微光技术发展计划”，投资数十亿元。不到20年，美国的三代微光像增强器的光阴极灵敏度、分辨力和信噪比等性能由标准三代微光提高到高性能三代微光、超三代微光直到四代微光，发展异常迅速。其性能如表4所示。

表4　Omnibus Ⅰ、Ⅱ、Ⅲ、Ⅳ三代微光与四代管计划

器件名称	光阴极灵敏度（μA/lm）	10^{-4}lx 下 S/N	分辨力（lp/mm）
Omni Ⅰ－Ⅱ 标准三代管	800	14.5	32～36
OmniⅢ高性能三代管	1 200	18.0	45
OmniⅣ超三代管	1 800	21.0	64
（建议）四代管	3 000	30.0	90

此外，三代微光器件的光谱响应范围已向蓝绿光、紫外及近红外波段扩展。红外热像像增强器、三代微光光子计数成像器件和GaAs光阴极高速摄影条纹管等特种像管已研制成功并得到应用。美国在三代微光产品方面处于世界称霸垄断地位。

超二代微光成像技术是受三代微光技术研究的激励下发展起来的。主要是在欧洲开发的。荷兰DEP公司和法国Philips公司借鉴了三代微光GaAs负电子亲和势光阴极关于材料、组件及激活过程的理论思路和技术途径，优化了二代微光多碱光阴极的结构，采用了先进的光学和光电监控系统和特殊激活工艺，使多碱光阴极的积分灵敏度由250～450 μA/lm提高到500～750 μA/lm，加上挖掘二代微光器件的潜力，如采用小孔径的微通道板，缩小近贴距离，提高荧光屏的分辨本领，改善整管的MTF，使之相当于Omnibus Ⅰ、Ⅱ三代微光像管的性能。

超二代的进一步改进，主要是光阴极灵敏度的提高，命之为高性能超二代，荷兰DEP公司的型号为SHD－3™（灵敏度大于500 μA/lm），XD－4™（600～700 μA/lm）。它相当于Omnibus Ⅲ三代微光像管的性能。图22示出了超二代和高性能超二代的光谱灵敏度曲线。表5给出超二代和高性能超二代等的性能比较。

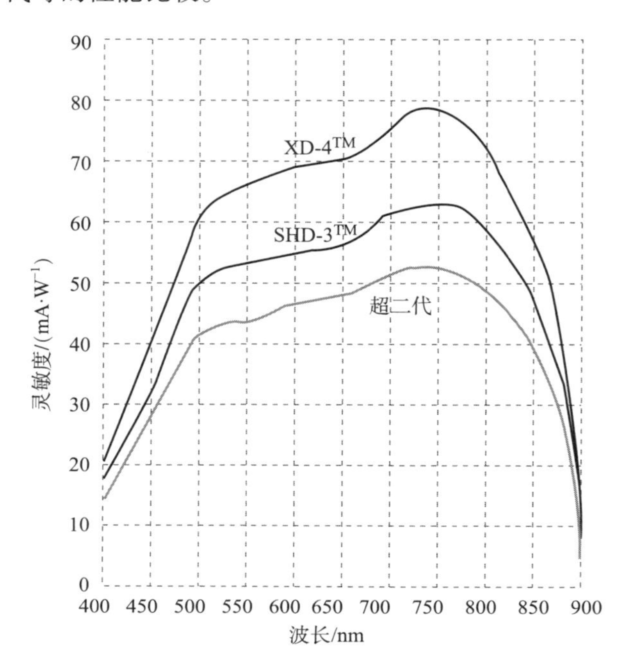

图 22　超二代和高性能超二代的光谱灵敏度曲线

表 5　二代、超二代和高性能超二代的性能比较

项目	二代		超二代		SHD－3™		XD－4™	
	最小值	典型值	最小值	典型值	最小值	典型值	最小值	典型值
S/N（在 108 μlx）	12	14	15	17	18	20	20	24
鉴别率（lp·mm^{-1}）	32	34	34	36	45	48	55	64
增益（在 2×10^{-5} lx）（cd·m^{-2}·lx^{-1}）	9 000 /π	12 000 /π	12 000 /π	30 000 /π	30 000 /π	50 000 /π	30 000 /π	50 000 /π
期望寿命（h）	5 000		10 000		10 000		15 000	
可用的图像尺寸（mm）	φ12，φ18，φ25 和 φ40		φ12，φ18，φ25 和 φ40		φ12，φ18 和 φ25		φ12 和 φ18	

荷兰 DEP 公司和法国 Philips 公司目前已实现了超二代像管的工程化、产业化，其年产能力在 4 万只以上。高性能超二代也有批量生产装备型号。

欧洲在超二代微光技术居国际领先地位。

自60年代初开发第一代像增强器将近40年以来，由表6我们可以看到微光像增强器发展是如此的迅速。

表6　各代微光管性能的进展

项目	二代	高性能二代	超二代	三代	超三代	四代
灵敏度(μA/lm)	225～350	350～400	500～800	800～1 200	1 200～1 800	1 800～3 000
鉴别率(lp/mm)	32	32～36	32～64	32～45	45～64	64～90
信噪比(S/N)	14	16	16～24	14.5～21	21～25	25～30
寿命(h)	2 000	10 000	10 000	10 000	10 000	15 000

世界上从事二代、三代微光技术的研制和生产的国家，除欧美、俄罗斯外，还有中国、以色列、南非、澳大利亚、印度等国。我国自20世纪70年代中期开始研制和发展微光成像技术，并在80年代初期汲取国外先进的工艺和装备，使微光夜视技术得到了迅猛的发展，已为国内武器平台提供了数万只一代、二代、超二代微光管。我国目前二代管年产量约为2 000只。我国的三代管的研制也有相当的进展，实验室的研究水平为光阴极最高灵敏度达到1 280 μA/lm，分辨力达36 lp/mm。但是，与欧美等技术先进国家的发展水平相比较，以及与我军对微光装备的需求相比较，我国的微光成像技术在超二代的生产和三代的开发上尚有很大的差距。

欧美国家对高性能微光成像技术产品的广泛应用大大增强了他们在夜视装备上的优势和实力。微光夜视装备遍及陆军夜间作战的夜视观察仪、枪炮瞄准镜、单兵武器系统、头盔夜视镜、坦克车辆驾驶仪、车长镜、炮长镜、高炮防空夜视火控系统等装备，而且还应用于空军飞行员夜视眼镜、激光/微光制导炸弹、导弹尾焰紫外成像告警系统；微光CCD制导巡航导弹；海军舰艇微光观瞄仪、水下激光/微光制导鱼雷；核辐射试验探测成像和高速摄影以及紫外指纹识别、伪证识别和X射线医疗诊断等领域。

五、微光成像技术的发展展望

1. “四代管”的尝试

20 世纪 90 年代以来，人们一直在探索第四代像增强器的可能性。这主要是如何使光阴极向红外波段延伸，于是出现了两种光阴极微光管。

（1）InGaAs/InP 传输电子近红外（0.9～1.06 μm）光阴极微光管。

这一类微光管有人称其为“第四代像管”，其光阴极结构为 p－InP（衬底）/P－$In_{0.33}Ga_{0.47}As$（吸收层）/0－InP（发射层）/Ag（场助极）/Cs_2O（NEA）层，其特点是：近红外高灵敏度光阴极在 1.06 μm 处有很高的辐射灵敏度（量子效率）。

（2）PbTe/PbSnTe 复合列阵式红外光阴极微光管（STIRP）——热红外变像管（8～14 μm 或 3～5 μm）。

像管原理结构与三代管类同，STIRP 采用复层结构，它由两部分组成，包括一个光电二极管镶嵌列阵（光电二极管一般是外延的 PbSnTe/PbTe 异质结构，该镶嵌列阵可在 3～5 μm 或 8～14 μm 波段下工作）和一个金属——半导体——金属（MIM）冷阴极电子发射体构成所谓“复合式热红外光阴极”。

工作时，PbSnTe/PbTe 列阵将 8～14 μm 红外景物转换成二维电子浓度的空间分布，并以电流形式注入 MIM 冷阴极中。MIM 在反向偏压作用下，使通过隧道效应穿透到冷阴极的电子，从后界面逸入真空。其后经 MCP 倍增、荧光屏显示或耦合 CCD 摄像，与通常的微光器件模式一样。该器件已达到的水平是 8～14μm，D^* 值为 $2\times10^{10}\text{cm}\cdot\text{Hz}^{1/2}\cdot\text{W}^{-1}$。但这两项工作后来没有什么报道，看来是停止了。一个主要的原因估计是与目前的光阴极的工艺不兼容，工艺复杂，成本高，而得益并不大。

同样，在电子倍增方面，也有一些新的创见，例如，用光阴极发射的电子轰击薄箔（如硅等），此薄箔再直接贴在微通道板上，通过这样的倍增方式以达到高的增益。

（3）新三代管——利用 GaAs 型负电子亲和势光阴极，向四代管过渡。

探索新的四代管得到的一个重要的信息就是，作为一个产品，必须考虑的一个问题是性能价格比，即所谓性价比。全新的产品固然好，但制作工艺和设备都需要另起炉灶，性价比差，市场前景不被看好，是很难入选的。对制造商而言，他们希望新的器件的工艺与现有的制造工艺兼容。最好是改进现有的三代管的工艺，包括材料和制备上，以提高管子的性能，向着所期望的四代管的指标前进，这样研制出来的四代管是有生命力和竞争力的。20 世纪 90 年代中期，新一代像增强器如蓝延伸和红外延伸的三代管相继出现，远远超过早期标准三代管的性能，其光阴极的灵敏度、信噪比、分辨力上都有巨大的改进，管子的寿命远远高于现有的二代管，且星光下新型三代管成像性能比标准三代管高一倍。

美国 Varo 公司的 Ni – Tec 部与 Litton 电子器件部曾制作了不同的铝成分和厚度的 $Al_xGa_{1-x}As$ 层像增强器。$Al_xGa_{1-x}As$ 异质结构是用 MOCVD（金属有机化学气相沉积）生长的。其有效直径为 18 mm。生长后，外延层覆盖上 1/4 波层（a quarter-wave layer）的 Si_3N_4，其作用正如抗反射涂层，随之覆盖上 SiO_2 的钝化层。这一结构随后加压粘接到 7 056 玻璃面板上。当基底去除和金属化后，阴极进行激活到 NEA 状态，并封接到标准三代管的管体上。

这种改进后的三代管的典型值为：光阴极类型：GaAs；白光灵敏度：1 300 ~ 2 100 μA/lm；辐射灵敏度：600 ~ 800 nm 处，>100 mA/W；880 nm 处，>60 mA/W；中心鉴别率：>45 lp/mm；等效背景照度 EBI $<2.5\times10^{-11}$ lm/cm^2。

在此基础上，研制开发了 Omnibus 三代管，加强三代管及所谓“四代管”，其性能参数都较标准三代管有巨大的改进。就加强三代管而言，在星光下的成像性能亦比标准三代管高一倍（增加 100%），而且加强三代管的灵敏度、光增益以及鉴别率等值均较标准三代管高一倍。

在美国，已经研制了 25 mm 三代管，以替代原坦克车长镜/炮长镜、单兵瞄具等装备中的 25/25 二代管，其性能指标见表 5。图 23 示出了外形与 25/25 二代管一致的三代管。图 24 示出了加长 25 mm 三代管，用于车长镜。

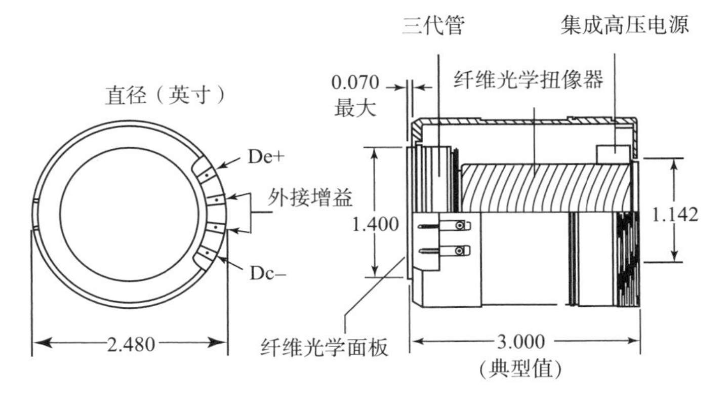

图 23　外形与 25/25 二代管一致的三代管

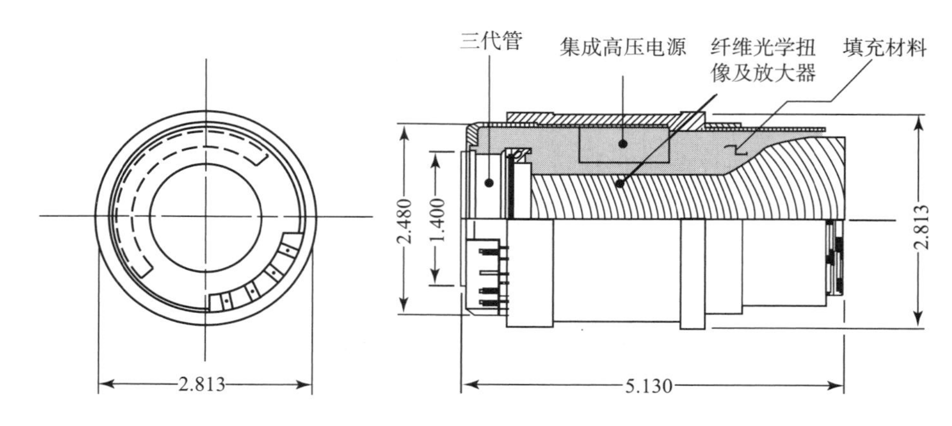

图 24 加长 25 mm 三代管

美国的 Omnibus Ⅰ、Ⅱ、Ⅲ、Ⅳ三代微光发展计划大大地推进了微光成像的发展。美国已研制出 16 mm 像管，有三代和四代两种。16 mm 像管比 18 mm 像管轻约 50%（见图 25）。18 mm 四代像管的性能比三代 Omli IV 距离提高 40%。图 26 给出了各代像管的探测距离的比较，从二代到四代，提高了 153%。

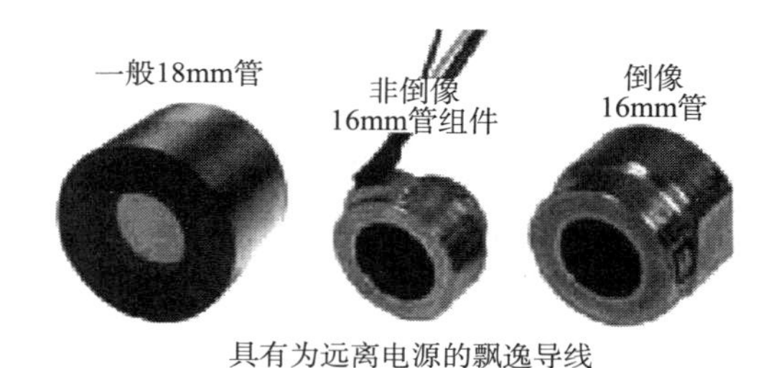

图 25 16mm 和 18mm 三代和四代像管的外形

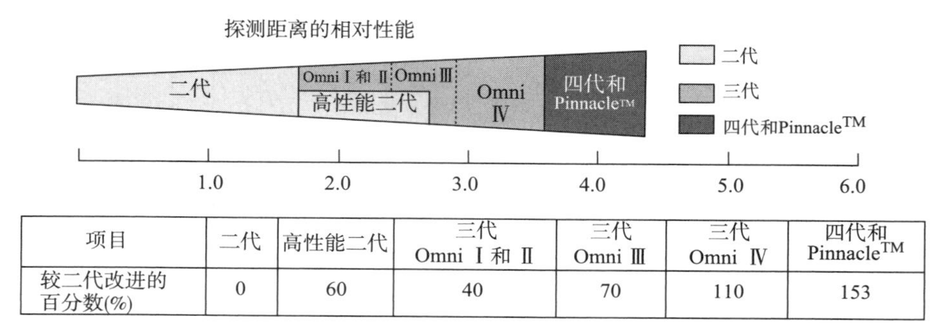

项目	二代	高性能二代	三代 Omni Ⅰ和Ⅱ	三代 Omni Ⅲ	三代 Omni Ⅳ	四代和 Pinnacle™
较二代改进的百分数(%)	0	60	40	70	110	153

图 26 从二代到四代，像管的探测距离的比较

2. 互补金属——氧化物——半导体（CMOS）像敏器件用于微光观察

20 世纪 90 年代末，一种新的成像器件互补金属——氧化物——半导体（Complementary Metal—Oxide Semiconductor，CMOS）像敏器件与传统的电荷耦合器件（CCD）相竞争。

像素是像敏器件的最基本的元素，它包含几个组件。在典型的 CMOS 器件中，一个像素包含一个光电二极管，它产生一正比于入射光的电荷，再加上晶体管，它提供缓冲、开关和复位等功能。当由像素电容器来的电荷被抽样，缓冲，并传递到放大器和 A/D 转换器（ADC）上，形成所观察到的图像的初始信号。通过一个 A/D 转换器（ADC）和一个放大器，器件信号的输出被数字化。一个或多个 ADC 可以制作在芯片上，与芯片在一起形成一个集成的像敏器件。这些功能能够全部被集成到传感器上。为了捕获微光环境下的细节，必须分开由被曝光的像素所产生的信号的微细差异。这一像敏器件能精确地区分包含在大多数景象中宽广范围的光强度之间的能力，从而决定了所形成的图像的保真度。

典型的 CMOS 器件，较 CCD 像敏器件，把更多的功能集成联结在一起。CCD 像敏器件是由专门的过程制作的。因此，把图像处理电路加到芯片上，使它更能接受挑战。与此相对照，CMOS 器件是用应用于构造大多数计算机芯片的同样过程制作的，故数字电路能增加像增强器件的功能化。

通常，CMOS 器件是把像素列阵、计时逻辑、抽样电路、放大器、参考电压电源和 ADC 等集成在一起。但是，CCD 需要至少两个支持芯片来完成同样的功能。CMOS 器件提供的所增加的集成度能减少系统的复杂性，降低制作的成本，并能允许进行较小的相机设计。

传统上说，CCD 器件较 CMOS 器件有更好的图像质量。但是，情况正在发生变化，在某一些场合，基于 CMOS 的最新的像敏器件与通用的 CCD 器件的微光性能相接近。

结束语

在结束本文之前，让我们对用于夜视的微光成像和热成像的优缺点做一比较（见表 7）。应该指出，“微光” 和 “热成像” 是实现军用夜视观瞄的两个必不可少的技术途径（微光是利用目标与背景的反射光的差异，热成像是利用目标与背景的温差），它们在军用装备应用中各有自己的地位，占据着不同的优势，两者既相互竞争，又相辅相成，共同发展，未来并不存在一个取代另一个的态势。在应用上，微光夜视主要解决近中距离（100～2 000 m）的目标观察问题，热成像主要解决中远距离（1 000～5 000 m）的目标观察问题。

表7　微光成像和热成像的优缺点比较

成像类型	优点	缺点
微光成像	➢ 结构简单，体积小，质量轻； ➢ 分辨力高；图像清晰； ➢ 操作可靠，使用方便； ➢ 维修和后勤保障容易； ➢ 价格较低； ➢ 隐蔽性好，因为是被动成像，比雷达和激光探测安全且保密性强，不易被电子侦察干扰； ➢ 解决较近距离（200～2 000 m）的目标观察。	➢ 抗干扰能力差，怕强光； ➢ 视距取决于周围环境的条件：即取决于夜天光的光照等级、大气透过的程度、目标－背景的对比度等级； ➢ 甚至在超二代和三代情况下，视距的保证概率不超过80%～85%； ➢ 在封闭的空间，如地洞、隧道中，或在草木丛中或缺乏照明的街道上，也影响观察和视距。
热成像	➢ 用于远距离的目标观察； ➢ 环境适应性优于可见光，因分辨力决定于目标—背景的温差，故工作距离与光照无关；尤其是在夜间和恶劣天气下的工作能力强； ➢ 隐蔽性好，以被动方式接收目标的信号，比雷达和激光探测安全且保密性强，不易被电子侦察干扰； ➢ 因靠目标表面的热辐射与背景辐射差别进行探测，故有比较强的识别伪装目标的能力； ➢ 红外辐射具有较强的穿透烟、雾、雪、霾的能力； ➢ 可进行远距离全天候的观察，不易因强光而致盲，特别适合于军事应用； ➢ 解决较远距离（1 000～5 000 m）的目标观察。	➢ 结构复杂； ➢ 体积较大，质量重； ➢ 操作复杂（对致冷型）； ➢ 分辨力较低；图像层次不够分明； ➢ 价格高昂； ➢ 视距的保证概率为90%～92%（视距取决于大气透射比，好天气与坏天气对视距差别很大）。在很不好的大气条件下，即有烟、雾、雪、霾覆盖下，也很难保证所需的工作距离。

如前所述，微光成像灵敏波段正在向近红外（0.9～1.06 μm）、中红外（3～5 μm）和远红外（8～14 μm）发展，而且它本身已具有焦平面凝视优点，不需要庞杂的光机扫描系统。而这一点，是当前热成像领域正着

力解决的技术难题之一。可以预言，在填补可见—红外波段间光谱响应范围空白上，在实现焦平面列阵凝视功能上，“微光”和“热成像”两个技术领域有可能联合攻关、共同发展。微光成像技术的进一步发展将会使新型器件取得突破性进展。

随着科学技术的发展、国防战备和经济建设的需要，微光成像技术在不断发展之中。新的概念、新的思想、新的工艺和新的技术的出现，推动着微光成像器件和技术日新月异地发展。微光成像技术发展的总趋势为：向着高增益、高分辨率、低噪声、宽光谱响应、大动态范围、小型化、固体化方向前进。在未来 10 年间，各种成像元器件在性能上将有很大的提高，如将会出现 4K ×4K 高密度的 MCT 面阵；灵敏度高达 4 000μA/lm 以上且光谱响应向 1.5μm 以上波长扩展的 NEA 光阴极；高增益、低噪声、大电流微通道板技术；新型的电子倍增器（特别是用硅材料）与高性能的靶面；高密度（4K ×4K）和高位置灵敏度（ <1μm）的 MCP 读出系统等。这一切将使图强增强、低照度摄像和光子计数探测等技术跃上一个新的台阶。此外，红外焦平面列阵探测器将使新一代热像仪灵巧化与智能比。而低成本、轻质量、低功耗的非致冷型红外热像仪的发展，一方面在手持热像仪领地冲击致冷型红外热成像技术；另一方面，它将进入微光夜视解决小于 1 公里视距的传统阵地，使微光与红外之争趋表面化，促进了各自的发展。随着微电子技术与光电子技术的进展，成像器件的固体化、集成化以及固体与真空相结合已成为不可避免的趋势。借助固体物理学的成果，微光成像技术将大步地向前发展。

参考文献

[1] 周立伟．夜视像增强器（蓝光延伸与近红外延伸光阴极）的近期进展［J］．光学技术，1998（2）：18 –27.

[2] 周立伟．微光成像技术的现状与进展［J］．工程科技论坛：新世纪光电子技术的展望．中国工程院信息与电子工程学部．1999（11）：17 –27.

[3] Zhou Liwei. Development and Current Status of Photoelectronic Image Devices in China［J］. *SPIE*，1993，1982：10 –16.

[4] Illes P. Csorba（Ed.）Selected Papers on Image Tubes［M］. *SPIE Milestone Series*，Vol.，MS20，1990.

[5] 向世明，倪国强．光电子成像器件原理［M］．北京：国防工业出版社，1999.

[6] Illes P. Csorba（Ed.）. Electron Image Tubes and Image Intensifiers II［J］. *SPIE*，

1991, 1449: 1 - 192.

[7] H. K. Pollehn. Performance and Reliability of Third-generation Image Intensifiers [J]. *Advances in Electronics and Electron Physics*, 1985, 64A: 61 - 69.

[8] E. Roaux, J. C. Richard and C. Piaget. Third-generation Image Intensifier [J]. *Advances in Electronics and Electron Physics*, 1985, 64A: 71 - 75.

[9] L. A. Bosch, L. B. Boskma. Performance of DEP Super Generation Image Intensifiers [J]. *SPIE*, 1994, 2272: 194 - 202.

[10] C. B. Johnson, S. B. Patton. High-resolution Microchannel Plate Image Tube Development [J]. *SPIE*, 1991, 1449: 2 - 12.

[11] L. K. Van Geest, K. W. J. Stoop. Super Inverter Image Intensifier [J]. *Advances in Electronics and Electron Physics*, 1985, 64A: 93 - 100.

[12] L. A. Bosch. Delft Electronics Products B. V., Dynamic Uses of Image Intensifiers [J]. *SPIE*, 1995.

[13] L. A. Bosch. Image Intensifier Tube Performance Is What Matters [J]. *SPIE*, 2000, 4128: 65 - 78.

[14] 周立伟，刘广荣，高稚允，王仲春. 用于微光摄像的高灵敏度电子轰击电荷耦合器件 [J]. 中国工程科学，1999，1 (3) 56 - 62.

[15] J. G. Timothy. Imaging Photon-counting Detector System for Ground-based and Space Applications [J]. *SPIE*, 1993, 1982: 3 - 8.

[16] A. M. Filachev, A. I. Dirochka. International Conference on Photoelectronics and Night Vision Devices [J]. *SPIE*, 1998, 3819.

[17] 周立伟. 夜视技术述评——纪念夜视诞生 60 周年 [J]. 光学技术增刊，1995，1 - 10.

[18] N. F. Koshchavetsev, S. F. Fedotova. Present Status and Perspectives of Development of Night Vision Devices [J]. *SPIE*, 1998, 3819: 82 - 84.

[19] C. B. Johnson. Where Have We Been and Where Are We Going? [J]. *SPIE*, 2000, 4128: 134 - 142.

[20] The Art of Vision. DEP product catalogue [M], 2000.

[21] Joseph P. Estrera, E. J. Bender, Adriana Giordana, John W. Glesener, Michael Iouse, Po - Ping Lin and T. W. Sinor. Long Lifetime Generation IV Image Intensifiers with Unfilmed Microchannel Plate [J]. *SPIE*, 2000, 4128: 46 - 53.

[22] N. I. Thomas. System Performance Advances of 18-mm and 16-mm Subminiature Image Intensifier Sensors [J]. *SPIE*, 2000, 4128: 54 - 64.

[23] K. A. Costello, G. A. Davis, R. Wriss, V. W. Aebt. Transferred Electron Photocathode with Greater than 5% Quantum Efficiency Beyond 1 Micron [J]. *SPIE*, 1991, 1449:

40 – 50.

[24] Dan Croft. CMOS Image Sensors Complete for Low-light Tasks [J]. *Laser Focus World*, 1999. 135 – 140.

[25] T. W. Sinor, E. J. Bender, T. Chau, J. P. Estrera, A. Giordana, J. W. Glesener, M. J. Iouse, P. – P. Lin, S. Rehg. New Frontiers in 21 Century Microchannel Plate (MCP) Technology: Bulk Conductive MCP-based Image Intensifiers [J]. *SPIE*, 2000, 4128: 5 – 13.

[26] B. A. Lincoln. Product Development Update: 2-micron Pore MCPs [J]. *SPIE*, 2000, 4128, 1 – 4.

微光像增强器的品质因数*

记住评价微光像增强器的新标准为品质因数（FM）＝信噪比（S/N）×鉴别率（R）

摘　要

在微光夜视像增强器技术20世纪发展的过程中，相继出现60年代的纤维光学面板级联耦合的像增强器（第一代），70年代的微通道板像增强器（第二代）和80年代的GaAs负电子亲和势的像增强器（第三代）。微光夜视像增强器技术的进步一直是以“代”来划分的。所谓更新换代，通常理解是，一代比一代强，一代比一代优越。

科学家们一直在探索新一代或第四代像增强器技术。那么，什么是第四代，什么才能称为第四代，在夜视界是有争论的。实际问题是，像增强器技术以“代”来划分、以“代”来评价，是否科学、全面；评价像增强器是性能还是技术，像增强器的总体性能以什么表示更为全面和科学是值得深思的。

本文进一步阐述微光像增强器的性能应以“品质因数”而不是“代”的概念作为新的评价标准。

前　言[1]

推动夜视技术的进展首先是出于军事上的需要，其次是商业上的需要。这二者构成了夜视领域的战争或竞争。它表现在两个方面：一是在战场上争夺制夜权。现代战争已由白天转为夜间，空军：“午夜起航，5时返航”；陆军：夜战近战，谁能先发现对方，谁就取得主动。二是在高新技术上争夺领先权，在市场上争夺控制权。谁在技术上高人一筹，谁便拥有

* 本文为一篇评述性文章，载于《红外与激光工程》2004，33（1）：331－337。

黑夜控制权，更为重要的是谁将拥有市场控制权。由于交战各国拥有战争手段（包括夜视手段）的不对称性，故胜负实际在战争开始前已见分晓。

夜视技术起源于人类对光明的追求和渴望和对黑暗的征服，而战争的需要促进了它的迅猛发展。透过烟雾水汽，在极微弱光线下不借助照明来观察景物，或利用景物本身的热辐射来获得图像信息，这二者构成了夜视领域中极为重要的微光成像技术和红外热成像技术。在现代和未来的战场上、在夜战装备中占优势已成为技术先进国家军方的一项政策，更推动着微光成像和红外热成像技术迅猛地向前发展。

自20世纪60年代开始，以纤维光学面板级联耦合的微光像增强器出现，它利用夜天微弱的星光和月光，而不要红外探照灯，是完全被动式，而且是隐蔽可靠的，被称为第一代微光夜视。第一代微光夜视仪投入越南战场后取得了很好的战术效果，特别是面对敌方不具备同样的装备时。

到70年代，微通道板作为电子倍增器件引入像管，构成了第二代微光夜视，使夜视仪结构更为紧凑，重量轻且性能更优越，甚至构成了头盔夜视镜。到80年代，高灵敏度的GaAs负电子亲和势光阴极的崛起形成了第三代微光夜视，它可以在更黑暗的夜间进行观察与瞄准。特别是美国国防部的Omnibus Ⅰ、Ⅱ、Ⅲ、Ⅳ、Ⅴ、Ⅵ计划改进二代、发展三代、研制四代的计划，使微光夜视更上一个台阶。与此同时，超二代在灵敏度和信噪比以及鉴别率上的提高使其能与三代技术竞争和抗衡。

追求高灵敏度、高鉴别率、低噪声、轻重量、大视场以及彩色的夜视图像乃是今天和未来微光夜视的发展方向。20世纪60年代以来，微光夜视像增强器技术的进步一直是以“代”来划分的。所谓更新换代，通常是从技术上理解，二代比一代强，三代比二代优越。在微光夜视像增强器技术20世纪发展的过程中，相继出现60年代的纤维光学面板级联耦合的像增强器（第一代），70年代的微通道板像增强器（第二代）和80年代的GaAs负电子亲和势像增强器（第三代）。技术确实一代比一代先进。科学家们一直在探索新一代或第四代像增强器技术。那么，什么是第四代，什么才能称为第四代，在夜视科技界是有争论的。

值得深思的是，像增强器以“代”来划分，以“代”来评价，是否科学、全面；评价像增强器是性能还是技术；像增强器的总体性能以什么表示更为全面、科学和简练；这些问题引起了夜视科技界的深思。本文叙述今天和明天为战场上争夺制夜权、在发展微光夜视高技术手段上不遗余力创新的历程，对微光夜视技术的发展进行评论和展望。文中进一步阐述微光像增强器性能应以“品质因数”的高低作为“代”的新的评价标准。

（一）微光夜视技术一代、二代和三代的发展[1-5]

所谓“微光”是泛指夜间或低照度下微弱的光或能量低到不能引起视觉的光，微光夜视的基本原理是将夜间或低照度下摄取的微弱的光学图像通过一个称为像增强器的器件转换为增强的光学图像，以实现夜间或低照度下的观察。它的突出优点是不需要人工的照明源，直接依靠夜天光辐射以“被动”方式成像，能观察到敌人而不暴露自己。

1955 年，A. Sommer 发现，若将 Na_2KSb 双碱光阴极进行处理，所形成的 Na_2KSb（Cs）三碱光阴极（S－20）具有很高的灵敏度，且在可见光波段直到近红外有很好的光谱响应。这一新的光电发射体使低照度下图像增强成为可能。加上 20 世纪 50 年代末期 Kapany 发明的纤维光学面板和 50 年代初期 P. Schagen 研究的同心球电子光学系统。到了 60 年代中期，以纤维光学面板作为输入，输出窗三级级联耦合的像增强器问世，这被称为第一代像增强器（一代管）。极微弱的目标图像通过光学系统成像在纤维光学输入窗上，传输到光阴极，电子光学系统将自光阴极逸出的光电子加速并聚焦到荧光屏上，形成可见光的输出图像；图像通过纤维光学传输到下一级。经过三级增强，使一代管具有很高的增益，从而可以在微光下“被动”工作。这样，对于一个夜视望远镜，大口径物镜所捕捉的光能通过像增强器进一步增大投入人眼的光通量。由于视网膜上的照度被提高，所获得的信息流也就增高。眼睛局部地或全部地与视网神经相连接，提高了眼睛的分辨能力，便能看到比较清晰的外界。显然，这是在视觉上对黑暗的又一个重大突破。

第一代像增强器不用照明源，全被动方式工作，隐蔽性好，且增益高，成像清晰。在轻重武器和装甲车辆的微光观察镜、瞄准镜以及远距离夜间观察装置上得到应用，但它的防强光性能差，特别是当战场开火出现强闪光时，整个画面出现光晕和开花，观察不了目标，使它难以在战火弥漫的战场上使用；且体积大、笨重，限制了它在轻武器、头盔镜上的应用。第一代像增强器的典型数据见表 1。

表 1　第一代像增强器的典型数据

特性	第一代像增强器 ϕ25/ ϕ25 (mm)		
	单级	二级	三级
增益	80	4 000	50 000
鉴别率（lp/mm）	65	40	25
畸变（%）	6	14	17
出射端有效直径（mm）	25	24	23

第二代微光夜视像增强器的研究始于 20 世纪 60 年代，是从探索新的电子倍增器件——微通道板（MCP）开始的。实际上，一代管的笨重臃肿是由三级级联引起的，每一级具有畸变和渐晕以及荧光屏的余辉，并由于前后两级级联间光纤的串光，引起了图像的模糊，从而难以提高其清晰度；此外，防强光性能差可以说是它的最大缺点。为了克服一代微光管的缺点，人们经过十余年的探索，于 70 年代初成功地研制了能实现电子倍增的二维元件——微通道板，它由上百万个紧密排列空心通道管所组成。通道芯径间距约 12 μm，长径比为 40～60，对于 18 mm 有效直径的 MCP，它的大小像壹角钱的镍币，但更薄一些，约有 130 万根通道（1 mm^2 内有 5 000 根）。通道板的两个端面镀镍，构成输入和输出电极。通道的内壁具有较高的二次发射特性，入射到通道的初始电子在电场作用下使激发出来的二次电子依次倍增，从而在输出端获得很高的增益。

第二代微光夜视像增强器（二代管）的长度仅级联一代管的 1/5～1/3，畸变小，鉴别率高。所构成的仪器的外形尺寸较一代微光夜视仪大大缩短，重量轻，能防强光和具有自动亮度控制。当遇到强光如照明弹与炮火时，仍不妨碍观察；二代微光夜视的作用距离较一代微光夜视约提高 1.5 倍；它可以在夜间保证隐蔽情况下进行工程工作，如修理仪器、排除地雷等，并可制成夜视眼镜。

上述一代管和二代管所用的 Na_2KSb（Cs）光阴极是常规的光阴极，对于这样的光阴极，电子从价带逸出到真空形成光电发射所需的最小能量为 $E_g + E_a$，称为光电阈值；这里 E_a 为电子亲和势，乃是导带底与真空能级之间的能量差，E_g 为禁带宽度。1965 年，Scheer 和 Van Laar 发现，对一简并掺杂型 GaAs 表面以铯和氧进行处理，使真空能级位于体中导带底之下，电子亲和势为零或负值，便得到负电子亲和势（NEA）光阴极。对微光夜视来说，像增强器的光灵敏度及光谱响应值是从景物中探测光子的一个直接量度，是一个重要的参量。GaAs 负电子亲和势的灵敏度很高，大部分光谱区波段都比 S－1 和 S－20 光阴极要高好多倍，在近红外波段也有很高的响应，量子效率在很宽广的光谱区内高达 30%，比 S－1 光阴极高几十倍，暗电流仅是 S－1 光阴极的千分之一，这便能探测到很弱的信号。

80 年代中期研制成功了负电子亲和势（NEA）GaAs 光阴极型微光像增强器（称为三代管），它使夜视下应用的视距提高约 50%。第三代像增强器（三代管）是在二代薄片管的基础上，将 Na_2KSb（Cs）三碱光阴极置换为 GaAs 负电子亲和势光阴极，此 GaAs 光阴极的制作过程是极为繁复的。首先，利用液相外延（LPE）或金属有机物汽相外延（MOVPE）在 [100] GaAs 基底上生长 AlGaAs－GaAs 双异质结结构，此双异质结然后热封到蓝宝石窗上，通过膨胀系数调节到尽可能与 GaAs 和蓝宝石窗匹配，热封后，进行一系列化学处理，将 GaAs 基底和第一层 GaAlAs 去除掉，这样的结构然后引入专门的超高真空装置中，对 GaAs 激活面进行热清洁，随后进行 Cs、O 激活，以达到负电子亲和势。

第三代微光夜视像增强器（三代管）具有高灵敏度、高鉴别率、宽光谱响应和高传递特性和长寿命，且结构紧凑，能与二代管互换，能充分利用夜天自然光；在 10^{-3} lx 和更低的光阴极照度下，三代微光夜视较二代微光更为灵敏和更为有效。三代夜视仪的作用距离较二代夜视仪提高了 30% 以上。但是，制作三代管涉及超高真空技术、表面物理技术、大面积高质量的单晶和复杂的外延生长技术，难度大，价格昂贵。三代管的问世，使它可在更为低的环境光照条件下工作，例如阴云星空或在丛林的天空下，用 Omni Ⅳ三代管装备的头盔夜视镜，其探测距离高出用 Omni Ⅱ二代装备的头盔夜视镜的 50% 还要多。

大多数三代光阴极的光谱响应在 500～900 nm 之间。90 年代初，负电子亲和势光阴极又有新的进展，出现了向蓝延伸和向红延伸的 NEA 光阴极，分别被称为蓝加强 NEA 光阴极和红加强 NEA 光阴极；其灵敏度和光谱响应又有大幅度的提高和改善。此外，还有向红外延伸的光阴极，其光谱区延伸到 1 100 nm，这便可以观察由 Nd：YAG 激光器测距仪和目标定向器所发射的 1.06 μm 的激光。

应该指出，三代管技术虽起始于 20 世纪 80 年代，但是由于制造上的难度和商业上的竞争，尽管在欧洲如 AEG、Thomson－CSF、EEV 等公司，美国如 Varo 和 Varian 公司等都曾开始三代管计划，然而都先后退出了竞争。三代管技术现在被美国 ITT、Litton、Northrop Grumman 等公司所垄断。

（二）超二代微光：以提高信噪比来改善成像质量，超二代与三代之争[6]

如上所述，三代管的飞速进展主要是采用了 GaAs 负电子亲和势光阴极。那么，有没有可能在二代管的各部件如光阴极、微通道板、荧光屏以及结构上挖掘潜力，改进性能，从而大幅度提高二代管水平，增大观察视距呢？答案是肯定的。

提高灵敏度和改善光谱响应的目的是获得一个更好的信噪比，高信噪比说明可允许降低对目标探测、识别所需的最小环境光的要求；或者说可在更低的环境光的要求下进行探测与识别。另外，在月光或星光的条件下，管子的极限鉴别率（它实际与调制传递函数（MTF）相对应，即鉴别率愈高，其相应的调制传递函数也愈好）是影响整个系统性能最关键的参数。因为高鉴别率可提供更好地识别和确认所关心的目标的图像细节。鉴别率愈高，用户便能愈早认出一个自己关心或即将威胁自己的目标。在像增强器的进展中，鉴别率的提高是一个重要的趋势。管子鉴别率的提高取决于许多因素，如微通道板的孔径的大小、荧光粉颗粒的细度，还有输入光纤面板、输出扭像器的光纤孔径的尺寸等。这里，微通道板的孔径的大小是一个重要的参量。我们由表 2 可以看出它对器件极限鉴别率的影响。

表 2　微通道板（MCP）的孔径尺寸影响管子的极限鉴别率

型号类别	管子直径（mm）	代号	MCP 孔径尺寸（μm）	极限鉴别率（lp/mm）
Omni II	18	Gen II	12	36
Omni II	25	Gen II	12	36
H. D.	18	Gen II	6	57
Omni III	18	Gen III	9	45
Omni III	25	Gen III	8	50
Omni IV	18	Gen III	6	64

在像管中，有一系列的因素影响信噪比：一是光阴极的灵敏度。灵敏度愈高，它对信号的贡献便愈大。但并不是每一个入射的光子都转化为电子。故对光阴极来说，光阴极的量子效率（取决于波长）愈高愈好，可以达到 30% 的范围。一个没有转化为电子的光子对成像没有贡献，从而增加了噪声。二是光阴极和 MCP 之间的光电子损失。被 MCP 所俘获并发射的

光电子不能被放大，从而增加了噪声。当然，俘获的程度取决于管子特有的结构；例如，对于三代管，MCP 表面涂上一层离子阻挡薄膜，以保护 GaAs 光阴极。但这层薄膜实际是光电子的杀手，它阻挡住了许多光电子对成像的贡献。三是 MCP 的统计值。四是荧光屏的统计值。此二者对信噪比的影响构成了噪声因数。

在带有微通道板的像管中，增大信噪比（S/N）输出有赖于提高光阴极的白光灵敏度和改善微通道板的质量以减小噪声因数。对于三代管，它有很高的白光灵敏度，且红外区有很高的光谱响应。但是，微通道板为了要与 NEA 光阴极相容，不得不进行很强烈的清洁处理，这种处理减小了二次发射系数，从而增大了噪声因数。另外，在三代管的微通道板上镀上一层大约为 75Å 厚的 Al_2O_3 或 SiO_2 离子隔离膜，这层薄膜固然保护三代管的稳定性和可靠性，但俘获了来自光阴极的低能电子，且后向反射了部分电子，降低了微通道板的电子收集率，从而使噪声因数有明显的增加。这样，噪声因数的增大部分地抵消了三代管光阴极的高灵敏度。

90 年代初，二代管终于在传统的多碱光阴极的灵敏度上有大突破（灵敏度由 300μA/lm 提高到 700 μA/lm），通过减小微通道板噪声因数，提高输出信噪比（改进微通道板的性能）再加上改进管子结构和改善整管的 MTF，从而出现了高灵敏度、高性能的二代管，被称为超二代管。其费效比好，鉴别率和输出信噪比提高到接近三代管的水平，使用效果与标准的三代管接近。最新的结果是在 18mm 二代管中，用了 6μm 孔径的 MCP，使鉴别率达到 57lp/mm，它与 Omni IV 18mm 三代管的 63lp/mm 相接近。表 3 给出了二代管、超二代、三代管的特性比较。

表 3　二代管、超二代、三代管的特性比较

像管特性	二代	超二代	高性能超二代	三代	高性能超三代
灵敏度（μA/lm）	240 ~ 350	500 ~ 700	700 ~ 800	800 ~ 1 000	1 300 ~ 2 400
鉴别率（lp/mm）	32	40 ~ 55	60 ~ 64	40	45 ~ 64
信噪比（在 10^{-4}lx 下）	14	21	22	14 ~ 21	21 ~ 25
寿命（h）	2 000	10 000	15 000	10 000	15 000
价格（$）	~ 2 200	~ 2 700	~ 3 200	~ 3 500	~ 5 500

由于在超二代管上取得的进展，超二代微光夜视取得了很大的突破，

不少场合已取代了二代微光夜视。在 80 年代中期，三代管较为昂贵，约 5 500 美元，而二代管约 2 500 美元，当时美国并不急于以三代代替二代。例如，美军的 AN/AVS-6 原先用三代管，在那时准备用超二代管代替。

为了进一步解决在极低微光下的应用，出现了杂交管的方案，它是以二代薄片管或三代管作为第一级，单级一代管作为第二级相耦合的组合式像管，称为杂交管[7]，它的优点是可以获得很高的增益，并有可能减小微通道板的增益以寻求 S/N 与增益之间的最佳折中，而鉴别率比二代薄片管仅下降 10%，这一方案充分运用各自的优点，使增益和信噪比充分发挥出来。杂交管通常优于二代倒像管和薄片管，与三级级联的一代管相当，但其重量轻、尺寸小并有局部亮度控制。

近年来，在实际应用中，常采用使像管选通的方案。一个选通管（或选通像增强器）是在保持正常工作的高电压的同时，在选通电极上加一相当低的电压变化，使光阴极的电流截止而实现选通的。这种管子实际上仍是像增强器与快速电光快门的组合，它的特点是大大扩大了器件的动态范围，并具有抗模糊和捕捉快速事件的附加优点。一个选通单级一代管可将原来的动态范围（$10^{-3} \sim 10^{-1}$ lx）提高二个数量级（$10^{-3} \sim 10^{+1}$ lx），而一个选通杂交管则能提高四个数量级（由 $10^{-6} \sim 1$ lx 到 $10^{-6} \sim 10^{+5}$ lx）。此外，除选通外，再加上偏转扫描电极，则可获得高速摄影变像管（分幅管、条纹管）。

三代管在性能上虽有很大的改进，较之二代，作用距离增加了 30%，但工艺复杂、价格昂贵，（一具三代瞄准镜价格为 4 500 ~ 6 000 美元，而武器的价格仅为 300 美元）。降低成本、提高效费比，看来是三代管面临的重大任务。从技术上的可能性和价格上的合理性来说，除加速研制三代管外，欧洲的观点认为，发展高灵敏度、高鉴别率的超二代管及其与一代管的组合看来是解决夜视实际应用的较好选择。

（三）四代微光的探索，三代管有膜与无膜之争[8][9][10]

四代微光的摸索也经历了很长的时间。一个很自然的想法是如何使光阴极向红外波段延伸，于是出现了两种光阴极微光管。

1. InGaAs/InP 传输电子近红外（0.9 ~ 1.06 μm）光阴极微光管[12,13]

光阴极结构为 P-InP（衬底）/P-$I_{0.33}Ga_{0.47}As$（吸收层）/0-InP（发射层）/Ag（场助极）/Cs_2O（NEA）层，其特点是近红外高灵敏度光阴极，在 1.06 μm 处有很高的辐射灵敏度（量子效率）。

2. PbTe/PbSnTe 复合列阵式红外光阴极微光管（STIRP）——热红外（8 ~ 14 μm 或 3 ~ 5 μm）变像管

像管原理结构与三代管类同，STIRP 采用复层结构，它由两部分组成，包括一个光电二极管镶嵌列阵（光电二极管一般是外延的 PbSnTe/PbTe 异质结构，该镶嵌列阵可在 3 ~ 5 μm 或 8 ~ 14 μm 波段下工作）和一个金属—半导体—金属（MIM）冷阴极电子发射体，它们构成了所谓“复合式热红外光阴极”。

尽管这两种光阴极有它的特点，如灵敏度高、向红外延伸等，但它与原来二代的多碱光阴极、三代的 GaAs 光阴极完全不同，工艺上不能兼容；这是制造技术中的最大问题，一切都要重起炉灶，成本、代价和经济效益是像管制造商不得不考虑的。同时，人们从探索中也逐渐明白了，追求新的一代，要看得更远、更清晰，无非是寻求提高器件特性的两个指标：高信噪比和高鉴别率。既然二代有潜力，它发展到超二代、高性能超二代，那么三代更有发展的潜力；改进二代和三代可以达到所期望“四代”的指标。这种改进不需要另起炉灶，其工艺完全是与二代、三代兼容的。

如上所述，三代的弱点是在微通道板的入射端涂敷一层 Al_2O_3 薄膜，它起着壁垒的作用，以防止离子的反馈，从而缩短它的工作寿命（10 000 小时）。因此创造一种“不镀膜”或“无膜”的像增强器（三代），很早便是美国像管制造商的一个目标。因为去掉这层防护壁垒的薄膜将允许有更大的电子流由光阴极通过微通道板，从而增强管子图像的亮度和目标识别能力。

1998 年，Northrop Grumman 公司制造出一种不镀膜的像增强器，这种管子在非常低的阴云星空下工作很有效。这个公司还有一个重大的进展，即选用自动选通（Auto-gate）电源，以代替常用的连续电源。在自动选通时，光阴极在高速下时开时关，降低了强光下在微通道板中的电子流，阻止其饱和并免于使图像模糊。因此，当通过夜视头盔镜观看夜间景物，遇到强光如照明弹与炮火时以及车灯照明时，自动选通也帮助减少了光晕或图像开花。对于军队直升机飞行员来说，自动选通和低光晕是极为重要的，因为他会遇到各种各样的光照条件；同样，对于战斗在城市环境的战士，他常常会在时而黑暗、时而强光的地域工作，自动选通和低光晕也是十分重要的。这一年 Northrop Grumman 公司拿下了 60% Omnibus V 合同。

据 2000 年 *SPIE* 4128 卷报道，Litton 电光学系统公司与美军夜视和电子传感器理事会的技术人员研究了三代管的无膜工艺。他们认为，要提高管子的寿命，必须降低 MCP 通道中有害的成分，减小由 MCP 的离子反馈，增大光阴极对离子反馈的阻力。因此，他们采取的技术途径是优化无膜 MCP 的结构和成分，优化光阴极对离子和中性气体的电阻，把由 MCP 和荧光屏产生的离子/中性气体降低到最小程度，通过应用选通像增强器的电源减小反馈。经过试验，这种无膜像增强器的寿命可达到 10 000 小时。

1999 年 12 月，美军的一些夜视官员承认了这种具有自动选通和低光晕功能的"无膜"管的激动人心的进展，他们本想给予这种"无膜"管以"四代"的命名。但在第二年，他们改变了主意。这主要有两个原因：一是无膜管的性能在初期虽然优于三代有膜管，但它在逐渐衰减；而有膜管直到寿命结束时，其性能依然不变；二是军官们都叫这类管子为三代无膜管，而不叫"四代"管。

美军对"四代"命名的转向还有一个更重要的因素。因为 ITT 公司在三代中引入了一种"薄膜"管，称为"Pinnacle™"，它的技术特性达到或超过了当时 Omnibus V 四代的指标。在发展四代技术的过程中，ITT 公司取得了惊人的成就，他们发现要防止信噪比的降低，并不是去掉这层防护膜，而是要保留一层很薄很薄的膜，这层薄膜一方面防护了 GaAs 光阴极所有的重要结构和性能，另一方面也满足了军队对四代的性能和寿命的要求。那么，这层薄膜到底要薄到什么程度呢？ITT 的回答是，Pinnacle™薄膜管的薄膜大约是头发丝的万分之一。

2001 年 2 月，ITT 公司用第一批 Pinnacle™薄膜管装备了头盔镜供应美军。管子的光晕效应的降低是靠进一步缩小光阴极和微通道板之间的间距，以及加上自动选通（Auto-gate）电源得到的。ITT 公司这一产品在军队中赢得了声誉。2002 年 5 月，Pinnacle™薄膜管被授予 Omnibus VI 称号并在竞争中夺标。这确实是一个标志，表明"薄膜"管较"无膜"管更被美军所接受。至少对于狙击手的头盔镜而言，用这种高性能的 Pinnacle™薄膜管制成的夜视镜装备，价格为 2 500 美元是被美军视为可接受的。无怪乎，ITT 夜视公司的副总裁兼工程经理自豪地说：军方无疑对我们大声而且明白无误地说：Pinnacle™薄膜管（较无膜管）要更好一些。2002 年 5 月，ITT 的 Pinnacle™薄膜管获得了 Omnibus VI 的 60% 的合同，主要是狙击手和飞行员的头盔镜。当然，Northrop Grumman 电光学系统公司并没有放弃无膜管。它的事业发展部副总裁在 2001 年就说，他的公司采纳无膜管技术是由于它具有更高的性能潜力。2002年冬，这位副总裁重申他的立场没有改变。他认为，按他们的理解，军方不会肯定或否定这一种或那一种技术。军方主要是围绕着管子所能达到的性能指标作出决定。如果军方接受无膜管产品的更高的性能指标，相信将会发现“无膜管”会较那些低性能的有膜三代管更为有吸引力。他相信，如果公司作出无膜管的选择，军方将会接受；因为军方接受的是产品的性能，而不是管子所采用的制造技术。至于谈到无膜管的制造价格较为高一些，这位副总裁说，当产量提高到足够的数额时，价格便不会高了；一旦机器都开动起来，价格就会低很多。

在ITT研制成功14 mm和16 mm（光阴极有效直径）的像增强器（他们称为四代管），其信噪比、鉴别率、重量和尺寸都优于18 mm管子。

看来，夜视像增强器有膜和无膜之争将会持续一段时间。但这一争论促进了夜视技术的进步，而美国军方得益最大，因为他们可以选择更好更廉价的夜视产品。

（四）微光夜视像增强器性能评价——以品质因数代替“代”[11][6]

在上面的讨论中，当二代发展到超二代、高性能超二代时，多碱光阴极、微通道板、荧光屏等元部件都没有实质上的变化。同样，当标准三代发展到高性能三代、无膜管三代、薄膜管三代时，其GaAs负电子亲和势光阴极、微通道板、荧光屏等元部件也都没有实质上的变化。这也就是说，我们在谈“代”时，主要是谈它所代表的技术特征，并不是在谈它的性能。实际上，人们往往理解的是，更新换代，一代比一代强，故三代比二代强。这里，存在着一些误解，因为标准三代的性能确实超过二代，而超二代的性能并不比标准三代差多少，特别是高性能超二代XD－4、XR－5等性能，也与高性能三代接近。因此，过去以“代”来表示技术或性能是可以的、合适的，今后我们仍然谈“代”，这个“代”并不表示技术，而是表示性能，代表性能的优劣。而所谓性能的优劣，也就是比较“品质因数”的高低。

我们知道，对一个应用于夜视的光电成像器件而言，重要的是具备两个能力：一是从微弱景物的目标中探测光子的能力；二是分辨景物目标细节的能力。

对于第一个能力，接收入射光的光敏面在给定的波长上的量子效率表明了从景物中探测光子的一种能力。这就是各国千方百计改进光阴极的表面激活工艺提高灵敏度的原因。三代管的负电子亲和势光阴极的探测效率在非常宽的光谱频带上能提供高达30%的量子效率，积分灵敏度和辐射灵敏度都比二代管有很大的改善，表明它能提供很强的信号。这一信号随之被放大，便能把极低的微弱信号探测出来。但是，信号伴随着噪声，大的噪声甚至会淹没信号。故重要的不仅仅是信号，而是信号噪声的比值，即信噪比：S/N。我们在上面已进行详细分析了。

对于第二个能力，即分辨目标细节的能力，我们知道，像增强器是用来放大光信号的。如果没有一点光，便没有图像，观察者能看到的仅是暗噪声的效果。如果有一点点光，但没有连续光照，则仅有单光子的似“冰雹”的轰击而没有图像。因此，在非常低的光照水平下，由于没有足够的光子数，观察者是看不到图像的。随着光照的增大光子数的增多，开始出现了有噪声的图像。但这样的带有噪声的图像观察者是难以分辨的。当光照进一步增大，鉴别率提高了，一些细微的图像细节也能分辨了。由此可见，在低光照条件下，辨别细节的能力（鉴别率）与光照水平有关。鉴别率以阴极面上能分辨的每毫米最密条对数 lp/mm 表示。当光照足够高（10^{-2} lx 以上）时，噪声便消失了。在白光条件下，图像的质量很高，它主要决定于轮廓鲜明的程度和对比度，而与光照的强度无关。由此，对一个微光像增强器的鉴别率，可分为两类：一类是光子计数极限，亦称微光极限。另一类是光子噪声极限，亦称白光极限。关于光子计数极限鉴别率，在微弱的光照下，提高光照水平，光子数的增加使图像斑点的密度提高了。开始时，较大的图像细节（如 20 lp/mm 的靶面）显现了，但较小的图像细节仍隐藏在噪声里。当光照提高时，一些小的图像细节（如 60 lp/mm 靶面）亦看得见了。由此可见，管子输出端图像细节能看清的程度取决于管子的质量，即其信噪比和鉴别率。关于光子噪声极限鉴别率，从某一光照起，图像质量不再与入射光照水平有关，而是与像增强器的传递特性有关。景物的对比度通过管子进行传递的能力通常用调制传递函数（MTF）表示，MTF 表明物平面为100%调制度时各个空间频率谐波经过器件后的衰减程度，故它是空间频率（lp/mm）的函数。由 MTF 曲线，可以导得极限鉴别率值。一般，极限鉴别率可由该曲线上调制度为3% ~5%点所决定，取决于测量的方法。对于像管来说，在低的空间频率处有好的调制度（即对比度）便会有清晰的像。而低的调制度则其图像会给人雾蒙蒙的感觉。

我们知道，像增强器的性能是以在低照度下提高探测与识别距离的能力来评价的。而探测与识别距离正比于输出信噪比（S/N）和极限鉴别率（R）的乘积，用这两个参数来评价像增强器的性能是十分合适的。故新的评价像增强器性能的概念，可归结为一个品质因数（Figure of Merit，FM），它可以表达为下列的数学公式：

器件的品质因数（FM）=信噪比（S/N）×鉴别率（R）

这是新的评价夜视像增强器的标准，它不以代划分。而且它是一个数字，可以定量比较。这里，信噪比和鉴别率的测量均是对白光而言。

美国政府在出口夜视技术时，对北大西洋组织国家和七国集团（如澳大利亚、日本、韩国、以色列、埃及、阿根廷和巴林）等国家，合同可签到品质因数为不高于1 600的像增强器的器件，即可转让三代Omnibus 4的器件；对非盟国，过去可以出口二代的技术，现在允许转让标准三代品质因数为不高于1 250的像增强器；它相当于美国20世纪80年代中期的水平，即允许转让15～20年前的技术。

目前，美国现有的Pinnacle™像增强器被认为达到预想的四代管器件的水平，其品质因数=信噪比×鉴别率=28×64=1 792～1 800。但荷兰的DEP公司二代XD－4像增强器的品质因数为24×64=1 536；他们向我国转让XD－4技术，而且DEP公司声称，它的XR－5像增强器的品质因数将为24×70=1 680。这就迫使美国政府不得不重新考虑品质因数为1 600和1 250的技术转让的标准。美国的夜视器件制造商期望他们的未来像增强器的品质因数可达到信噪比×鉴别率=30×90=2 700的数字。

表4和表5给出了美国Litton公司装备AN/PVS－7的二代管和三代管和美国ITT公司三代MX－1 016 018mm像增强器的数据。

应该指出，目前关于四代的称呼并没有统一的认识，美国的Litton公司和ITT公司把高质量的三代管称为四代，例如，Litton公司把Gen III Omni IV MX－10130C/UV，ITT公司把Gen III Omnibus IV MX－10160A（其信噪比为21，鉴别率为64，品质因数（FM）为1 344）都称呼为四代。也有的把蓝延伸像增强器、16mm的三代管，称呼为四代。可见，美国的所谓四代乃是高质量的三代的别称而已。

表 4　美国 Litton 公司装备 AN/PVS－7 的二代管和三代管[10]

管型	Gen II MX－18282	Gen II 增强型 MX－18282	Gen III Omni III MX－10130 C/UV	Gen III 增强型 MX－10130C/UV	Gen III Omni IV MX－10130C/UV
鉴别率（lp/mm）	32	36	45	52	64
光阴极灵敏度（最小值）（μA/lm@2 856K）	240	350	1 200	1 350	1 600
辐射灵敏度（最小值）（mA/W@830nm）	15	30	120	130	190
信噪比	11.5	11.5	17.1	18.0	21.0
亮度增益（fL/fC）	22 000	22 000	30 000	40 000	55 000
品质因数（S/N×R）	368	414	769.5	936	1 344

表 5　美国 ITT 公司三代 MX－10160（F9800 系列）18mm 像增强器[10]

管型	F9800B	MX－10160 Omnibus III	F98003 Gen III＋	F9800N Gen III 超	MX－10160A Omnibus IV
鉴别率（lp/mm）	45	45	51	64	64
光阴极灵敏度（最小值）（μA/lm@2 856K）	1 000	1 350	1 550	1 550	1 800
辐射灵敏度（最小值）（mA/W@830nm）	100	130	150	150	190
信噪比	16.2	19.0	19.5	19.5	21.0
亮度增益（fL/fC@2×10^6fC）	20 000－35 000	20 000－35 000	20 000－35 000	45 000－65 000	45 000－65 000
亮度增益（fL/fC@2×10^4fC）	3 500－10 500	3 500－10 500	3 500－10 500	10 000－20 000	10 000－20 000
品质因数（S/N×R）	729	855	994.5	1 248	1 344

结束语[15]

微光夜视像增强器技术品质因数（*FM*）的提出，模糊了微光夜视以“代”代替技术的概念，是一件大好的事。以前谈“代”时，人们理解的是它所采用的技术，今后的讨论中我们还要提到“代”，但这个“代”已淡化了技术的概念，更强调性能的概念。这个性能的比较就是品质因数（$S/N \times R$），它非常简单，仅是一个数字，于是可以对器件达到的水平作定量的比较。品质因数还给我们这样的启示，无论对哪一代夜视像增强器，包括未来所谓第五代像增强器，要追求的、最根本的就是这两个参数：信噪比和鉴别率。

参考文献

[1] 周立伟. 微光成像技术的发展与展望［C］//现代光学与光子学的进展——庆祝王大珩院士从事科技活动六十五周年专集. 天津：天津科学技术出版社，2003：316－339.

[2] Illes P. Csorba（Ed.）Selected Papers on Image Tubes［J］. *SPIE Milestone Series*, 1990, Volume MS20.

[3] Illes P. Csorba（Ed.）Electron Image Tubes and Image Intensifiers II［J］. *SPIE*, 1991, 1449: 1－192.

[4] E. Roaux, J. C. Richard, C. Piaget. Third Generation Image Intensifier［J］. *Advances in Electronics and Electron Physics*, 1985, Vol. 64A: 71－75.

[5] H. K. Pollehn. Performance and Reliability of Third Generation Image Intensifiers［J］. *Advances in Electronics and Electron Physics*, 1985, Vol. 64A: 61－69.

[6] Leon A. Bosch. Image Intensifiers Tube Performance Is What Matters—Image Intensifiers and Applications II. *Proceedings of SPIE*, 2000, Vol. 4128: 65－78.

[7] L. K. Van Geest and K. W. J. Stoop. Super Inverter Image Intensifier［J］. *Advances in Electronics and Electron Physics*, 1985, Vol. 64A: 93－100.

[8] Joseph P. Estrera, E. J. Bender, Adriana Giordana, John W. Glesener, Michael Iouse, Po-Ping Lin, and Timothy W. Sinor. Long Life-time Generation IV Image Intensifiers with Unfilmed Microchannel Plate［J］. Image Intensifiers and Applications II. *Proceedings of SPIE*, 2000, Vol. 4128: 46－53.

[9] Niles Thomas. System Performance Advances of 18－mm and 16－mm Subminiature Image Intensifier Sensors［J］. Image Intensifiers and Applications II, *Proceedings of SPIE*, 2000, Vol. 4128: 54－64.

[10] Doug Richardson. Technology for Tomorrow's Night Vision [J]. *Armada International*, 1997, No. 4: 32 -37.

[11] Glenn W. Goodman Jr. Night-fighting Edge [J]. *Armed Force Journal*, 2002, December, 32 -34.

[12] J. S. Escher, T. J. Maloney, P. E. Gregory, S. B. Hyder and Y. M. Houng. Photoemission to 1.7μm from an InP/InGaAs Transferred Photocathode [J]. *IEEE Trans*, 1978, Vol. ED -25: 1347 -1348.

[13] Kenneth Costello, Cary Davis, Robert Weiss and Verle Aebi. Transferred Electron Photocathode with Greater than 5% Quantum Efficiency Beyond 1 Micron—Electron Image Tubes and Image Intensifiers II. *SPIE*, 1991, Vol. 1449: 40 -50.

[14] Timothy W. Sinor, E. J. Bender, T. Chau, Joseph P. Estrera, Adriana Giordana, John W. Glesener, Michael Iouse, Po - Ping Lin, and. S. Rehg. New Frontiers in 21st Century Microchannel Plate (MCP) Technology: Bulk Conductive MCP Based Image Intensifiers—Image Intensifiers and Applications II. *Proceedings of SPIE*, 2000, Vol. 4128: 5 - 13.

[15] C. B. Johnson. Photoelectronics: What Have We Been, and Where Are We Going—Image Intensifiers and Applications II. *Proceedings of SPIE*, 2000, Vol. 4128: 134 - 140.

夜视像增强器（蓝延伸与近红外延伸光阴极）的近期进展*

对科学家而言，借鉴捕捉到的信息而启发联想和创意是一种基本的能力。

摘要：20世纪90年代以来，夜视像增强器的研究主要朝着两个方向发展：一是研究对于探测、识别与确认沙漠地带或沙地景物有贡献的蓝延伸（<550nm）GaAs负电子亲和势（NEA）光阴极，光谱响应向短波长延伸，使光阴极灵敏度、光增益与鉴别率等性能大大优于标准三代管，从而形成"加强三代管"或所谓"四代管"，其探测性能较标准三代管高一倍；二是研究与夜天空辐射较为匹配、对1.06μm激光有较高响应的光阴极，包括研究InGaAs、NEA光阴极（1.0～1.3μm和1.5～2.0μm）和多碱光阴极（1.0～1.1μm）这三类近红外（NIR）像管，可用于主被动夜视。本文综述了这几个方面的进展及其在夜视中的实际应用。

一、引　言

20世纪80年代，第三代微光像增强器的研发大大地促进了微光夜视在军事上的应用。三代微光像增强器采用铝镓砷/镓砷（AlGaAs/GaAs）异质结的负电子亲和势（NEA）光阴极，其光谱响应的典型范围为500～900 nm，灵敏度达1 300 μA/lm以上。90年代以来，夜视像增强器的研究主要朝着两个方向发展：一是使三代夜视器件的光谱响应向电磁波谱的蓝光波段延伸，以提高它在沙漠地带或有沙地区景物的探测、识别和确认的能力。美国科学家们全力研究光谱响应向短波长延伸的蓝延伸（<550nm）GaAs负电子亲和势（NEA）光阴极，使其灵敏度、光增益与鉴别率等性

---

* 本文载于《光学技术》1998年第2期（总第130期）17－27页。

能大大优于标准三代管，从而形成“加强三代管”或所谓“四代管”，期望其探测性能较标准三代管高一倍。二是研究与夜天空辐射较为匹配、对 1.06 μm 激光有较高响应的光阴极，这包括研究两种 InGaAs NEA 光阴极（1.0 ~1.3 μm 和 1.5 ~2.0 μm）以及多碱光阴极向红外波段延伸（1.0 ~1.1 μm）的近红外（NIR）像管，期望用于主被动夜视。此外，波长范围在 1.1 ~1.3 μm 成像激光辐射具有商业上与军事上的需求。这是由于低廉的激光器与近红外响应的像增强器相结合，使其在激光光点识别（Laser spot identification）与激光主动成像中获得应用。

蓝延伸与红延伸光阴极是当前三代像增强器光阴极研究的两个重点。本文主要综述美国 Litton/Garland（Litton 电子器件部与原 Varo 公司的 Ni - Tec 分部）在这两个领域的成就。

二、蓝延伸 GaAs 光阴极

众所周知，AlGaAs/GaAs 异质结结构光阴极的长波域值决定于 GaAs 的带隙能量，其值在 300K 时为 1.43eV，对应于截止波长为 900 nm。短波的截止波长决定于 AlGaAs“窗”层的带隙能量，这一“窗”层的作用从光学上看来似乎是一个低带通滤波器。若控制 $Al_xGa_{1-x}As$ 中的 Al 成分，使 $x = 0.5$，则 $Al_xGa_{1-x}As$ 开始吸收的并不是波长小于 600nm 的透射光。$Al_xGa_{1-x}As$ 的带隙能量随着 Al 的成分而变化。当 $x = 0.10$ 到 $x = 0.90$ 变化时，带隙能量范围相应为 1.5 ~2.8e V。

如果制作一个高灵敏度精确控制的透射式 NEA 光阴极，则有几个材料参数如表面逸出概率、活性层（Active layer）厚度、电子扩散长度与电子的背面界面复合速度是十分重要的[1-4]。通过表面上 Cs 和 O 的吸附而“激活”GaAs 层，使真空能级降到体材料的导带底之下，这样便达到 NEA 状态并大大地增加表面逸出几率。通过生长具有鲜明轮廓界面的高质量外延结构以及通过适当地控制少数载流子浓度，使热化电子的扩散长度趋于最大值。所有这些因素结合在一起使 GaAs:（CsO）成为规模生产的最有效的光阴极之一。此外，减少热化电子在 GaAs 的光入射界面上的复合损失也是很重要的。在光阴极的活性层的顶部生长一个大的带隙半导体，这一目标可以达到。

对于 GaAs 光阴极来说，GaAlAs 是一种理想的材料，因为它有可能在一个宽范围的铝浓度上生长一个晶格匹配的异质结结构。在 AlGaAs 和

GaAs 之间的能带边缘的偏移形成一电位壁垒，它将电子和空穴从宽带隙推到结构的窄带隙的一边。实际上，AlGaAs/GaAs 的界面的作用正如一电位壁垒，它使电子“反射”回向真空界面。若没有 AlGaAs 窗层，则器件的光响应便要下降几乎一半。

AlGaAs 层对于高性能的光阴极是有严格要求的，但它还改变 GaAs 的本征灵敏度。要使光谱响应向蓝光延伸，使 $Al_xGa_{1-x}As$ 层中的光学吸收趋于最小是很必要的。这可以通过改变 $Al_xGa_{1-x}As$ 的带隙能量、厚度或者二者的组合。

固体的光学性质可以通过材料的折射率和吸收系数来定义。$Al_xGa_{1-x}As$ 和 GaAs 的光学性质是人所共知的。其折射率和吸收系数值可以从文献［5－7］中找到。透过吸收介质的光强度可以由下列公式

$$I = I_0 e^{\frac{-4\pi kt}{\lambda}} \quad (1)$$

计算得到。式中，I_0 为入射光的初强度，λ 为波长，k 为吸收介质衰减系数，t 为厚度。利用文献［8］上的表格值，可将 I_0 规化为 1，对 1.3 μm 厚 $Al_xGa_{1-x}As$ 层，其 x 值取 0.5、0.7 与 0.9，可计算其透过光谱，其结果如图 1 所示。增加 $Al_xGa_{1-x}As$ 的铝的构成可增大带隙能量，这样使吸收边缘进一步移向光谱的蓝区。

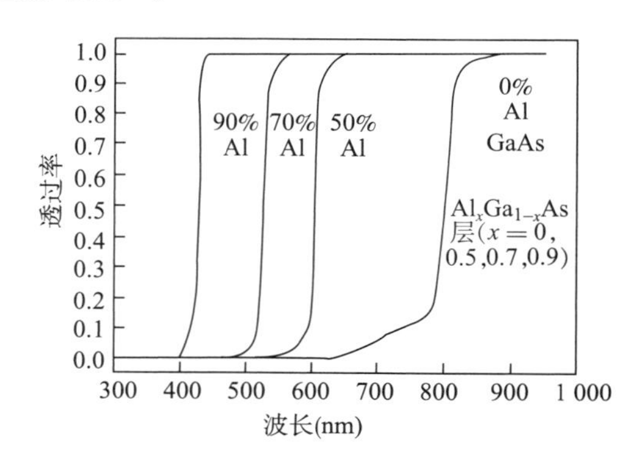

图 1　1.3 μm 厚的 $Al_xGa_{1-x}As$ 窗的铝含量增加使频带移向较短的波长

减小 AlGaAs 层中的光学吸收的另一条途径是使 AlGaAs 层的厚度尽可能薄。图 2 示出了 70% 铝结构下厚度为 0.1 μm、0.5 μm 和 2 μm 的影响。由图 2 可知，随着 AlGaAs 层的厚度变薄，透过 GaAs 活性层的光便增加。这里需要指出的是，为了在 $Al_xGa_{1-x}As$ 界面上具有有效的电子位垒，$Al_xGa_{1-x}As$ 层需要几百埃的厚度以便全部将耗尽层包含在 $Al_xGa_{1-x}As$ 层之内[9]。

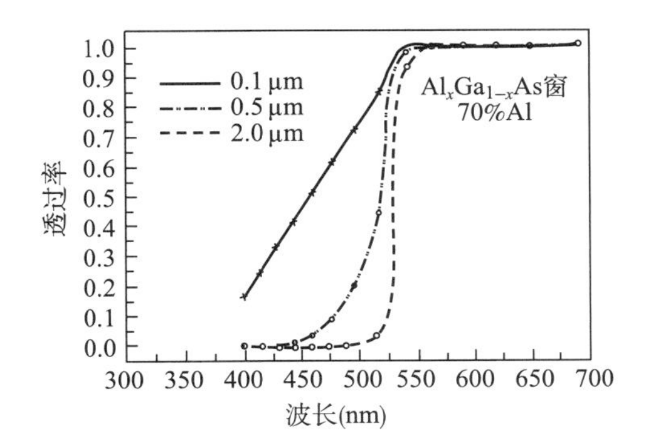

图 2　70%Al 的 $Al_xGa_{1-x}As$ 窗的厚度对光透过率的影响

三、蓝延伸 GaAs 像增强器[10]

美国 Varo 公司的 Ni－Tec 部与 Litton 电子器件部曾制作了不同的铝成分和厚度的 $Al_xGa_{1-x}As$ 层像增强器。$Al_xGa_{1-x}As$ 异质结结构是用 MOCVD（金属有机化学气相沉积）生长的，其有效直径为 18 mm。生长后，外延层覆盖上 1/4 波层（a quarter－wave layer）的 Si_3N_4，其作用正如抗反射涂层，随之覆盖上 SiO_2 的钝化层。这一结构随后加压粘接到 7056 玻璃面板上。当基底去除和金属化后，阴极进行激活到 NEA 状态，并封接到标准三代管的管体上。

图 3 表示光阴极的四条光谱响应曲线。其中两条是 50% Al，另两条是 70% Al。这些曲线是在 880 nm 处归一化以便于比较。由曲线可见，70% Al 的结构直到波长降到 500 nm 处尚有相当可观的灵敏度。其“截止波长”也与图 1 所载的数据相符合。

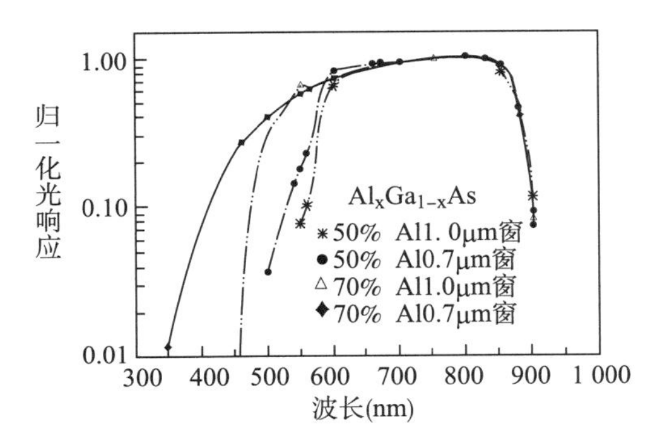

图 3　在不同 Al 含量、不同窗厚度下 $Al_xGa_{1-x}As$/GaAs 光阴极的光谱响应曲线

图 4 示出了具有蓝加强光阴极（$x=0.70$，厚度为 1μm）的三代管的光谱响应曲线。此三代管的白光灵敏度为 2 045 μA/lm，辐射灵敏度在 880 nm 处为 108 mA/W，546 nm 处为 149 mA/W，500 nm 处为 83 mA/W；在 500 nm 处光谱响应对应的量子效率超过 20%。

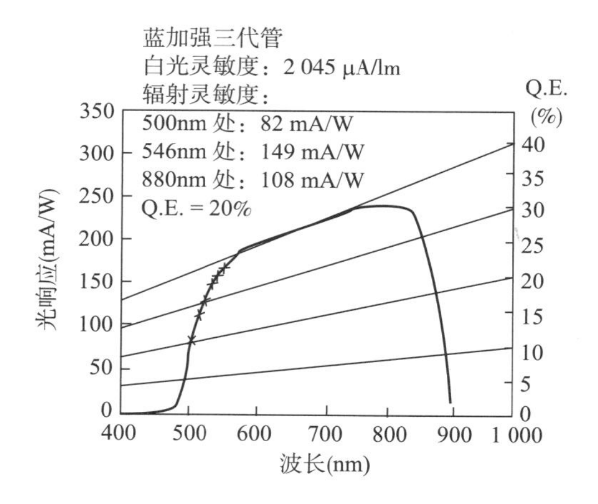

图 4　蓝加强三代管的光谱响应

在上述基础上，美国 Varo 公司在 20 世纪 90 年代发展了几种蓝延伸（或称蓝加强）第三代像增强器，一方面光谱响应向蓝端延伸，另一方面灵敏度大大提高了。

图 5 中给出了标准三代管、标准蓝加强三代管（高光响应）、超蓝加强三代管的光谱响应曲线。表 1 给出了标准的蓝延伸三代像增强器的性能，用于 PVS－7 或 ANVIS 18 mm 的结构。

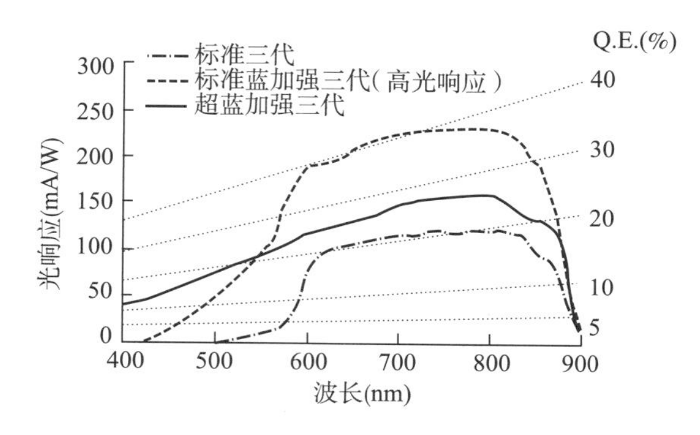

图 5　原 Varo 公司的标准三代管、标准蓝加强三代管（高光响应）与超蓝加强三代管的光谱响应曲线

表 1　标准蓝延伸 18 mm 三代像增强器

参数	性能
光阴极类型	GaAs
白光灵敏度	1 300 ~ 2 100μA/lm
辐射灵敏度 546 nm 600 ~ 800 nm 880 nm 400 ~ 900 nm	 30mA/W　最小 100mA/W　最小 60mA/W　最小 有光谱响应
有效背景照度 EBI（21℃）	2.5×10^{-11} lm/cm^2　最大
中心鉴别率	45lp/mm　最小
MTF（8×10^{-4}fC 输入） 2.5 lp/mm 7.5 lp/mm 15 lp/mm 25 lp/mm	 83% 最小 58% 最小 28% 最小 8% 最小
有效光阴极直径	17.5mm　最小
输入窗	CGW7056 玻璃
输出窗	对 PVS－7，用纤维光学，直透，非倒像 对 ANVIS，用纤维光学扭像
荧光屏	P20 或相当
光晕	1.47mm 最大
输出亮度	0.7 ~ 2.1cd/m^2

四、加强三代管与“四代管”及其在夜视中的应用

20 世纪 90 年代以来，Varo 公司发展了几种高性能的夜视像增强器以适应美方的军事需要。一种是被称为“加强型”（即蓝延伸）18 mm 三代像增强器，它用于步兵战斗的 M24 狙击手步枪的 AN/PVS－10 远距离昼夜狙击手观察镜，性能大大超过美军以前所用的 Omnibus Ⅲ的水平。Varo 公司认为，这一技术同样可以用来改进所有现存的 18 mm 系统如 AN/PVS－7B 和 AN/PVS－6 头盔镜。此外，同样的技术亦可用于 25 mm 像增强器，

以改进 AN/PVS－4，AN/TVS－5，AN/PVS－8 以及各种类型的 AN/VVS－2 驾驶员观察镜以及装甲车潜望镜的夜视系统。另一种是较加强型有更好性能的三代管，有时亦称为“四代管”，美军已将它用于单管头盔镜的 AN/PVS－7A 型和 B 型以及 AN/PVS－6 飞行员双管系统中。“四代管”的性能如光阴极灵敏度、光增益、鉴别率都有惊人的提高，管子的寿命亦远远高于现有的第三代像增强器。这一技术也可用于发展任何 18 mm 和 25 mm 的夜视系统。Varo 公司认为，由于加强三代/四代的高性能与长寿命，故它无可争议地完全可以取代老的二代管，因为加强三代/四代的寿命远远超过正常应用的工作寿命。

表 2 中给出了 Omnibus 三代管、加强三代管、“四代管”的性能。由

表 2　Omnibus 三代管、加强三代管与“四代管”的性能一览

参数	Omnibus 三代管	加强三代管	“四代管”
光阴极灵敏度 白光灵敏度（2 856K）（μA/lm）	1 350 最小	1 600 最小	1 800 最小
辐射灵敏度（在 830 nm 处）（mA/W）	—	170 最小	200 最小
光增益 fL/fC	20 000～35 000	50 000～100 000	50 000～100 000
等效背景照度 EBI（lm/cm^2 最大）	2.5×10^{-11}	2.5×10^{-11}	2.5×10^{-11}
信噪比 S/N	19.0 最小	20.0 最小	21.0
鉴别率（lp/mm）	45 最小	52	64
MTF（8×10^{-4}fC 输入下） 2.5 lp/mm 7.5 lp/mm 15 lp/mm 25 lp/mm	83% 最小 58% 最小 28% 最小 8% 最小	91% 最小 72% 最小 47% 最小 22% 最小	92% 最小 80% 最小 61% 最小 40% 最小
光晕（mm）	1.47 最大	1.25 最大	1.25 最大
荧光屏	P－22G 或 P－43	P－22G 或 P－43	P－22G 或 P－43
暗斑 >0.015″ 0.012″～0.015″ 0.009″～0.012″ 0.006″～0.019″ 0.003″～0.006″	Z1 Z2 Z3 0 0 0 0 1 2 0 3 3 1 6 9 3 10 14	Z1 Z2 Z3 0 0 0 0 0 0 0 0 0 0 1 2 0 2 3	Z1 Z2 Z3 0 0 0 0 0 0 0 0 0 0 1 2 0 2 3

此表可见，加强三代管和“四代管”的性能参数都较标准三代管有巨大的改进。就加强三代管而言，由表3可见，在星光下的成像性能亦比标准三代管高一倍（增加100%），而且加强三代管的灵敏度、光增益以及鉴别率等值均较标准三代管高一倍。

表3　标准三代与加强三代（“第四代”）的比较

参数	标准三代	加强三代（“第四代”）
光阴极类型	GaAs	GaAs
白光灵敏度（μA/lm）	1 000～1 200	1 800～2 000
辐射灵敏度　546 nm	1～3mA/W	30～120 mA/W
830 nm	100～120	180～240
880 nm	60～80	100～140
光增益（fL/fC）	20，000～30，000	50，000～100，000
等效背景照度 EBI（在21℃）	2.5×10^{-11} lm/cm^2 最大	2.0×10^{-11} lm/cm^2 最大
信噪比	15 最小	21 最小
中心鉴别率（lp·mm^{-1}）	36～40	55～70
MTF（8×10^{-4}fC 输入下）		
2.5 lp/mm	83% 最小	92% 最小
7.5 lp/mm	58% 最小	80% 最小
15 lp/mm	28% 最小	61% 最小
25 lp/mm	8% 最小	40% 最小
有效光阴极直径	17.5mm 最小	18mm 最小
输入窗	CGW7056 玻璃	CGW7056 玻璃
输出窗	纤维光学 6μm，直接透过，非倒像	纤维光学 4μm，直接透过，非倒像
荧光屏	P20（2.5μm 粒子尺寸）	P22G（1.8μm 粒子尺寸）
光晕	1.47mm 最大	1.25mm 最大
输出亮度	0.7～2.1fL	0.7～4.5fL
寿命	7 500h	7 500h
探测距离在 10^{-4}fC 下 PVS－7B IX 系统目标：人	100m	225m

五、近红外延伸的 InGaAs 光阴极[11-13]

对于近红外像增强器，10~15 年前，研究工作集中在场辅助、转移电子（Transferred Electron，TE）光阴极上。这些 TE 光阴极具有极好的量子效率，在 1.0~1.6μm 范围内量子效率 Q. E. =5%~10%。由于 TE 器件是场助式的，其像质、可靠性及规模生产能力在应用到近红外领域上尚存在一些问题。特别是难于将这类近红外（NIR）光阴极与已有的像增强器和系统相组合，这就为制造和推广带来了困难和障碍。

显然，若研究一种负电子亲和势的 NIR 光阴极，它可与标准的二代或三代微通道板像增强器的管体结构相连接。这样就能保证管子的高性能与可靠性。于是，高性能 NIR 像增强器的发展途径仅仅依靠材料的质量和 NIR 光阴极的制作。这个光阴极应能容易耦合到标准的像增强器管体上，其管体与现有的像增强系统如 AN/PVS-7B 和 AN/AVS-6 系统相兼容。这样，所研制 NIR 像管便能具有规模生产的能力。

基于 InGaAs 的 NEA 光阴极的电光学机理与标准的 NEA GaAs/GaAlAs 光阴极相似。开始推动这种对 1.06μm 灵敏的光阴极研究的初始想法是，这种光阴极是标准的 GaAs/GaAlAs 光阴极结构在成分上有变动。所谓成分变动是将 10%~15% 的铟注入 GaAs 活性层中，它也许能将此光阴极的标准光谱响应推进到 1.0~1.1μm 波长范围。因为这是标准的 GaAs/GaAlAs 结构的成分变动，故光阴极的结构可选择。

如图 6 所示，p+掺杂层是 InGaAs，它是由一种 MOCVD 反应器生长的，此 InGaAs 活性层是直接生长到光阴极结构的窗层上。近红外（NIR）NEA 光阴极的机理与标准 NEA 光阴极没有什么区别。当入射的红外光子被一薄的 InGaAs 层所吸收时，产生电子—空穴对，此电子—空穴对的电子扩散到 InGaAs 的真空界面。表面的铯与氧的处理使功函数下降，故此表面的真空能级位于 InGaAs 导带之下。当电子到达此表面时，它们便自由地逸出到真空中。这种光

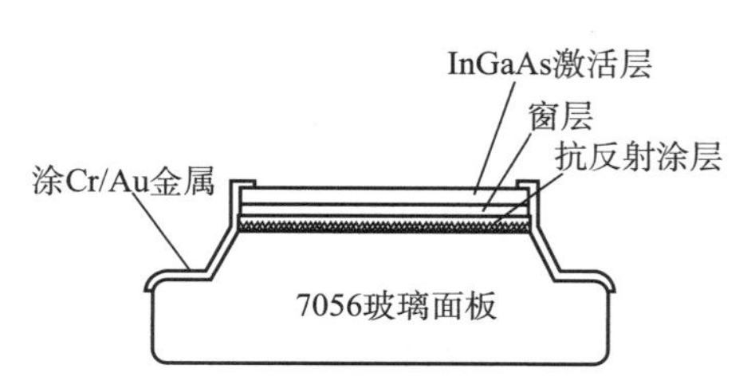

图 6　在 7056 玻璃面板上的 InGaAs 负电子亲和势光阴极结构

阴极最佳性能主要取决于 InGaAs 层在初始生长、块处理与表面制备时的材料参数控制。因此，采用如下的材料分析技术对这 InGaAs 光阴极结构进行材料特性的鉴定。

1. 透射光谱学（Transmission Spectroscopy）

透射光谱学在 InGaAs 光阴极上应用是确定活性层的铟成分及活性层的厚度。铟的成分是通过所分析的光阴极的透射谱的吸收带边缘来确定的。活性层的厚度 t 可以通过公式（1）利用不同波长下的透过率和朗伯（Lambert）定律计算决定。因之，利用 InGaAs 活性层的透过特性来确定活性层的厚度是一种非常可靠的方法。

图 7 中给出了三种不同的 InGaAs 光阴极的透过率曲线。正如所预料的，随着 InGaAs 薄膜的铟浓度的增加，薄膜的吸收边缘移向近红外。还可以看到，具有 10% 铟的 InGaAs 光阴极能最佳地吸收 0.95 ~ 1.0 μm 波长的光子；同样，30% 与 50% 铟分别对应于吸收 1.2 ~ 1.3 μm 和 1.5 ~ 1.7 μm 波长的光子。这样，通过控制 InGaAs 光阴极透射光谱的研究，人们便能制作一种最佳的光子吸收层，它能吸收所希望的波长如 1.06 μm 的激光辐射。在图 7 中，较长波长的振荡是由较长波长的光与光阴极的多层面和边界的干扰所致。这些振荡在理论上能用于决定光阴极的活性层和窗层的总厚度。

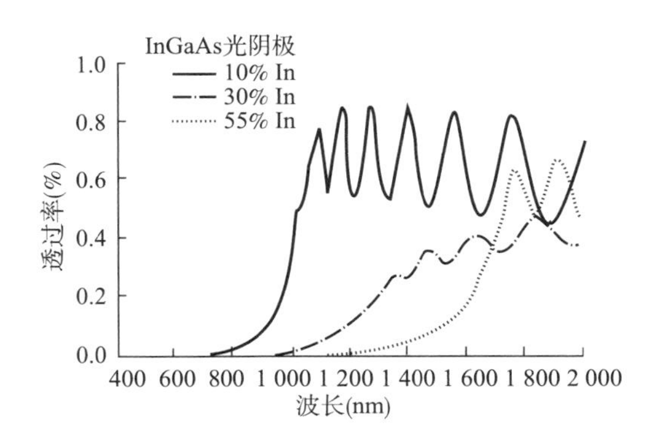

图 7　在不同铟含量下 InGaAs 光阴极的透射光谱

2. 荧光光谱学（Photoluminescence Spectroscopy）

室温（300K）下的荧光（Photoluminescence，PL）光谱学是用来确定 InGaAs 光阴极的铟的成分和红外灵敏度。荧光把一个半导体层如 InGaAs

层暴露于高能（可见）激光辐射下，此半导体层吸收可见的激光能量，它引起电子—空穴对的形成，从半导体表面射出有特征的光子如近红外光子。试验中被 InGaAs 光阴极吸收的是从氩离子激光器源发出的 514 nm 激光辐射。InGaAs 层发射的有特征的近红外（NIR）荧光辐射，被一个具有热电致冷 Ge 光探测器的一米单色仪进行光谱分析。

图 8 示出了三种不同的 InGaAs 光阴极的荧光光谱。具有 15% 铟的光阴极表明了这个光阴极通过吸收 1.0 ~ 1.1μm 波长的光子产生电子—空穴对的能力。而 55% 铟的光阴极表明 1.65 ~ 1.85μm 的入射光子能形成电子—空穴对。

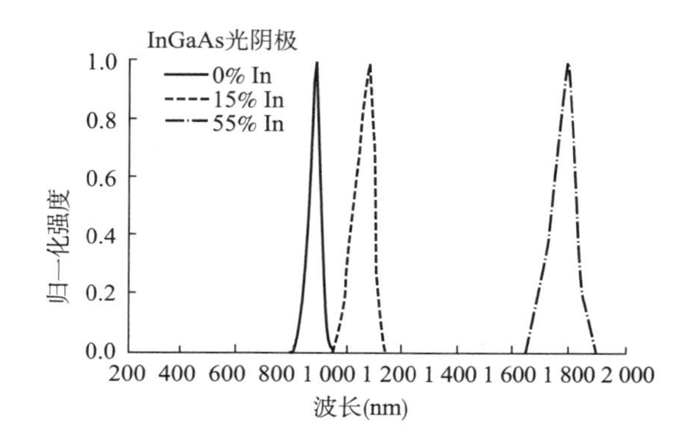

图 8　不同铟含量下 InGaAs 光阴极的室温光致发光光谱

由图 8 可见，室温荧光的应用代表了监控光阴极的活性层材料的铟含量的另一种有特征的方法。这将使有可能优化光阴极的材料生长，使之对所瞄准的激光器发射波长如 1.06μm 的 Nd:YAG 激光器辐射能达到最大的灵敏度。图 8 中荧光峰的半极大值的全宽度（FWHM）可以间接地与 InGaAs 层的晶体质量相联系，因为荧光的宽度与被分析的材料的温度、杂质能级和掺杂有关。较好的监控块状晶体质量的光学方法是喇曼（Raman）光谱学[14]。

3. 显微—喇曼光谱学（Micro – Raman Spectroscopy）

显微—喇曼光谱分析是用带有 Olympus 显微镜和 GaAs 光电倍增管探测系统的 1m U1000 双单色仪来完成的。显微镜可在不同的空间位置上对所分析的 InGaAs 薄膜进行微探针（micro-probing）。（100）InGaAs 表示的反向散射是在 $x(y,z)\underline{x}$ 的极化构形（Polarization geometry）中完成的，此处的

x 和 $\underline{x}$ 分别是［100］和［$\underline{1}$00］方向，y 和 z 分别是沿（010）和（001）面的极化方向。样品上的激光圆斑为 10μm，功率为 1mW。

纵向光学（Longitudinal Optical，LO）声子模仅允许在（100）反向散射。InGaAs 层的任何衰减表明在（100）反向散射中纵向光学声子模的下降或总损失。图 9 示出了在（100）反向散射构形中 InGaAs 层波谱的纵向光学声子模。试验了两个不同的光阴极样品，高铟浓度的样品在 245 ~ 260 cm^{-1}处显示出有较高程度的被禁止的横向光学（Transverse optical）模和无序模。这是因为高铟含量对于晶格缺陷的高发生率（Higher incidence）有贡献。10% 和 50% 铟含量的样品之间在波数上的差异仅影响 GaAs 纵向光学声子模，故 GaAs 纵向光学模的变异代表了另一种方法监控 InGaAs 光阴极中的 In 的含量。由图 9 可见，10% 铟含量的光阴极是有敏锐的纵向光学声子峰，且无明显的无序模，从而显示出高品位的晶体质量。因此，它可以列入高性能 1. 0 ~ 1. 1μm 光阴极的首选。

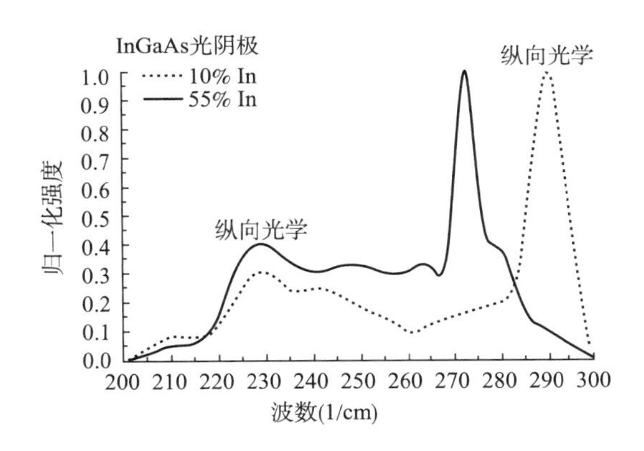

图 9　不同铟含量下 InGaAs 光阴极的显微—喇曼分析

4. 扫描俄歇能谱学（Scanning Auger Spectroscopy）

扫描俄歇是在最后被蚀刻的光阴极在引入制作真空系统前进行的。俄歇能谱学是一种能谱技术，它研究由材料表面发射的二次（俄歇）电子，依次通过专门的俄歇电子特征，确定此表面的元素成分。初级俄歇电子探针束仅用来分析已给样品的前 10 埃的成分，故此分析技术是专门地用来研究材料表面的元素组成。对于像增强器光阴极，俄歇能谱学在确认可能的污染上是非常有用的。因为这些污染可能会妨碍光电发射的铯氧层的沉积。图 10 分析了 10% 铟含量的光阴极，指出了氧与碳的表面污染。碳污染和形成表面氧应该通过真空中光阴极的表面加热而消除。从图 10 中可看出 InGaAs 在俄歇能谱中的比例是正常的。

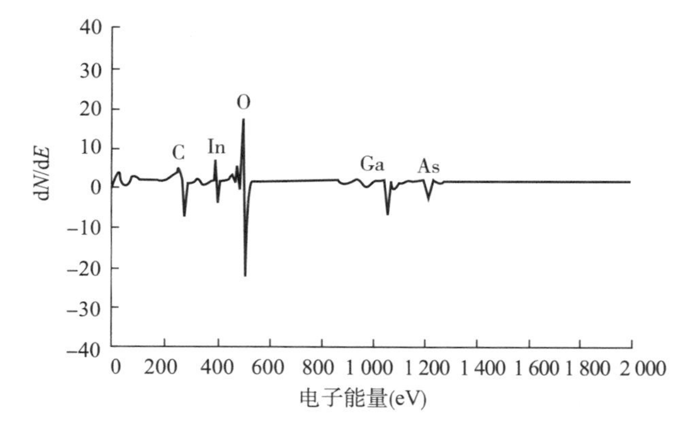

图 10　InGaAs 光阴极（含 10% In）的扫描俄歇能谱分析

InGaAs 光阴极表面的表面分析对于监控粗大的表面污染状态是重要的。在 Litton/Garland 公司，目前光阴极热清洁和铯氧激活过程中的原位俄歇能谱分析的工作正在进行中。在 InGaAs 光阴极处理过程中最佳表面状态的确定将有助于获得高灵敏度与高可靠性的 NIR（近红外）阴极。

六、近红外光阴极的光谱响应及特性[15, 16]

1. InGaAs 近红外光阴极（1. 0 ~ 1. 3 μm）

图 11 示出了 1. 0 ~ 1. 1 μm 近红外光阴极（15% 铟）的光谱响应曲线。这是利用上述监控手段而得到最佳的材料生长从而使三代管的波长进一步延伸到近红外。由图 11 可见，1. 0 ~ 1. 1 μm 波段近红外光阴极三代管的响应较标准的三代管和二代管要高一个数量级，其总白光灵敏度与标准的二代管相仿。但在 1. 06 μm 处，InGaAs 三代管的响应分别为标准的三代管和二代管的近 100 倍和近 1 000 倍。应该指出的是，在 InGaAs 光谱曲线中其积分响应（白光响应）部分来自 0. 9 ~ 1. 0 μm，而这一段光谱区域正是夜天光辐照度较夜天光可见区增大约一个数量级。这对于夜间观察是非常有利的。此外，图 11 中所示的 InGaAs 光阴极在 1. 06 ~ 1. 10 μm 的情况下，其量子效率（Q. E. ）分别为 0. 1% ~ 0. 01%，这是一个相当低的值。即使如此，这一光阴极加上 MCP 和荧光屏制成的三代管，若用于全夜视系统，在整个成像中，这些低的 Q. E. 值也起着重要的作用。

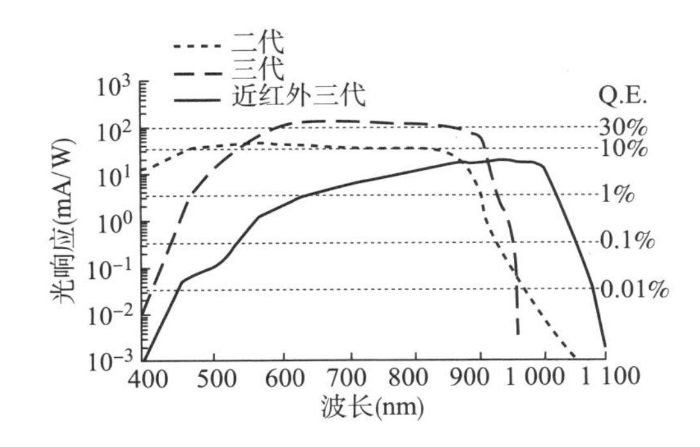

图 11　原 Varo 公司的近红外三代光阴极以及与二代、三代光阴极的光谱响应的比较

图 12 示出了各种不同的 InGaAs 光阴极的光谱响应曲线。其中黑线表示增加铟含量制成的 InGaAs 光阴极，其光谱响应延伸到 1.30 μm，由于高铟含量掺入 Ga 和 As 的结晶阵列引起的吸收和缺陷的散射，故白光光谱响应有所损失。下面进一步的研究工作是使高铟含量的光阴极能在增加近红外灵敏度时保持较高的白光响应。

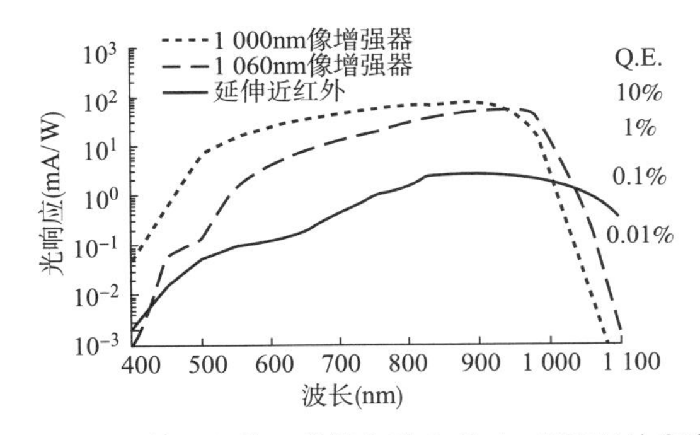

图 12　原 Varo 公司的近红外三代管各种 InGaAs 光阴极的光谱响应曲线

2. 近红外延伸 InGaAs 光阴极（1.5 ~2.0 μm）

1.5 ~2.0 μm 近红外延伸 InGaAs 光阴极的研究正在进行中，这是因为在 1.5 ~2.0 μm 波段的激光器对人眼是安全的。发展这一类器件的思路与上面相同，即利用 NEA 概念并进一步改进阴极材料。在材料方面，把更多的铟注入 GaAs 阵列，由于晶格失错及内部材料缺陷，铟将达到 25% ~35% 的极限值。但要达到 1.5 ~2.0 μm，铟的注入将要达到 45% ~60%。为之，建立梯度与多层异质结结构也许是一个桥梁使之能克服 25% ~35% 铟注入的限制。

图 13 示出了近红外延伸 InGaAs 光阴极（1.5 ~2.0 μm）的光谱响应（估计）曲线。由于各种不同成分的铟注入，可以估计当铟注入 55% 时，

光谱响应将延伸到1.5～1.6μm。这一工作将表征着以NIR半导体为基础的光阴极及像管的巨大进展。

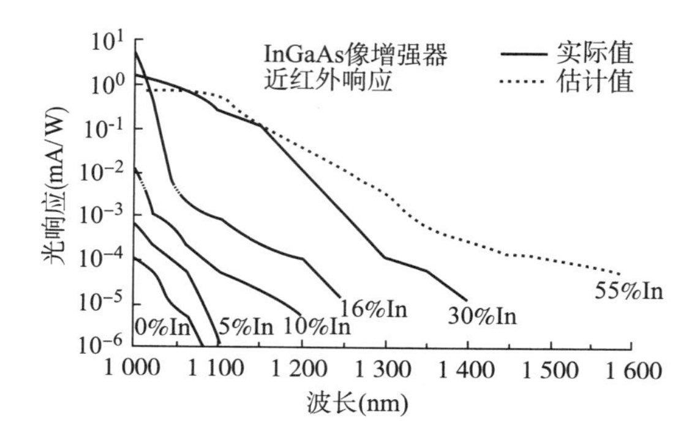

图13 近红外延伸InGaAs光阴极（1.5～2.0μm）的光谱响应（估计）曲线

3. 近红外延伸多碱光阴极

Litton/Garland公司研究将标准的二代多碱光阴极延伸到近红外。这是在尝试研究光谱响应大于1.0μm的像管的另一条途径。将现有的多碱（S－20）光阴极发展与改进到近红外波长应考虑的途径有：多碱活性层的体化学变更；利用交替的Cs－Sb层使多碱活性层的表面增强；引入表面和体缺陷格点以激发NIR响应；利用Si和GaAs半导体底层以感生NIR体响应。

图14示出了Litton－Garland NIR多碱管、Litton/Garland NEA InGaAs三代管与超二代管的光谱响应曲线。由图可见，NIR多碱光阴极的近红外响应到1.0～1.1μm。其光谱响应低于典型的NEA GaAs光阴极，但远高于超二代管（Philips XX1610）。实际上，在1.06μm处，此延伸的NIR多碱光阴极的灵敏度比超二代管高一个数量级。

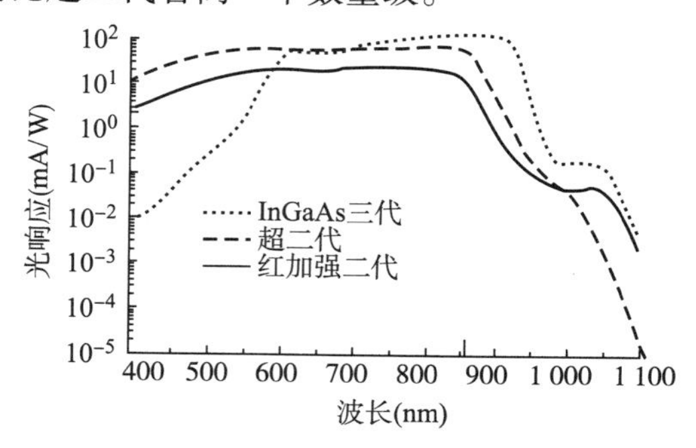

图14 Litton /Garland公司近红外多碱光阴极（红外加强二代管）、超二代管与InGaAs三代管的光谱响应曲线

七、InGaAs 像增强器的性能及其在夜视中的应用

1. 近红外三代 InGaAs 像增强器

表 4 列出了对 1.06μm 具有响应的 InGaAs 像增强器——加强近红外三代管的性能。这种像增强器已用于 AN/PVS－7 或 ANVIS 上。原三代像增强器生产厂家 Varo 公司与美国海军签有合同，为 SOFLAM 激光目标指示器生产一种夜视仪。它应用一延伸近红外像管，能观察被选定目标上的脉冲激光；指示器的操作人员完全相信它是对准着目标，使武器的发射高度精确。这种管子是如此灵敏，它甚至能探测到广泛应用的 Nd：YAG 激光仪（如美军手持的 AN/GVS－5 以及主战坦克的 M1 系列的战地激光器）所发射的一个单激光测距脉冲。

表 4　1.06μm InGaAs 像增强器的性能　$In_xGa_{1-x}As$（$0.15 < x < 0.25$）

参数	标称值	较高值	较低值
白光灵敏度（μA/lm）	500	1 000	300
辐射灵敏度（mA/W）			
0.83μm 处	40	100	20
1.06μm 处	0.080	0.350	0.025
等效背景照度 EBI（10^{-10}lm/cm^2）	1.0	2.5	0.1
鉴别率（lp/mm）	46	58	40
MTF（在 8×10^{-4}fC 输入下）			
2.5 lp/mm	90%	95%	83%
7.5 lp/mm	65%	75%	58%
15.0 lp/mm	40%	55%	28%
25.0 lp/mm	18%	27%	8%
光增益（fL/fC）	25 000	35 000	15 000
输出亮度（fL）	1.8	2.1	0.7
光晕（mm）	1.47 最大	1.47 最大	1.47 最大
荧光屏	P－22 或 P－43	P－22 或 P－43	P－22 或 P－43
有效光阴极直径（mm）	17.5 最大		
输入窗	CGW7056 玻璃		
输出窗	对 PVS－7 纤维光学，直透，非倒像 对 ANVIS 纤维光学，扭像器		

这种夜视仪采用近红外三代像增强器（Varo Aquila Ⅲ）加上放大率为6倍的物镜，作为特殊用途武器激光指示器（Special Operations Forces Laser Marker）。18mm三代夜视器件也可用来作为小型兵种班组应用武器夜视镜。这种延伸近红外像管经过试验，作为武器观察镜，保持着获取目标所需要的性能水平。由于有这双重性能，夜视仪不仅可用来进行目标显示及武器开火，减轻了战士的负载，而且在特殊情况下，目标指示器能照明目标，使部队的射手在较远的距离上能捕捉到它，以进行精确的夜间射击。而对方的一般二代或三代夜视仪则探测不到这种作用。

延伸近红外三代像增强器的技术可以推广到任何现有的管型（无论18mm或是25mm）。这还可用在战场上的任何Nd: YAG激光器的直接视线探测（direct line of sight detection）。当它被装备到AN/AVS－6（ANVIS）上（一个管子已足够），它就能保证目标指示器的用户精确地指向目标。当把它用于AN/PVS－7B头盔镜上，并在武器上连接上1.06μm二极管目标激光器，它不会被对方的一般的二代管或三代管系统探测到。若将这种延伸近红外管装备到AN/PVS－8夜间观察镜上，便能实现所选定目标的极远距离的观察。

2. InGaAs像增强器系统的战场性能

InGaAs像增强器有两个重要的战场性能要求：

（1）全被动成像，即系统具有在微光下清晰地使景物成像的能力。

（2）系统能探测到用于发现目标或指示目标及测距的激光器照射的能力。在被动成像情况下，InGaAs像管与4倍或6倍Aquila微型武器瞄准器相结合可给出满意的效果。当一个InGaAs像增强器（其成像性能如白光灵敏度为400μA/lm，辐射灵敏度在1.06μm处为0.1mA/W）与6倍系统相连时，在微光下可达到极好的探测距离。按照NVEOL夜视性能模型，如图15所示，对一草地背景，InGaAs 6倍系统能在1 000 m处探测到一个人形靶。

但是，InGaAs像增强器的主要用途是探测激光辐射的能力，例如由激光指示器（如Litton SOFLAM激光指示器系统）所发射的1.06 μm的辐射。在像管的激光成像能力方面，曾做试验如下：取一3倍的夜视系统，它能容纳具有可变1.06 μm响应的各种InGaAs像管。一个10 mW、1.06 μm的二极管激光器直接指向30 m以外的高反射率靶。此InGaAs像管的3倍系统对30 m以外的1.06 μm激光器的后向散射光进行成像。进行试验的房间环境照度可以控制。在给定光照等级下，激光光斑被成像在3倍系统上。在二极管激光器之前引入中性滤光片，直到3倍系统不再对激光光斑成像为止。图16示出了四个近红外三代管（在1 060 nm处辐射灵敏度有差异）的激光器—靶试验的结果。图16表明，在高的光照等级下，InGaAs管1.06 μm处的0.10～0.15 mA/W的辐射灵敏度较之1.06 μm处的0.028 mA/W辐射灵敏度其激光成像能力高100～1 000倍。而在微光下则更为惊人。因此，由此试验可以看出，光阴极的量子效率仅是成像激光辐射的一部分。这些试验表明，在月光和星光条件下距离为3～5 km激光器光斑成像。由此可见，基于InGaAs的NEA光阴极及其像增强器在用于1.06 μm Nd: YAG激光辐射上初步地取得了巨大成功，进一步的研究是将此光阴极推向近红外（NIR），以找到其他激光器的应用。

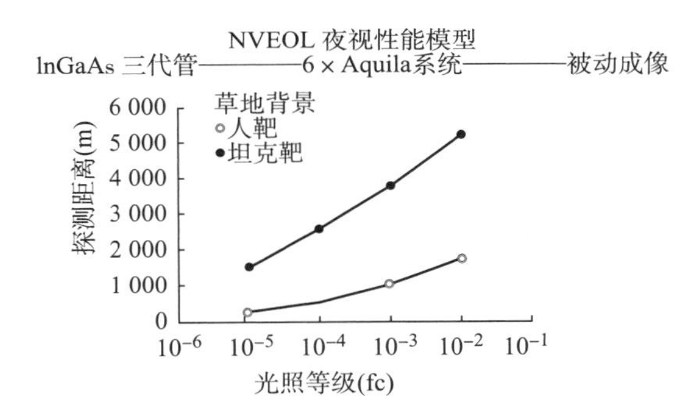

图15　在6倍Aquila微型武器瞄准器中InGaAs像管的微光探测距离

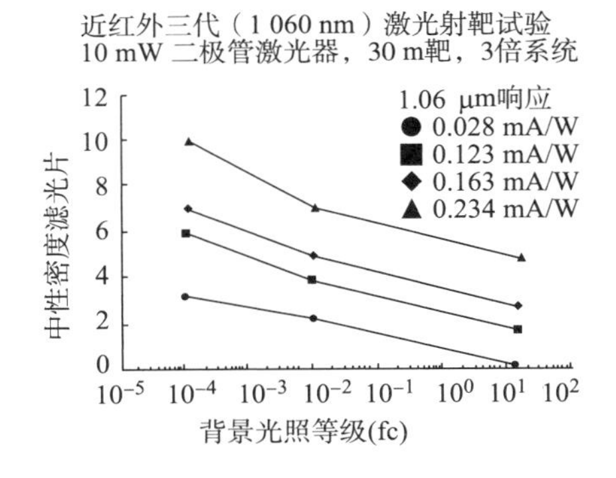

图16　四个InGaAs三代管（在1.06 μm波长处具有不同的辐射灵敏度）在不同的光照等级下的中性密度滤光片截止值

八、结束语

（1）夜视像增强器的光阴极向蓝延伸与红延伸（近红外）显示了Ⅲ-Ⅴ族负电子亲和势光阴极向短波长与长波长响应扩展的美好前景。蓝延伸光阴极所发展的加强三代管与所谓“四代管”的性能已全面超过标准的三代管，其星光下探测距离增长一倍以上。而近红外延伸的1.06 μm InGaAs像增强器不仅具有微光探测景物的能力，而且能使主被动夜视成为可能。

（2）蓝延伸GaAs光阴极的向短波长延伸主要取决于AlGaAs窗的厚度、$Al_xGa_{1-x}As$中Al的成分以及GaAs活性层的厚度。由此可见，加强三代管与所谓“四代管”实质上是原GaAs光阴极的标准三代管的进一步发展。由此可见，实现所谓“四代管”无论从技术上还是从工艺上难度要小一些。这是三代管研究中值得注意的重要动向。

（3）红延伸（近红外）（1.0~1.3 μm）像增强器走InGaAs光阴极的途径，通过改变In的含量使光谱响应向近红外扩展，甚至有可能扩展到1.5~2.0 μm，这已为实验所证实。这一光阴极无论从制作工艺还是与现有三代管兼容上较场助、转移电子（TE）光阴极要强得多，从而显示出InGaAs光阴极的优越性与前景。

（4）GaAs与InGaAs材料工作是光阴极实现蓝延伸与红延伸的关键。如在$Al_xGa_{1-x}As$与$In_xGa_{1-x}As$的Al与In的注入及其含量控制。特别InGaAs光阴极的研究，运用了当前表面科学最先进的手段，如透射光谱学、荧光光谱学、显微—喇曼（Micro-Roman）光谱学以及扫描俄歇（Auger）能谱学，进行表面分析。研制工作的进展依靠着先进的技术分析手段以及理论与实验的指引，从而摸索出Al、In含量与光谱响应向蓝延伸或红延伸的规律，这确实值得我们思考与学习。

（5）近红外光阴极的另一个重要的动向是利用多碱光阴极，使光谱响应向红延伸并形成实际器件，这已成为现实。这一动向使从事多碱光阴极研究工作的人员得到启发与鼓舞。

（6）作者认为，Litton/Garland公司所提出的蓝延伸与红延伸光阴极，其技术途径、分析方法与手段有重大参考价值，值得从事夜视像增强器的研究技术人员参考与重视。

致　谢

作者感谢美国Litton/Garland公司的T. P. Estrera博士所提供的技术资

料及有益的讨论。对中国北方工业总公司给予这一研究报告的支持表示衷心感谢。

参考文献

[1] O. F. Farsakoglu, D. K. Zengin and H. Kocabas. Determination of Some Main Parameters for Quantum Values of AlGaAs/GaAs Transmission-mode Photocathodes in Near Infrared Region [J]. *Opt. Eng.*, 1993, 32 (5): 1105 – 1113.

[2] Y. Z. Liu, J. L. Moll and W. E. Spicer. Quantum Yield of GaAs Semitransparent Photocathode [J]. *Appl. Phys. Lett.*, 1970, 17: 60 – 62.

[3] G. Vergara, L. J. Gomez, J. Capmany and M. T. Momtojo. Adsorption Kinetics of Cesium and Oxygen on GaAs (100): A Model for the Activation Layer of GaAs Photocathodes [J]. *Surface Sci.*, 1992, 278: 131 – 145.

[4] G. A. Allen. The Performance of Negative Electron Affinity Photocathodes [J]. *J. Phys. D: Appl. Phys.*, 1971, 4: 308 – 317.

[5] M. D. Struge. Optical Absorption of Gallium Arsenide Between 0. 6 and 2. 75eV [J]. *Phys. Rev.*, 1962, 127: 768 – 773.

[6] H. C. Casey, Jr., D. D. Sell and K. W. Wecht. Concentration Dependence of the Absorption Coefficent for n – and p – Type GaAs Between 1. 3 and 1. 6eV [J]. *J. Appl. Phys.*, 1975, 46: 250 – 257.

[7] D. E. Aspnes, S. M. Kelso, R. A. Logan and R. Bhat. Optical Properties of $A1_x Ga_{1-x}As$ [J]. *J. Appl. Phys*, 1986, 60 (2): 754 – 767.

[8] T. W. Sinor, J. P. Estrera, D. L. Phillips and M. K. Reetor. Extended Blue GaAs Image Intensifiers [J]. *Proc. SPIE*, 1995, 2551: 130 – 134.

[9] P. E. Geogory, J. S. Esther, S. B. Hyder, Y. M. Houng and G. A. Antypas. Field-assisted Minority Carrier Electron Transport Across a p-InGaAs/p-InP Heterojunction [J]. *J. Vac. Sci. Technol.*, 1978 15 (4): 1483 – 1487.

[10] K. A. Costello. V. W. Aebi and H. F. MacMillan. Imaging GaAs Vacuum Photodiode with 40% Quantum Efficiency at 530nm [J]. *Proc. SPIE*, 1990. 1243: 99 – 106.

[11] J. S. Esther, R. L. Bell, P. E. Gagory, S. B. Hyder, T. J. Maloney and G. A. Antypas. Field-assisted Semiconductor Photoemitters for 1 – 2 Micron Range [J]. *IEEE Transactions on Electon Devices*, 1980, ED – 27 (7): 1244 – 1250.

[12] J. S. Escher, P. E. Gegory, S. B. Hyder, R. R. Saxena and R. L. Bell. Photoelectronic Imaging in the 0. 9 – 1. 6 Micron Range [J]. *IEEE Electron Devices Letters*, 1981, EDL – 2 (5): 123 – 125.

[13] K. A. Costello, G. A. Davis, R. Weiss and V. W. Aebi. Transfered Electron Photo-

cathode with Greater than 5% Quantum Efficiency Beyond 1 Micron [J]. *Proc. SPIE*, 1991, 1449: 40 - 50.

[14] J. P. Estrera, P. D. Stevens, R. Glosser, W. M. Duncan, H. Y. Liu and E. A. Beam Ⅲ Phonon Mode Study of Near-lattice-matched $In_x Ge_{1-x}$ As Using Micro-Raman Spectroscopy [J]. *Appl. Phys. Lett.*, 1992, 61 (16): 1927 - 1929.

[15] J. P. Estrera, T. W. Sinor, K. T. Passmore and M. K. Rector. Development of Extended red (1.0 - 1.3 μm) Image Intensifiers [J]. *Proc. SPIE*, 1995, 2551: 135 - 144.

[16] 范耀良．进一步增大主动红外夜视仪视距的途径［J］．光学技术，1996 (1): 39 - 42.

藏绿斋札记

心驰科普

第五篇

光电子成像

光电子成像：回顾与展望*

展望是必要的，但技术的发展比想象的还要快得多。

摘要：本文回顾半个世纪以来光电子成像（包括微光成像和热成像）的进展。在微光成像技术方面，叙述了一代、二代和三代像增强技术、真空和固体微光摄像技术、光子成像计数技术的现状和发展；在热成像技术方面，叙述了致冷型一代、二代和三代热成像技术和非致冷型阵列热成像的现状和发展。文中对新世纪的微光四代像增强技术、新型微光摄像技术和热成像技术的发展作了展望。

引　言

“光电子成像”（Photoelectronic Imaging）是以光子、光电子作为信息载体，研究图像转换、增强、接收、传输、处理、显示及存储等物理过程的一门综合性学科。它的发展历史，如果自1934年G. Holst等人发明了第一个红外变像管算起，已有60余年了。60余年来，光电子成像取得了惊人的发展，显示出极为辉煌的前景。

推动光电子成像的发展缘起于对黑暗的征服。透过烟雾水汽，在极微弱光线下不借助照明来观察景物，或利用景物本身的热辐射来获得图像信息，这二者构成了夜视领域中极为重要的微光成像技术和热成像技术。在现代和未来的战场上在夜战中占优势已成为技术先进国家军方的一项政策，更推动着微光成像技术和热成像技术迅猛地向前发展。

众所周知，人眼是一个非常灵敏而且紧凑的图像探测器，但它有一系列固有的物理限制。通常，人眼的限制可以分为两大类型：一类是眼睛作为成像仪器的限制，即受地点（此地）、时间（此时）和细节察觉能力的限制；另一类是眼睛作为辐射探测器受限于可见光的限制，即受灵敏度和波长

* 本文发表于北京理工大学学报，2002，22（1）：1－12。

的限制。微光成像和红外热成像的目的是采用光电子的方法来克服或缓和上述的限制。对于前者，可利用电视、图像存储和图像处理的方法以补救人眼在空间、时间和细节察觉能力上的局限；对于后者，可利用图像增强和图像转换技术来弥补人眼在灵敏度和响应波长上的不足。这样，人眼所见到的利用光电子方法所构成的图像或信息包含了肉眼所难以觉察或不能觉察的图像信息。因此，微光成像和红外热成像开拓了人眼的视觉，特别是克服了人眼在极低照度下以及有限光谱响应下的限制。光电子成像一方面利用直视像增强技术、微光电视摄像技术、光子成像计数技术使微弱照度下的目标成为可见；另一方面利用热成像技术通过大气窗红外波段使热目标成为可见。

光电子成像技术始于20世纪30年代。1934年在德国，第一个红外变像管问世。它利用光子—电子转换原理，使银氧铯光阴极接受红外辐射，由光子转换为电子，再通过荧光屏，使电子转换为光子，得到人眼能察觉的图像；它在第二次世界大战和朝鲜战争中得到应用。但是，由于需要使用红外探照灯“主动”照明目标，有易暴露自身目标的缺点。人们自然想到从两个方向发展：一是利用夜天自然微光的反射辐射，研究被动微光成像技术，使微弱照度下的目标成为可见；二是利用红外波段3~5微米和8~14微米两个大气窗口，即场景中物体本身的热辐射，研究被动红外热成像技术使热目标成为可见。当然，在20世纪四五十年代，具体的技术途径是并不清楚的。

1. 微光成像技术[1, 2, 3]

微光成像技术的内容主要有直视像增强技术、微光电视摄像技术、光子成像计数技术等。

在直视像增强技术领域，20世纪50年代末期，对可见光敏感的高灵敏度的多碱光阴极以及传输图像的纤维光学面板的出现，再加上同心球电子光学系统，60年代初诞生了第一代三级光纤面板耦合的级联微光像增强器（称为一代管）。可是，第一代像增强器具有太重太笨的缺点，人们经过多年的摸索，研制成功了使电子倍增的微通道板（MCP），使三级光纤面板耦合级联的第一代微光像增强器降为一个带有MCP的单级管，这就是第二代微光像增强器（称为二代管）。与此同时，又出现了一种新型的负电子亲和势（NEA）GaAs光阴极，它的光谱响应和灵敏度较多碱光阴极有大幅度改进和提高。当用它取代第二代微光像增强器的三碱光阴极时，

20 世纪 80 年代初研制成功了第三代微光像增强器（称为三代管），使夜视下应用的视距提高约 50%。但是，二代管并不示弱，终于在传统的多碱光阴极的灵敏度上有大突破，再加上改进管子结构和 MCP 性能，从而出现了高灵敏度、高性能的二代管，被称为超二代微光像增强器（称为超二代管或二代半管），其费效比好，且使用效果与标准的三代管接近。90 年代初，三代管的负电子亲和势光阴极又有新的进展，出现了向蓝延伸和向红延伸的 NEA 光阴极，分别被称为蓝加强 NEA 光阴极和红加强 NEA 光阴极；其灵敏度和光谱响应又有大幅度的提高和改善。为了进一步解决在极低照度下的应用，以二代薄片管或三代管作为前级，以单级一代管为第二级，级联成混合型像管（或称为杂交管），这一方案充分运用各自的优点，使信噪比能寻求最佳折中。同样，若采用选通的方案（选通管），将使器件的动态范围进一步扩大。此外，除选通外，再加上偏转扫描电极，则可获得高速摄影变像管（分幅管、条纹管）。

20 世纪 90 年代中期，新一代像增强器和增强三代替和所谓“四代管”相继出现，远远超过早期标准三代管的性能，无论是光阴极的灵敏度、亮度增益、鉴别率上，有巨大的改进，管子的寿命远远高于现有的二代管，且星光下“四代管”成像性能比标准三代管高一倍，下表列出了直视像增强器的进展。

直视像增强器的进展

直视像增强器	光阴极灵敏度（μA/lm）	S/N（在 10^{-4}lx 下）	鉴别率（lp/mm）
零代	220		25
I 代	250 ~ 350		25 ~ 30
II 代	225 ~ 350	14	30 ~ 32
II^{+} 代	450 ~ 600	16 ~ 18	36
超 II 代	500 ~ 700	21	40 ~ 45
高性能超二代	700 ~ 800	22	60 ~ 64
Omni Ⅰ – Ⅱ标准三代管	800 ~ 1 000	14.5	28 ~ 36
Omni Ⅲ　高性能三代管	1 200	18	45
Omni Ⅳ超三代管	1 800	21	64
（建议）四代管	3 000	30	91

在微光摄像——真空微光摄像和固体微光摄像领域，真空摄像器件如硅增强靶摄像管（SIT）和分流直像管（Isocon）与电荷耦合器件（CCD）之争更为激烈。即使就成像 CCD 而言，还有像增强 CCD（ICCD）、背照明 CCD（BCCD）和电子轰击 CCD（EBCCD）之争。尽管从目前看来，微光真空摄像器件处于较为困难的境地，一旦新的靶面出现，将会有新的突破，胜负尚未可预期。但无论如何，器件的固体化或真空与固体结合是大势所趋的方向。

用于天文和空间探测的成像光子计数探测系统的出现是天文电子相机的必然逻辑发展，也是像增强技术与自扫描列阵等多种技术结合的进一步发展。自 30 年代拉耳芒（Lallemand）相机利用电子照相像管与核乳胶底片结合获取星空图像以来，虽经多次改进，但均没有实时显示和接着的图像分析的能力。近二十年来，CCD 列阵、硅二极管列阵以及各种电子探测读出系统的出现彻底地改变了原先天文电子相机的工作方式。在光子成像计数系统中，通常 MCP 有二块堆积（Chevron 结构）、三块堆积（Z 形结构）与弯曲通道（C 板）结构，使由光阴极逸出的电子在通道内多次倍增。MCP 探测电子读出系统也多种多样，典型的有位置灵敏器件（PSD）和多阳极微通道列阵（MAMA）。这些进展使天文星空探测迈进了一大步。

2. 热成像技术[5, 6, 7]

在被动红外领域，热成像技术，这原先是作为夜视系统的一个扩展领域而进行研究的，期望它能为图像转换提供一条新的途径。但它的发展大大地出乎人们的意外。热成像技术可分为致冷和非致冷两种类型。前者又有一代、二代、三代之分，后者为非致冷阵列热电探测器，称为第四代。第一代红外热成像系统主要由高性能多元 MCT 探测器（器件元数已高达 60 元、120 元和 180 元）和 Sprite 探测器（或称扫积型探测器），红外探测器（含致冷器），光机扫描器、信号处理电路和视频显示器所组成。红外探测器（含致冷器）有铟锑（InSb）和碲镉汞（MCT）器件。第二代红外热成像系统采用了位于光学系统的焦平面、具有 $n \times m$ 元且带有信号处理的面阵探测器，即红外焦平面探测器列阵。它被称为 TDI（时间延迟和积分）扫描式焦平面列阵，其列阵规模多在 50×4 到 $1\ 000 \times 32$ 元之间。第二代红外热成像系统要求其性能优于第一代通用组件所达到的水平，即更高的响应度、更高的分辨率、更大的视场、尺寸小、重量轻、可靠性好、能耗小、自动化程度更高，且应用范围更扩大，以适应未来战争中夜视观察、搜索跟踪、导弹寻的、光电对抗、卫星侦察的要求。第三代是红外焦平面凝视式列阵，其列阵规模在 32×32、128×128、256×256、384×288、512×512 元之间。当然，列阵中元数越多，能获得视场景物的分辨率就越高。第四代的非致冷热成像技术多采用具有热释电效应的铁电体材料制作成单片式热释电探测器阵列，或者采用镶嵌方式将独立的热释电探测器与 CCD 耦合起来，构成混合式的热释电探测器阵列。目前已有使用 320×240 像敏元热释电探测器阵列的热成像系统上市。此外使用二氧化矾材料制作的微测热辐射计电阻桥阵列也能够实现非致冷情况下的红外热辐射探测成像。

当前，致冷与非致冷热成像的研究各有千秋，即使就致冷方式而言，也有多元光子探测器与扫积型探测器（Sprite）以及各自发展的通用组件之争，而红外焦平面列阵（FPA）是致冷型探测器向更高、更先进发展的体现，前景十分辉煌。尽管如此，非致冷探测器包括热释电探测器阵列以及微测热辐射计电阻桥列阵在红外热成像中仍占有一席之地。特别是多元列阵热电探测器的热像仪的性能已接近或达到致冷型第一代前视红外仪的水平，进展的态势也是十分喜人的。

3. 光电子成像：世纪前的进展[6, 7]

在微光成像技术领域，以 GaAs 光阴极为基础的三代微光技术发展异常迅速，短短十几年里，美国在 20 世纪 90 年代先后完成了 Omnibus Ⅰ、Ⅱ、Ⅲ、Ⅳ三代微光发展计划。他们研制开发了加强三代管及所谓“四代管”，其性能参数都较标准三代管有巨大的改进。就加强三代管而言，在星光下的成像性能亦比标准三代管高一倍（增加 100%），而且加强三代管的灵敏度、光增益以及分辨力等值均较标准三代管高一倍。

在超二代微光技术方面，20 世纪 90 年代的进展是，多碱阴极的积分灵敏度由 250～450 μA/lm 提高到 500～750 μA/lm，已相当于 OmnibusⅢ三代微光像管的性能。

微光第四代器件的探索和途径的争论一直没有停止。一种意见是现有三代工艺的改进，使其性能有大幅度的改进，达到所期望的水平；上述的美国 Omnibus Ⅰ、Ⅱ、Ⅲ、Ⅳ三代微光发展计划正是朝这一方向前进的。另一种意见是研究新型四代光阴极，使其光谱向近红外延伸，性能有大改进。这方面的工作有：一是 InGaAs/InP 传输电子近红外（0.9～1.06 μm）光阴极微光管，有人称其为“第四代像管”，其光阴极结构为 p－InP（衬底）/p－$In_{0.33}Ga_{0.47}As$（吸收层）/0－InP（发射层）/Ag（场助极）/Cs_2O（NEA）层，其特点是：近红外高灵敏度光阴极，在 1.06 μm 处有很高的辐射灵敏度（量子效率）。二是 PbSnTe/PbTe 复合列阵红外阴极微光管，它的原理结构与三代管类同，光阴极采用 PbSnTe/PbTe 红外敏感（8～14 μm）光阴极。该器件的光谱响应为 8～14 μm，已达到的水平是 D^*_{p-p}为 $2\times10^{10}\mathrm{cm}\cdot\mathrm{Hz}^{1/2}\cdot\mathrm{W}^{-1}$。

在微光摄像领域，20 世纪 90 年代末，一种新的成像器件互补金属——氧化物——半导体（Complementary Metal—Oxide—Semiconductor——CMOS）像敏器件在美国出现，它与传统的电荷耦合器件（CCD）相竞争。典型的 CMOS 器件，较 CCD 器件，把更多的功能，如像素列阵、计时逻辑、抽样电路、放大器、参考电压电源和 ADC 等集成联结在一起。尽管目前 CCD 器件较 CMOS 器件有更好的图像质量，但是，情况正在发生变化。在某一些场合，基于 CMOS 的最新的像敏器件与通用的 CCD 器件的微光性能相接近。此外，一种固体成像变换器件（Solid-state Image Converter）正在俄罗斯研制中，其光谱响应可延伸到 1.7 μm。由于大多数杂光的来源来自可见和近红外的光谱（$\lambda<0.9$ μm），故工作波长在 1.5 μm 或 1.7 μm 夜天光的光照将高达两个数量级，且有极好的抗杂光性能。因此，微光器件的光谱响应向红外波段延伸是必然的趋势。

在热成像领域，除上述 InSb、HgCdTe、PtSi 等探测器材料外，量子阱红外探测器是当前热成像领域研究的一个热点。量子阱红外探测器材料有 GaAs/$A1_xGa_{1-x}As$、InAs/GaAs、HgTe/CdTe 等。该探测器的优点是低功率、高灵敏度、均匀性好、适用于大面积、1/f 噪声小、可集成多色红外探测器等。缺点是响应的谱带窄，量子效率低，暗电流明显而且需要制冷，需要外加偏置电压。

4. 未来的展望

光电子成像技术作为一门分支学科，随着科学技术的发展、国防战备和经济建设的需要，在不断发展之中。新的概念、新的思想、新的工艺和新的技术的出现，推动着光电子成像器件和技术日新月异地发展。新世纪的光电子成像技术发展总趋势为向着高增益、高分辨率、低噪声、宽光谱响应、大动态范围、小型化、固体化方向前进。在21世纪初，各种光电子成像元器件在性能上将有很大的提高。在微光技术领域，将会有灵敏度高达4 000 μA/lm以上而光谱响应向1.5 μm以上波长扩展的NEA光阴极；具有方形通道、弯曲通道与长寿命的微通道板；新型的电子倍增器（特别是用硅材料）与高性能的靶面；高密度和高位置灵敏度的MCP读出系统；等等。预期微光新一代器件的水平将达到响应波长延伸到1.5 μm，鉴别率大于64 lp/mm，辐射灵敏度在1 μm处大于100 mA/W，信噪比大于64，等效背景照度为（3～5）$\times 10^{-10}$ W/cm^2。所有这一切将使图强增强，低照度摄像和光子成像计数探测等技术跃上一个新的台阶。

在热成像领域，将会出现更高密度的CMT面阵；红外焦平面列阵探测器将导致新一代热像仪集成化（器件焦平面化）、灵巧化、智能化、小型化和多色化。而低成本、轻重量、低功耗的非致冷型红外热像仪的发展，一方面在手持热像仪领地冲击致冷型红外热成像技术；另一方面，它将进入微光夜视解决小于一公里视距的传统阵地，使微光与红外之争也趋表面化。对于非制冷探测器，提高其工作温度，简化探测器封装结构，使其在系统中应用，已成为红外和热成像技术发展的一个热点。还应该指出，随着微电子技术与光电子技术的进展，光电子成像器件的固体化、集成化以及固体与真空相结合已成为不可避免的趋势。借助固体物理学的成果，光电子成像技术将迅猛地向前发展。

参考文献

［1］周立伟．夜视像增强器（蓝光延伸与近红外延伸光阴极）的近期进展［J］．光学技术，1998（2）：18－27.

［2］周立伟，刘广荣，高稚允，王仲春．用于微光摄像的高灵敏度电子轰击电荷耦合器件［J］．中国工程科学，1999，1（3）：56－62.

［3］周立伟．微光成像技术的现状与进展［J］．工程科技论坛：新世纪光电子技术的展望．中国工程院信息与电子工程学部．1999（11）：17－27.

［4］向世明，倪国强．光电子成像器件原理［M］．北京：国防工业出版社，1999.

［5］Illes P. Csorba. Selected Papers on Image Tubes［M］. *SPIE Milestone Series*，Volume MS20，1990.

[6] N. F. Koshchavetsev, S. F. Fedotova. Present Status and Perspectives of Development of Night Vision Devices [J]. *SPIE*, 1998, 3819: 82-84.

[7] A. M. Filachev, A. I. Dirochka. International Conference on Photoelectronics and Night Vision Devices [M]. *SPIE*, 1998, 3819.

光电成像25年（1958—1983）*

科学与技术是时代的产物，科学家极有必要了解过去，方能认识现在，把握未来。

引　言

“光电成像（Photoelectronic Imaging）”系将入射电磁辐射进行转换和增强以取得可供观察、记录、传输以及存储的图像的技术和器件的泛称。

光电成像开拓了人眼的视觉，它一方面借助于图像的转换和增强以更有效地利用可见光或不可见光的电磁辐射来克服眼睛作为辐射探测器的局限；另一方面借助于电视摄像并通过传输、存储以及图像处理等手段来克服眼睛在时间、空间以及特征辨识上的局限。这类器件均含有一个转换或增强入射辐射的光电发射体（或探测器），其工作波段由X射线、紫外、可见光直到红外，并可设计在不同条件下工作，如强光或极低微光，瞬时超高速摄影或长时间积累等。

光电成像的发展，如果我们以Fransworth的第一个光电析像管（1931年）、Zworykin的第一个超光电摄像管（1933年）、Holst的第一个变像管（1934年）算起，已经有半个世纪的历史了。但是，在1958年以前，光电子学（Photoelectronics）以及光电成像的研究只是由于商业广播电视的兴趣以及对战争中军用夜视的兴趣而在极少的几个实验室内由极个别人来进行。光电成像这门学科蒙上了一层神秘的面纱，商业上的竞争以及作为军用的神秘使它处于这样一种境地，即几乎所有有关的信息都是秘密或者来自专利。但是，即使是发表的专利在叙述上也是极隐晦的。例如，美国Zworykin和Rambery在一项制造光阴极的专利上说“当管子烘烤后，蒸锑，蒸到前几次试验得到的最满意的结果”。这里所谓“前几次试验”

* 本文作于1983年5月，为纪念光电成像学科建立25年（1958—1983），作者：周立伟、邹异松，周立伟执笔。本文原系油印讲演稿，未列出参考文献，也未正式发表过。

便是实验室工作人员的经验与传统的一部分，旁人是不得而知的。因此，这种专利对于技巧熟练的能手也许有些用处；对于新手，则是难以登堂入室的。此外，交流也极少，尽管也出版了几本书，但除了 Eckart 的书涉及变像管技术较为详细一点外，其余大都是隔靴搔痒，解决不了实际问题。

20 世纪 50 年代初期，在技术发达的国家中，一些有远见的科学家和企业家意识到这个新兴领域的前景。这里特别要指出英国伦敦帝国理工学院的 J. D. McGee 教授，他在 1954—1955 年起就带了一批人（例如 Wilcock，Mandel，McMullan 等）研究光电子学，到了 1958 年就取得了不少进展。那时他感到自己的实验室足够强，可以向同行开放，便倡议召开并主持了第一届光电成像器件会议。

J. D. McGee 教授的倡议得到了热烈响应。1958 年 9 月 3 日首届光电成像器件会议在英国帝国理工学院召开时，几乎世界上所有的大实验室和大公司的代表都参加了，颇出乎召集人的意料。在当时，会议的召开主要受到天文学家的推动。W. A. Baum 在开幕词中说“六十年前，摄影术使天文学进行了一次彻底的‘革命’，我们期待着电子照相像管将带来第二次‘革命’……”因为，摄影底片是效率极低的探测器，其量子效率仅为 10^{-3}。而光阴极的峰值量子效率可大于 10^{-1}，故带有像增强器的 10 英寸[①]望远镜便可取代 100 英寸的望远镜。我们知道，超大口径（100 英寸）望远镜的制作是相当困难而价格昂贵的。

这是从天文学家的角度而言。从夜视观察来说，人们已不能满足主动红外成像技术，希望发展微光像增强技术，核科学家希望发展超高速摄影技术，放射学家希望发展 X 射线影像增强技术……从此以后，作为图像探测和辐射探测的光电成像技术在现代天文学、X 射线学、夜视电子学、高速摄影与光子学以及科学研究等领域得到了日新月异的发展。

极为凑巧的是，1958 年 10 月，在美国 Ft. Belvior 也召开了第一届像增强器会议。因此，光电成像作为一门新兴的学科引起人们普遍的重视是在 1958 年，而 1958 年便被人们认为是近代光电成像真正开始发展的标志。

本文试就光电成像发展 25 年（1958—1983）的进展做一评述。由于阅读的文献不全，疏漏之处在所难免，敬请同志们指正。

---

① 1 英寸 =2.54 厘米。

一、光电成像发展年表

首先，回顾一下自 Hertz 发现光电发射现象以来近一百年来光电成像的发展历程，也许会对我们认识今天的状况有所启发（见下表）。

光电成像的发展历程

年份	光电成像器件及有关技术	发明人或研究部门	国家
1887	发现光电发射现象	Hertz	德
1897	制成第一只电子束管——布朗管	Braun	美
1905	光电效应理论	Einstein	美
1926	磁聚焦电子光学成像	Busch	德
1929	第一只电视显像管	Zworykin	美
1930	红外灵敏光电阴极	Koller	美
1931	光电析像管	Fransworth	美
1933	超光电像管（Iconoscope）	Zworykin	美
1934	红外变像管	Holst	德
1936	锑光电阴极	Gorlish	德
1936	拉尔芒电子照相像管	Lallemand	法
1938	移像光电摄像管、像增强管	Von Ardenne	德
1946	静电聚焦变像管	Morton 等	美
1946	超正析像管（Image Orthicon）	Rose 等（RCA）	美
1950	光导摄像管（Vidicon）	Weimer 等（RCA）	美
1955	多碱光阴极（S－20）	Sommer	美
1958	纤维光学	Kapany	美
1958	云母片电子照相像管（Spectracon）	McGee	英
1958	串联静电聚焦像管	Stoudenhermer	美
1958	微微秒级变像管	Eymcicb	苏
1962	微通道电子倍增	Goodrich	美
1963	夜视电子学	Schagen	英
1964	二次电子导电摄像管（SEC）	Geets（西屋）	美
1965	级联像增强器（第一代）	陆军夜视实验室	美
1965	负电子亲和势（NEA）GaAs 光阴极	Van Laar，Sheer	荷
1965	热释电摄像管	Handi	法
1967	硅靶光导摄像管	Bell 实验室	美
1970	电荷耦合器件（CCD）	Boyle，Smith	美

续表

年份	光电成像器件及有关技术	发明人或研究部门	国家
1970	硅靶储存管	Westinghouse 公司	美
1970	硒化镉光导摄像管（Chalnicon）	Westinghouse 公司 NHK 公司	美、日
1970	返束光导摄像管（RBV）	RCA 公司	美
1970	硅增强靶摄像管（SIT）	RCA 公司	美
1972	微通道板像增强器（第二代）	Mullard 实验室	英
		LEP 实验室	法
		RCA 公司	美
1973	采用 NEA 硅冷阴极硅靶光导摄像管	Cope 等	美
1974	NEA 的 GaAs 冷阴极硅靶光导摄像管	EEV 公司	英
1974	Se – As – Te 靶光导摄像管（Saticon）	NHK 公司	日
1974	采用硫酸三甘肽的热释电摄像管	PRE 公司	英
1974	弯曲微通道像增强器	LEP 实验室	法
1975	电子轰击电荷耦合器件（EBS – CCD）	Texas 公司	美
1975	增强电荷耦合器件（ICCD）	Texas 公司	美
1977	近贴 X 射线图像增强器	Wang. S. P	美
1977	增强电荷注入器件（ICID）	E. E 公司	美
1979	用于高速光瞬变现象研究的 CCD – 条纹管	RCA 公司	美
1979	微光电视用电荷注入器件（CID）	ITT 公司	美
1979	第三代薄片管	ITT 公司	美

下面就近 25 年来光电成像器件及其有关技术的研究与应用的新进展作一简要评述。其中包括一代、二代、三代像增强技术；电视摄像器件；电荷耦合器件（CCD）用于摄像、电子照相像管技术以及光阴极和荧光屏等。对于光电成像技术的综合情况，周立伟于 1979 年发表的两篇报告《夜视技术的现状与发展动向》[载《云光技术》NO. 6（1979）第 19 页]和《像增强器与聚焦系统的进展》做了介绍；此外，有关光电成像的原理与技术已在北京工业学院 441 教研室编写的《夜视器件电子光学》《真空成像器件》《固体成像器件》《夜视技术》等教材中作了详细叙述，故这里仅概述近 25 年来光电成像的主要进展。

二、像增强技术的进展

如果我们回顾1958年以来的状况，所谓光电成像器件仅仅是电子束器件的一个分支。它通常指的是在强光下应用的电视摄像器件（超正析像管、硫化锑光导摄像管）以及在主动红外辐射下的红外变像管。尽管人们努力设法使这些器件应用于低照度下成像以扩展人眼的视觉灵敏阈，但除了它们为今后器件的研制提供经验外，几乎看不到有什么应用前景。

大家知道，像增强器的基本功能就是把探测灵敏阈扩展到人眼的灵敏阈值以外。当然，同时也可获得光谱响应的延伸。因此，对于低照度应用来说，要达到良好的效果，一个像增强器应该满足以下要求：

1）光谱响应范围足够宽，其光敏面具有高的量子效率及低的暗发射；

2）总增益足够高；

3）良好的调制传递特性；

4）高的信噪比。

此外，对于某些应用场合则要求小型化、重量轻及低功耗等。

自20世纪50年代开始，人们已意识到当时的单级像管不能提供在星光条件下识别目标所需的增益，为此，便着力探索获得高增益的途径。在半导体技术取得进展的基础上开拓了新型光敏面及显示屏的研究工作。而为了提高像管的像质，电子光学系统的理论及设计也成为一个重要的研究领域。概括一下，自1958年以来像增强器技术的发展进程可以从下面几个方面工作来说明：

1）多级电子倍增技术的研究；

2）单级电子倍增器件的研究；

3）提高像增强器元件（如光阴极与荧光屏）性能以及电子光学系统的研究；

4）探索新的光电发射体（如负电子亲和势光阴极）的研究。

现就上述几方面的工作作一综述。

1. 多级电子倍增技术的研究

20世纪50年代的单级像管，由于受光阴极灵敏度的限制以及显示屏的分辨率的限制，且不能极大地提高加速电压，故总增益无法满足微光成像的要求。即使采用高量子效率的新光阴极也无济于事。这一事实自然导致多级电子倍增或级联倍增的方案。1958—1965年，相继出现了三种方案。

（1）三级串联（夹心倍增屏）静电聚焦像增强器。

1958 年 RCA 公司的三级串联静电聚焦像管是应用夹心倍增屏来实现多级像管的耦合。夹心屏是一个薄透明支撑体（云母片），其一面制成光阴极，另一面制成荧光屏，并在屏的铝层上再蒸以黑铝。荧光体产生的输出光穿过云母片激发下一级的光阴极。当级间加速电压为 12 ~ 15 千伏时，单级的兰光增益为 50 ~ 100，三级的增益为 10^5 ~ 10^6。

静电聚焦三级串联像增强器由于云母片无法弯成曲面，故边缘像质很差。EMI 公司在 80 年代制作的三级像增强器的中心分辨率为 50 lp/mm，而直径 30 mm 之内为 40 lp/mm，那是非常不错的。

制备和使用这种像增强器的问题是，制作工艺复杂，成品率低，因为任何一级的损坏都将使整管报废。

（2）透射二次电子发射靶（TSE）。

在极薄的氧化铝支撑膜上制成高二次发射体的氧化钾层（其间有一导电的铝膜构成电极）作为透射二次电子发射靶。氧化钾层厚度的选择应以吸收入射电子的能量并能使二次电子从另一面发射。在这种类型的五级 TSE 靶的管中，利用大约 38 千伏的总加速电压，可获得 3 000 ~ 5 000 的总电子增益值。极限分辨率为 25 ~ 30 lp/mm。

应当指出，这种 TSE 像增强器有几个非常严重的缺点：TSE 靶的探测效率较低，约有 40% 的初级电子不产生二次电子；噪声因子增大；信号感生背景严重。上述的三项原因导致信噪比下降，而且，TSE 靶难以制作。此外，由于二次电子发射初能量及初角度的分散较大，致使管子的色像差较为严重。

（3）三级级联式像增强器（第一代像增强器）。

上述两种多级组合的方案在实用上均不理想，特别是 TSE 靶方案，不久就被淘汰了。1965 年美国在越南战场上使用的夜视仪就采用了第一代纤维光学耦合的三级级联像增强器。实际上，1952 年 Schagen 的两电极同心球系统，1955 年 Sommer 的多碱光阴极与 1957 年 Kapany 的纤维光学，为第一代像增强器的诞生已奠定了基础。这里，纤维光学面板是一个极为关键的元件，它能使管子可以单个地制作，并能使光由这一级传到下一级。此外，光阴极和荧光屏都制成凹球面形状。一方面它较好地满足同心球电子光学系统设计的要求；另一方面使每个像元上的光都被限制在单根纤维束内传输，使耦合时光散射造成的分辨率损失大大减小，虽经三级的耦合，仍能给出清晰的图像。以 XX1063 ϕ25/25 mm 级联像增强器为例，放大率 $M=0.85$，分辨率 28 lp/mm，亮度增益 5×10^4，等效背景照度 2×10^{-7}lx。

从多级组合的角度来看，级联像增强器是一项简单而且经济的技术，从功能上实现了微光夜视观察。它为各国科学家、企业家和军方所接受，并被命名为“第一代”。

“第一代”对于我国搞光电成像的科技人员已经是很熟悉了。18 年来，在性能、像质（分辨率与畸变）、闪光保护与自动增益控制以及工艺上有不少改进，这里不再一一列举了。

2. 单级电子倍增器件的研究

探索单级电子倍增技术的工作实际上在 1962 年以前就开始了。当时，人们讨论过各种通道电子倍增的方案，促进了微通道板电子倍增器的诞生与发展。这个要求是美国军方针对第一代三级级联像增强器提出来的，希望夜视观察仪器体积小、重量轻、像质好。军方的要求是严格和苛刻的，但促进了科学技术的发展。1965 年美国在研制成功第一代像增强器后，便将研制重点放在微通道板（MCP）与第二代像增强器上，其目的是缩小体积、减轻重量、提高性能、增加观察距离。1970—1972 年，美英等国相继试制成功第二代像增强器。

第二代夜视产品最主要的成就是使用微通道板作为二维列阵的电子倍增器。当光电子进入通道后，由于二次电子发射多次倍增，使电子急剧增多，在输出端可获得 $10^3\sim10^6$ 的电子增益。目前微通道板的典型数据是：通道直径 10～12 μm，间距 15 μm，长径比 50，厚度 0.6～1 mm，加 1 000 伏电压，增益为 10^4。

这种单级电子倍增器用于第二代产品有两种方案：一是薄片管，它是双近贴聚焦的结构，即光阴极—MCP—荧光屏之间的额电子聚焦都是近贴式。鉴于希望输出的是倒像，故输出端为图像倒 180°的扭像器。二是倒像管，即静电聚焦（光电阴极—MCP 输入端）加近贴聚焦（MCP 输出端——屏）的结构。从性能上来说，倒像管要好一些，但薄片管更轻、更小。

微通道板（MCP）近几年来有不少改进，例如将通道直径减小到 8 μm，间距 10 μm；扩大开口面积比，并在开口处制成漏斗形状，输入端孔壁涂上氧化镁以降低噪声因子；输入端面上敷以 Al_2O_3 薄层以抑制离子反馈；此外，还开展了弯曲通道的研究工作。

与第一代级联像增强相比较，第二代微通道板像增强器无论是在电子学、光学，还是总体结构上都更为先进。从总体结构上解决了第一代产品大而长的问题，其纵向长度为一代管的1/3，使仪器结构更为紧凑。此外，还解决了在暗背景下难以观察瞄准线的问题，瞄准精度提高到0.25毫弧度，图像畸变大大减小，工作电压低，并具有自动亮度控制与防强闪光的功能，它在1/4月光下能提供可识别的图像。目前在星光下，由于附加噪声较大，故作用距离还比不上第一代，但重量、体积和价格都优于第一代。

在探索MCP作为单级电子倍增器件的同时，人们期待着比MCP性能更良好的器件。Martinelli以及Howorth等人自1970年开始相继研究透射式硅二次电子倍增器（硅TSEM），它是用2~4 μm的P型硅片，一面经过清洁处理，另一面用Cs、O处理，降低表面位垒到最小。按照Howorth的研究，当硅片厚度为4~5 μm，初始电子的能量为22 KeV时，其TSEM增益为1 300，再乘以单管增益50，总增益为65 000，这对于夜间观察已足够了。

当前存在的问题是需要大面积硅片，且工作时需要冷却，暗电流大。但Howorth认为，当TSEM工作在比最佳状态的薄片厚度更薄时，分辨率甚至更高。同时，由于电子倍增的数值很大，暗电流的影响是微不足道的。目前，在实用上取代MCP尚有一定距离。

3. 像增强器元件——荧光屏与光阴极的改进

首先谈荧光屏。大家知道，像增强器的发展要求荧光屏具有高性能的转换效率、良好的MTF。显然，荧光屏的质量与制屏工艺是关键性因素。因此，除了改进荧光粉外，主要致力于制屏工艺改进和创新，同时对各种衬底的性能与荧光粉及制屏工艺之间的关系也进行了研究。

这些年来，在制屏工艺方法上进行了不少探索，如沉淀法、曝光法、电泳法、离心法，直到目前的涂刷法。最后这一种方法大大提高了屏的分辨率与MTF。

但是就整管而言，长期以来，荧光屏的MTF一直是影响整管MTF的主要因素，1971年J. R. Piedment首次提出了效果惊人的凹陷纤维光学荧光屏。诚如H. K. Pollehn在1974年一篇AD报告中指出的那样："实验证明了腐蚀去掉光学纤维的芯，并把荧光质沉淀到小孔内的可能性。这样的一种荧光屏，将具有与光学纤维面板衬底相同的MTF。"由此所得的结果是，凹陷荧光屏的MTF对像管总的MTF几乎没有什么限制，而过去以为并不影响总 MTF 特性的电子光学系统的 MTF 却变成了主要限制。因此，凹陷荧光屏解决了像增强技术发展道路上的一个重大而关键的问题。

光阴极上也有不少进展。即使以最古老的 S－1 红外光阴极而言，西安光机所侯洵研究员在英国帝国理工学院进修期间研制成功一种由钯－银氧铯层组成半透明光阴极，它的表面电阻率很低，10～50 Ω/cm^2，其响应延伸到 1.5 μm，且在 1～1.4 μm 波长范围内比 S－1 光谱响应高，其积分灵敏度达 30 μA/lm。此外，还有一种被称为新银氧铯的光阴极，它的工作原理是利用光子激发银金属表面的等离子激元，并用 Cs、O 处理表面，其光谱响应长达 1.26 μm。在 λ＝0.95 μm 处，灵敏度比 S－1 光阴极大 40 倍。由此可见，即使是 S－1 阴极，尚有发展的潜力。

多碱光阴极自 Sommer 发现 S－20 以来，各国科学家竞相研究，于是出现了 S－20ER、S－20VR、S－25、新 S－25 等性能更高的光阴极。1980 年法国 LEP 实验室制出了灵敏度为 705 μA/1m 的多碱光阴极，其厚度为 1 200 A，管子的阳极至光阴极的距离为 50 mm（说明没有依靠场发射），远比美国陆军夜视与电光学实验室的新 S－25（500 μA/1m）的水平还要高，特别在 750～820 nm 的波段比新 S－25 要高，且向近红外波段延伸。

在英美各大公司，多碱光阴极的制作采用电子计算机程序控制。此外，基础研究的工作也在进行着，如降低电子亲和势和增大晶粒的研究、光阴极表面特性的研究等。北京大学无线电电子学系吴全德教授于 1980 年参观法国 LEP 实验室时，就见到他们有以下装置研究光电阴极，足见 LEP 对改进多碱光阴极的重视。

1）现场 X 光衍射分析装置，可监视光阴极结晶成分的变化，只需 4 分钟便可画出衍射曲线；

2）利用分子束制作多碱光阴极的设备；

3）用原子吸收光谱研究 K、Na、Cs 蒸气与光阴极表面相互作用关系的装置；

4）研究光阴极用的俄歇（Auger）电子能谱仪；

5）用光反射率监控阴极层的研究装置。

在光阴极制备过程中自动测量光反射率和透射率，它们在正常光条件下是波长的函数，也是光阴极厚度的函数，于是可实现对阴极厚度的连续测量，从而实现了阴极层生长速度的自动控制。法国 LEP 实验室就是用此装置制出了 705 μA/lm 的多碱光阴极。

4. 负电子亲和势（NEA）光阴极与第三代像增强器

负电子亲和势Ⅲ－Ⅴ族光阴极的诞生，是自1955年Sommer发现多碱光电阴极以来在光电发射体方面最重大的进展。1965年荷兰的Van Laar和Sheer制出了第一个GaAs负电子亲和势光电发射体。它们是在GaAs晶体表面进行Cs、O处理，使其真空能级位于导带底之下，它的出现立即引起了广泛的重视。

Ⅲ－Ⅴ族光阴极的发现并不是偶然的，早在20世纪50年代，人们便开始用半导体理论来解释光电发射的物理过程，即光子的被吸收过程和电子的激发、输送和逸出过程。按照这一理论，一般S系列的光阴极的真空能级在导带底之上，电子亲和势为正，电子必须克服势垒才能逸出，而Ⅲ－Ⅴ族光阴极和硅光阴极，其真空能级在导带底之下，电子亲和势为负，被光激发到导带的电子到达表面后，没有克服这种势垒的问题，将能有更多的电子逸出。这就是负电子亲和势（NEA）光阴极的由来。

众所周知，多碱光阴极的发现多少带有偶然的性质。长期以来，其制作主要靠“手艺”（西方称之为艺术）与“经验”。而NEA光阴极是在理论指导下的产物，并且可对光谱响应事先进行设计。鉴于NEA光阴极的灵敏度比多碱光阴极要高得多，故被认为是夜视像增强器的第三代技术。

NEA光阴极出世不久，1970年就遇到了强有力的挑战者——电荷耦合器件（CCD），鉴于NEA光阴极的制作需要集成电路技术。半导体生长，小面积尚且困难，大面积可想而知了，技术难度很大。此外，自1965年至1975年，在玻璃基底上制备透射式NEA光阴极并未取得实质性突破，离夜视应用尚有很大一段距离。无怪乎那时国外就有人声称“第三代NEA器件与第四代CCD器件相比较，是起跑线上的失败者”。这本来是CCD器件研制者或企业家的一种宣传手法，却引起了国内外不少人对发展NEA途径的担忧，和缺乏信心。

自Van Laar和Sheer首次报道“GaAs－Cs一种新型的光电发射体”以来，至今已发展了数十种NEA Ⅲ－Ⅴ族光阴极，二元如GaAs、InP，三元如GaAsP、InAsP以及四元如GaInPAs等。反射式的灵敏度早已达到2 000 μA/1m以上，很快就被应用到光电倍增管以及其他器件上。

但是，对于夜视像增强器，人们一直期望于透射式Ⅲ－Ⅴ族NEA光阴极。1975年英国皇家讯号与雷达设备公司（RSRE）研究在GaP衬底上制备 GaAs 光阴极，同时美国 RCA 公司制出了 C33105 型近贴式像管，也是用 GaP 作衬底（400 μm），中间层用 $GaAs_{0.6}P_{0.4}$（10 ~ 12 μm），然后是 GaAs 发射层（1 ~ 2 μm），最后用 Cs、O 激活，它的响应波段为 0.56 ~ 0.9 μm。以后，美国陆军夜视实验室（1973 年）和英国 Holeman 等人（1976 年）相继试制以 GaP 为衬底的 GaAs 光阴极成功，其灵敏度为 300 ~ 400 μA/1m。

在玻璃衬底上制备透射式 GaAs 阴极的工作早在 1975 年就开始进行了。1976 年 ITT 公司的 Antapas、RSRE 公司的 Goodway 分别研制玻璃衬底透射式 GaAs NEA 阴极成功。其工艺步骤可归纳为：在 GaAs 基底上液相外延（AlGa）As，接着外延生长 GaAs 发射层，$Al_{0.92}Ga_{0.08}As$ 层（Antapas 1978）或 $Al_{0.65}Ga_{0.35}As$ 层（Goodway 1978），然后蒸 SiO_2 抗反射层，再用热压法与 7056 Corning 玻璃封接，粘接好后用 95% 的 H_2O_2 和 5% 的 NH_4OH 混合液溶解最初的 GaAs 基底，接着用 HF 溶液溶解（Al · Ga）As 层，于是便得到如下结构的 NEA 透射式光电阴极：

光——7056 玻璃（输入窗）——SiO_2（抗反射层或称钝化层）——$Al_{0.92}Ga_{0.08}As$（过渡层 0.8 μm）或 $Al_{0.65}Ga_{0.35}As$（过渡层 4 μm）——GaAs（发射层 2 μm）——CsO（处理层）——光电子。

这种光阴极的工作波长为 0.4 ~ 0.9 μm，在 0.55 ~ 0.8 μm 范围内量子效率达 15%，逸出几率为 33%，积分灵敏度为 900 μA/lm。

1970 年美国陆军夜视实验室与 ITT 公司共同研制第三代双近贴聚焦 GaAs 光阴极像增强器（即第三代薄片管），它就是采用了上述玻璃—Al Ga As—GaAs 的结构。在玻璃和光阴极之间用 Si_3N_4 防反射层，玻璃和空气之间用 Mg_2F 防反射层，微通道板上涂上 Al_2O_3，采用双铟封技术，极限分辨率为 30 lp/mm。同年，英国 Philips 实验室和法国 LEP 实验室也相继试制成功。

最近几年来，国外的 NEA Ⅲ - Ⅴ 族光阴极的工作是十分活跃的，例如 1.06 μm Ⅲ - Ⅴ 族光阴极，工作在 1 ~ 2 μm 波段的探测器（NEA 光阴极）……显示了极为宽广的前景。

下面总结一下 NEA Ⅲ - Ⅴ 族光阴极的优点：

（1）灵敏度高。

对于透射式 GaAs 光阴极，1979 年为 900 μA/lm，现在已高达 1 400 μA/lm。1980 年 *Vacuum* 杂志报道，若控制最佳厚度、电子扩散长度、表面复合速度和逸出概率，灵敏度可达 1 900 μA/lm。在近贴聚焦像增强器中，场增强效应降低了光阴极的功函数，预计场增强可使逸出概率达到0.9。NEA Ⅲ – Ⅴ 族光电阴极的灵敏度有人从理论上估计的上限为 3 000 μA/lm。实际上，由于输入光被光纤元件损耗，第三代器件最高灵敏度约为2 000 μA/lm。

（2）光谱响应宽。

这是S系列光阴极所不能及的。近年来设计了各种长波阈的NEA Ⅲ – Ⅴ 族光阴极，在1.06 μm处，量子效率可达9%、10%，甚至20%，有的场助多元 NEA Ⅲ – Ⅴ 族光阴极长波阈已延伸到1.65 μm，甚至到2.1 μm。由于光谱响应向夜空照度最强的光谱区延伸，使光阴极获得的讯号增大了数倍，故大大改善了信噪比值。

（3）暗电流，约在 10^{-16} A/cm^2的数量级。

（4）光电子的初始能量分散小。

NEA Ⅲ – Ⅴ 族光阴极发射的横向电子能量散布明显低于 S – 25 光电阴极。已测得 GaAs 光电阴极的横向电子能量低至 6×10^{-3} eV（实际在计算中常取0.1 eV，有的取统计值0.043 eV），且角分布集中在阴极面的法线方向。而S – 25 光阴极取0.3 eV，角分布一般假定为朗伯分布。

据报道，第三代像增强器的极限鉴别率现达35 ~ 40 lp/mm（这是偏低的数字）。如果MCP的通道间距降为10 μm，纤维丝径降为6 μm，则有可能使鉴别率上升到50 lp/mm。

由此可见，第三代像增强器将能提供更高的灵敏度、更高的鉴别率、更低的噪声与更长的寿命。上述这些特点的综合，第三代微光夜视仪的视距可增加到二代微光夜视仪的两倍。

负电子亲和势硅光阴极的途径自1974年以来一直在探索着，Marfinelli（1974年）的专利中是对硅晶体衬底，在真空中，以600 eV离子轰击能量及10 $\mu A/cm^2$的电流密度的氩离子溅射约30分钟。将清洗过的表面暴露在 10^{-5}的真空碳质气体如乙烷 C_2H_6中15小时，然后在850℃退火2分钟，最后在碳化表面进行Cs、O处理，直到光电发射达到峰值。这种负电子亲和势硅光阴极对于1.1 ~ 1.6 μm波长有响应。在近红外区，其量子效率显著地大于S – 1 光阴极。

英国EEV公司于1978年已研制出灵敏度为950 μA/lm，辐射灵敏度在0.75 μm处为100 mA/W的硅光阴极像管。不幸的是，这种管子有较高的暗发射（5×10^{-11} A/cm^{2}），以致在常温下不能应用。总的来说，NEA硅光阴极不如Ⅲ－Ⅴ族光阴极的进展来得大。

这里顺便谈一下用第三代像增强器制成的单像管夜视眼镜。1979年，美国陆军夜视与电光学实验室与Bell、Honewell等公司合作发展AN/PVS－7型单像管夜视眼镜，这种眼镜使用了一个三代像管（VLIA－240型），采用注塑成型的塑料元件光学元件。光路中用一块分场镜对分视场，以解决双目观察问题。其视场为20°×40°，在星光下（10^{-3} lx）极限分辨率27 lp/mm，重675克，寿命2 000小时。同年，美国休斯敦航空公司推出全息单像管眼镜（简称HOT）与AN/PVS－7竞争，其特点是目镜采用两块全息光学元件或衍射光学元件，应用光的衍射成像原理成像，所用塑料元件全部采用注塑成型，视场为40°×30°（水平方向重叠24°），分辨率25 lp/mm，重540克，能装在标准头盔或防毒面具上，无须进行特殊调节。

三、电子照相像管的进展

处理电子图像的另一种方法是直接将它记录在底版或乳胶上，电子图像的直接记录称为电子照相，与此相应的器件称为电子照相像管，它主要用于天文观察上。这种管子相当于一般像管中荧光屏被核乳胶所代替。如果电子以加速电压15～40千伏的能量轰击照相乳胶，那么这种记录技术会是有效的，就有可能记录电子图像中几乎每一个电子。在天文学应用上，用高分辨率底版的电子照相机能得到极佳的结果。其分辨率接近100 lp/mm，且比直接照相方法速度快50倍，有更好的鉴别率和更高的存储容量。

不幸的是，电子照相机有一个技术问题迄今尚未完全解决。处于高空中的乳胶放出的气体（例如水汽）将会在短时间内破坏光阴极，法国Lallemand（1936）制出了第一台Lallemand电子照相机，它采用冷却底片以及吸气剂的方法，使在一段时间（如24小时内）内光阴极还是灵敏的，可拍出八张底片，然后重新清洗，烘烤，再制备光阴极。这类相机以后经Dunchune和Kron等人的改进。但Lallemend相机是很复杂的，以致当时有人怀疑能否用于天文学上。但电子照相吸引人的优点无可比拟，如可以进行单个光电子的记录，具有高鉴别率、大的存储容量和高的动态范围。关键问题是如何延长其寿命。

另一方案是由J. D. McGee教授提出的，以后经D. McMullan等人改进，它是在输出端以云母窗隔离。电子穿过云母窗在底版上记录，由于云母窗的一侧处于高真空下，另一端将要受到大气的压力。因此，开始时云母窗是一个狭窄的长条。目前，已发展到 ϕ40 mm、ϕ80 mm 和 ϕ100 mm 大直径云母窗。自然，这需要在电子照相机中考虑到云母片两端压力的平衡。

电子照相像管在天文学上的应用取得了不少可惜的成果。今后发展趋向是：改进原有光阴极，采用负电子亲和势光阴极，使向红外波段延伸；加大视场，获取更多的信息；采用超导磁体，以提高分辨率。

四、电视摄像器件的进展

电视摄像器件乃是指通过电子束对靶面扫描把空间光学图像转换为一定制式随时间变化的视频信号的器件。随着被摄景物照度的不同，作为真空型的电视摄像器件，通常在两种场合下工作：

（1）照度在 200 lx 以上，如广播与工业电视；

（2）照度在 10 lx 以下的微光电视。

自 20 世纪 30 年代初期，Zworykin 和 Fransworth 研究光电析像管型摄像管以来，电视摄像器件的发展已有半个世纪的历史了。

1946 年 RCA 公司研制成功超正析像管（Image Orthicon），但管子的灵敏度与增益都很低。1950 年，光导型摄像管（Vidicon）问世了，由于它没有增益机构，在弱光照条件下工作很差。但是，60 年代以来，摄像器件发展十分迅速，促使发展的直接原因是广播电视的竞争与微光电视的迫切要求。此外，像增强技术的进展也使得电视摄像器件在性能上有很大的飞跃。

下面就微光电视摄像管与广播和工业用的电视摄像管两个方面谈谈近年来的进展。

（1）微光摄像器件

当前发展的微光电视摄像管，主要有：

1）增强的光导摄像管，即像增强器与光导摄像管直接耦合，记为 IV、I^2V、I^3V 等；

2）带微通道板的像增强器与光导摄像管直接耦合，记为 MCPV；

3）二次电子电导摄像管及其增强，即 SEC、ISEC；

4）硅靶增强电视摄像管及其增强，即 SIT、ISIT；

5）分流直像管及其增强，即 Isocon（IS）、IIS。

就最高分辨率和灵敏度而言，SIT 和 Isocon 较其余的摄像管有明显的优点，其增强级均可在极低微光（10^{-3} lx）下工作，但 Isocon 结构复杂，成本高。SEC 管虽因用于“阿波罗”登月飞行的月球摄像机而出名，但靶脆且抗烧性能差，适合于在中等微光下工作。

这里应该特别提一下 SIT 管。SIT 管乃是一系列硅的大规模集成工艺发展到高峰的结果，它结构简单、灵敏度与分辨率高、光谱响应宽、低滞后、能抗烧毁，理论上可在光电子噪声极限条件下工作。但前几年的 SIT 管抗晕光性能差，光动态范围较窄。目前国外已制出低晕光靶，当靶面照度提高 100 倍时，光点直径将扩大 6%，改善了过荷开花的现象。

在广播与工艺电视方面，Philips 公司的氧化铅摄像管（Plumbicon）是佼佼者，由于它具有线性传递性、高灵敏度、低惰性、高分辨率、低暗电流、抗烧伤等一系列优良性能，特别适用于彩色电视。目前已发展到将 PbO 光电子层厚度由 15～20 μm 减小到 10 μm，分辨率可大于 1 000 电视行，故长期占据领先地位。

为了与 Philips 公司抗衡，日本与美国大力发展异质结靶摄像管，特别是日本，例如有 Saticon 摄像管（Se－As－Te）、Newvicon 摄像管（ZnSe－ZnTe－CdTe）和 Chalnicon 摄像管（$CdSe-CdSeO_3-As_2S_3$）。Newvicon 的灵敏度和分辨率均高，但惰性比 Plumbicon 大。Chalnicon 自 1971 年问世以来，由紫外到红外，发展了 40～50 个品种，其中 IR－Chalnicon 可用于微光，而 $CdSe-As_2Se_3$（SPS）结构的靶为低惰性靶，三场后惰性为 5%（50 nA 信号电流，18 mm 管子）。最有前途的看来是 Saticon，其 2/3 吋 Saticon（DIS）管达 1 600 电视行，日本 NHK 公司准备用它取代 PbO 管（Plumbicon）。

（2）热摄电摄像管（PEV）

PEV 是对红外辐射灵敏的摄像管，它是利用由于吸收红外辐射而引起靶材料温度升高来产生视频信号。由于这种管子的靶面不需致冷，能与普通电视兼容，故应用范围逐步扩大。目前商品水平已达到：在 200 电视行下，最小可分辨温差（MRTD）为 0.5℃。

通常热释电靶用 TGS（硫酸三甘肽）作材料，但其居里温度偏低。目前的改进趋向为：

1）改用氘化氟铍酸三甘肽（DTGFB）和氘化硫酸三甘肽（DTGS）。

这样提高了居里温度，减小了介电常数与热传导系数，可使温度分辨率提高；

2）采用网格化的靶结构，减少热传导多引起的像质恶化；

3）用图像信号处理技术校正热扩散，提高分辨率。

1978 年英国 EEV 公司采用前两种改进，使达到在 300 电视行下温度分辨率为 0.2℃。此外，日本还研究 PVF_2 膜来代替 TGS 靶。

总的来说，真空型电视摄像器件发展是很迅速的。但是，它还面临 CCD 器件强有力的挑战。目前的发展趋势是：

1）高像质化，即高分辨率、高灵敏度、低惰性、抗强光、高响应……发展。这需要改进原靶面，发展新靶面，改进电子束系统，如采用大发射电流密度阴极，二极管枪与层流枪等。

2）小型化、轻质化，使用方便，例如向 2/3 吋、1/2 吋发展。

3）低功耗、长寿命。

4）价格低廉。

五、电荷耦合器件（CCD）用于光电摄像的进展

在发展真空成像器件的同时，人们一直期待着固体成像器件的进展。20 世纪 50 年代初，研究固体成像器件有两个方向，即非扫描器件（例如固体像增强器）和扫描器件。但是，直到目前为止，非扫描器件如固体像增强器至今成效不大，它在 50 年代活跃一阵，60 年代初期便销声匿迹了，而扫描器件则有很大的进展。

1970 年，美国贝尔实验室的 Boyle 和 Smith 宣布制成一种新型半导体器件——电荷耦合器件（CCD）。它是在 P 型或 n 型硅单晶衬底上生成一层厚度约为 1 200Å 的二氧化硅（SiO_2）上按一定次序沉积金属电极—形成金属—氧化物—半导体结构，再加上输入端和输出端，形成 CCD 的重要部分。其工作原理是在金属顺序施加时钟脉动电压，便在 $Si-SiO_2$ 界面处形成贮存少数载流子的势阱，通过电学或光学方法向半导体内注入少数载流子，然后把代表电信号或光信号的少数载流子引入势阱。再通过对钟脉冲电压有规律的变化，使注入的少数载流子在 CCD 内作定向传输。从 CCD 的一端传到另一端。然后通过反向偏置的 P—N 结，输出到前置放大器，而后对输出信号加以放大和处理。

CCD 器件及其概念的出现，如一阵狂风，推动了全世界大多数制造电

子器件的公司和实验室大家都投入了大量的人力和物力。大约不到三个月，美国几家公司，如 Fairchild、RCA、Westinghouse 等相继都拿出了商品 CCD 器件，形成研制 CCD 器件高潮，迄今未见有衰退的趋势。

CCD 器件是一种固体自扫描器件，它具有自扫描的功能，无须电子束扫描，这是摄像器件发展上的一个重大突破。

CCD 作为像敏器被人们称为第四代夜视器件，它具有体积小、重量轻、功耗低、寿命长、无畸变、惰性小、动态范围大、灵敏度高、对红外敏感和可靠性高等优点。而且在低电压下工作，前置放大器可以做在芯片上，因而适合于小型微光电视摄像机。它问世以后，国外一些夜视专家给予高度的评价。如飞利浦研究实验室真空物理部主任前几年曾断言："看来，像增强器必定向固体器件（指 CCD）发展。"美国陆军方面推测"微光仪器的灵敏度不久将提高 10 倍，将来甚至提高到 100 倍，如想达到这个目的，必然要采用 CCD 器件"。

用 CCD 作像敏器进行微光摄像，目前主要有两种工作方式：

（1）直视 CCD（CCID）

直视 CCD（CCID），即直接用光子激发方式。尽管硅的光谱响应与夜间自然光谱分布比较吻合，而且量子产额也比较高，但是在夜间极微弱的光照下，每个信号电荷包可能只有几十个电子，要探测到这样低的信号，器件的噪声必须很低。通常在室温下 CCID 的暗电流大（5×10^{-9} A/cm^2），故它需要高性能 CCD（埋沟 CCD），并冷却到 −20℃ ~ −40℃，将暗电流降低 100 ~ 1 000 倍；此外，还需要专门的低噪声弱信号提取技术。这两项技术目前均已突破。

已经研制各种线阵 CCID（CCLID），例如 Fairchild 公司研制成功的高速、高灵敏度、增大蓝色响应和低暗电流的第三代 CCLID、CCD143（1 × 2 048），其转移效率为 0.999 9，动态范围为 5 000∶1，最大输出数据速度为 20 兆，芯片上装有时钟驱动电路。

面阵 CCID（CCAID）：美英苏日等国均已研制出高水平 CCAID，并在市场上销售 CCD—TV 摄像机。但它们均在室温下工作，灵敏度不太高，暗电流较大。要在微光条件下工作，通常需要加以冷却。美国 Texas 公司 1978 年已研制成功埋沟、背面受光、减薄型 800 × 800 CCAID，它在 0.4 ~ 1.1 μm 光谱区内有良好的响应，灵敏度比硫化锑光学摄像管高 200 倍，它以冷却、慢扫描方式工作，可在星际空间进行摄像。

（2）增强型 CCD（I^2CCD 与 EBCCD）

由于微光摄像的要求苛刻，普遍的 CCID 难以满足。即使是 Texas 的 800×800 CCAID，在星光条件下（10^{-3} lux），在普通电视扫描速度工作时，也不能产生清晰的图像。为此，需要在 CCD 加前置级（如耦合像增强器）或用电子轰击方式工作，可使器件灵敏度提高 3～4 个数量级。

美国不少大公司在前几年均已制出级联像增强器与 CCD 耦合或 MCP 像增强器与 CCD 耦合的小型微光 CCD—TV 摄像机。举例来说，美国陆军夜视实验室等研制的 I^2CCD，其级联像增强器第一级为 GaAs 光阴极薄片管（灵敏度 900 μA/lm，光谱响应 6 000～9 000A，分辨率 36 lp/mm），通过 ϕ18/ϕ14 缩像器与 S－20 倒像管连接。级联像增强器亮度增益为 13 500。当对比度 100% 时，在 10^{-4} lx 下可得清晰图像；当对比度 20% 时，仍能在 10^{-3}～10^{-4} lx 下工作。

EBCCD 实际上是在像管内以 CCD 像敏器代替荧光屏，它可以是倒像方式、近贴方式或磁聚焦方式工作，要使 CCD 适用于电子轰击方式工作，需要解决两个问题：一是要将芯片背面减薄；二是制作管子时须不损坏 CCD。

美国陆军夜视电光学实验室已研制出高性能的倒像式 EBCCD，并将它与 ISIT 摄像管相比较。当在 100% 对比度时，在 10^{-5} lx 照度下 ISIT 的高分辨率比倒像式 EBCCD 稍高一些，但是在 20% 对比度下，也是更有代表性的实际景物对比度时，则倒像式 EBCCD 比 ISIT 要好得多。由此可见，EBCCD 的小型 TV 摄像机将是 ISIT 摄像机强有力的挑战者。无怪乎一些人称它为未来小型微光电视摄像机的方向。

结束语

本文综述了几种有代表性的光电成像器件的发展概况。实际上自然远不止这些，例如 X 射线影像增强器、高速摄影变像管、图像存储及处理器件等均属于光电成像领域，这里都没有给予论述。

概略地谈谈 80 年代光电成像器件的发展与趋向还是可能的。我们预计 80 年代将会有：

1）各种高分辨率、高增益、低噪声、宽光谱响应、小型化的第二、三代像增强器；

2）各种高像质、高灵敏度、大动态范围、低噪声、小型化的电视摄像器件；

3）各种非可见光摄像器件（如超声、微波、红外、紫外、X 射线、γ 射线）；

4）各种高密度的 CCD 器件，如 2 000 × 2 000 面阵 CCD；

5）各种固体与电真空器件相结合的摄像器件（EBCCD、ICCD、CCAID）；

6）各种大于 1 μm 波长的探测器（用于夜视）；

7）各种新的光电发射体［如目前出现 TE（电子转移）光电发射体与场助 NEA 光阴极］与新的电子倍增器（如硅 TSEM 或其他）；

8）进一步利用 Ⅲ－Ⅴ 族和“硅”材料与工艺、半导体技术、超大规模集成电路技术到光电成像领域上来。

但是，现在要我们估计未来 25 年光电成像将会怎么样发展，将有什么样的具体进展是十分困难的。当我们在 50 年代末期开始从事光电成像工作时，有谁能想到微光在 25 年内会接连出现了三代器件，有如此惊人的巨大变化呢？今天，当回顾过去 25 年光电成像发展历程时，我们深深感动，这确实是飞速发展、极不平凡的 25 年。展望光电成像未来的 25 年，我们内心充满着信心和希望。

尽管我们不能预言未来新的一代器件（例如第五代或第六代器件）究竟是什么，但是我们是否能从这 25 年光电发展的历程看看我们可以借鉴什么，应该注意些什么，为目前的研制，为未来的新的一代器件，为我们未来一代的新人做些铺路搭桥的工作。自然，目前看来主要是跟上步伐。但总有一天，中国人将有能力自己开创新的一代光电成像器件。

25 年光电成像的发展历程给予我们一些什么启发呢？有什么可借鉴之处呢？我们认为：

1）光电成像器件的发展史表明，近 25 年主要抓了三件事：一是光电发射体的研究；二是电子倍增器件（二次电子发射体）的研究；三是电荷耦合器件（CCD）的研究。由此，S 系列正电子亲和势光阴极——NEA Ⅲ－Ⅴ 族和硅光阴极，而透射式 NEA GaAs 光阴极仅是开始；多级电子倍增——单级电子倍增，光纤元件——微通道电子倍增器件（MCP），而 MCP 绝不是单级电子倍增的顶峰；非扫描固体像增强器——自扫描 CCD 器件，而 CCD 发展很快，前景光明。我们可以看出，发展既有渐进的，又有跳跃的，重要的是，要有新的思想、新的原理和新的概念，它与先进的技术结合，才有崭新一代的器件。

2）促进光电成像器件迅速发展的前提是实践的需要。尽管这些年来，天文学、高速摄影与光子学、X 射线放射性与核科学对光电成像的促进很大，但谁也比不上国防上的需要（军用夜视）对它的促进。微光一至三代正是适应夜视的需要而发展起来的，而且要求迫切、严格，甚至到了苛刻的地步。唯其严格，才发展更快。因此各国科学工作者，不遗余力地探索与占领有希望的领域（如将波长扩展到 1 μm 以上），想方设法应用近代科学技术的发展成果（例如大规模集成电路技术），这是光电成像技术发展史上的一个重要特点。

3）任何一代器件都是在掌握了一系列关键技术之后才能研制成功的，它是近代科学技术发展的产物。多级像增强的思想在 20 世纪 30 年代中期就有了，但当时技术不成熟，条件不具备。以第三代器件为例，它利用了一代和二代的成果，如微通道板制作技术、荧光屏技术、近贴—封接—铟封技术等。其他关键技术还有超高真空技术、半导体外延生长技术、GaAs 基底与玻璃封接技术、器件在真空中传递铟封以及 CsO 处理等技术；此外，还需要表面监测与分析设备，如 Auger 电子能谱仪、低能电子衍射仪（LEED）等。而第四代器件的发展与大规模和超大规模集成电路技术密切相关。美国光电成像技术发展之所以迅速是以近半世纪来先进的固体电子学和电子器件的技术作为后盾的，并不是偶然的。

4）一个新型的光电成像器件的诞生，在国外大都是经过十年的周期，经过二三轮循环才成熟的，1972 年开始发展的第二代像增强器即是一个明显的例子。不遗余力完善大量工艺过程，改进和提高现有产品的质量；重视预研技术储备，形成广泛的研究能力；加强基础研究工作，重视对基础工作科研设备的投资；研究所、高校与生产厂家的专业协作；认真推广标准化、机械化、自动化并有统一的信息系统；重视利用固体电子学的先进成果，才有今天光电成像方兴未艾、生生不已、欣欣向荣的局面。

我国的光电成像技术实际也是从 1958 年开始的。尽管我们的技术基础薄弱，但在国防科工委（原国防工办与国防科委）与国家科委领导下，在上级有关部门（特别是兵器工业部与电子工业部）的组织下，在科技人员共同努力下，我国的光电成像事业取得了不小的成绩，进展也是巨大的，也是经历了不平凡的25年。毋庸讳言，我们与技术发达的国家相比较，在这方面尚有差距。但是，我们有较完善的电子工业体系与兵器工业体系的支持，有相当的设备与生产能力，又有一大批从事光电成像的科技人员，潜力是巨大的。我们坚信，未来的25年，中国将会对光电成像做出自己应有的贡献。

俄罗斯微光与红外热成像技术述评*

微光与红外是现代武器的眼睛。

前　言

微光与红外技术作为一项高精尖新技术广泛应用于军民领域，特别是国防建设，世界上技术先进的国家都投入了大量的人力、物力和财力进行开发和研究。俄罗斯在这一领域的研究是很有远见的。早在1946年，便建立了极为保密的国防科技研究所，其代号为N801。N801研究所开始以夜视起家，后来发展到研究微光夜视和热成像以及精确制导中的红外技术。60余年来，俄罗斯政府和军方十分重视微光和红外热成像技术的发展，在人力、物力和财力上给予大量的投入和支持。苏联解体后，俄罗斯的科学研究虽有一个短暂时间的停顿，但很快就恢复了军工科研，除成立国家科学研究中心外，还涌现了一批新兴的微光和红外热成像研制单位。

本文以俄罗斯联邦国家研究中心“ORION”（简称奥里昂）科研开发生产联合体为主[1]介绍与评述俄罗斯在微光和红外热成像技术领域的成就、曲折与辉煌。知己知彼，百战百胜。战争如此，科学技术的竞争也如此。希望本文能对我国高科技决策人员以及从事微光夜视和热成像研究与开发人员有所借鉴和参考。

一、“ORION”科研开发生产联合体简介

“ORION”科研开发生产联合体（图1）是俄罗斯联邦国家研究中心，位于莫斯科。“ORION”的前身就是鼎鼎大名的N801研究所，它成立于1946年。第二次世界大战结束，冷战开始，苏联为了国家的生存，也为了与美国争夺世界霸权，由当时的苏联科学院院长瓦维洛夫院士牵头，动员

* 本文作于2010年，是为国内夜视会议准备的报告，这次发表时做了修改和补充。

了国内最优秀的科技力量，建立了国防绝密的N801所，从事电子光学和红外技术的开发。到2006年，“ORION”经历了60余年的历程。在这60年间，“ORION”研究开发了一系列复杂的光电子器件、设备和系统。起先是电子光学变像管和像增强器、电子显微镜等；后来是高效率光源、激光器和最新的微光电器件等，主要用于国防建设。“ORION”研制了上百种的线阵和面阵光探测器，这些探测器基于各种不同的半导体材料，如硅、锗、碲镉汞（MCT）、InSb、Ⅲ－Ⅴ族、Ⅱ－Ⅵ族化合物等。作为一个专业红外研究所，“ORION”在高技术研究上积累了丰富的经验，在俄罗斯的夜视和红外技术领域占有十分重要的主导地位，它也是俄罗斯在光电/红外领域唯一的国家研究中心。在苏联、俄罗斯和独联体国家，大多数红外探测器的产品，是由“ORION”研制开发的。

“ORION”在国际上享有盛誉，由于在红外探测器的制作工艺上有很高的水平和技术，1996年荣获国际光学工程学会（SPIE）颁发的光学技术工艺领域杰出贡献奖。

下面简单介绍“ORION”的发展历史。

1946—1966年称为N801研究所，1966—1983年更名为应用物理研究所，1983年至今，定名为“ORION”科研开发生产联合体，1994年定位为俄罗斯联邦国家研究中心。苏联科学院院长瓦维洛夫（S. I. Vavilov）院士、列别捷夫（A. A. Lebedev）院士，诺贝尔奖获得者普罗霍洛夫（A. M. Prokhorov）、谢苗诺夫（N. N. Semyonov）院士都曾在N801所和应用物理研究所工作过。

1946年10月，当N801所成立时，苏联政府明令N801所以发展下列领域作为研究的主攻方向：

（1）电子光学、光电效应、发光学、半导体等，旨在研究高灵敏的变像管（将不可见变为可见光的器件）用于夜战；

（2）利用周围的环境光辐射和本征辐射研制夜视器件；

（3）生产民用和军用的电光学器件和电子显微镜。

当时，N801所在特殊装备（夜视）领域成立了8个研究实验室，电子显微镜领域成立了8个研究实验室。

1990年以后，由于苏联的解体，俄罗斯的科技一时处于困境。1991—1992年，原属于“ORION”的一些单位，如精密电子工程研究所、电子与离子光学研究所、莫斯科Alfa试验厂以及一些机构相继脱离“ORION”。

图1　俄罗斯联邦国家研究中心“ORION”
（奥里昂）科研开发生产联合体

1992年，夜视部分也脱离“ORION”，成立了“夜视工程特别设计局”(Special Design Bureau—Night Vision Engineering)。现今，“ORION”的主要任务是专攻红外及热成像技术。

自成立N801研究所以来，“ORION”在下列领域取得了成就：电子光学变像管、夜视、热成像、半导体红外探测器，激光工程、电子显微镜、电子束与等离子体物理、信号处理微电子学、制冷工程、半导体材料科学及半导体物理学。其中包括：

（1）单级和级联像增强器，其中包括静电、电磁、脉冲和X射线像增强器。基于上述器件研制生产了一、二、三代夜视装备。

（2）最早的光电导、光电二极管和光晶体管等器件，它们是基于Ge，Si，PbS，PbSe，CdSe，InAs，GaP，GaAs和GaAsP等材料，用于热和光的空导弹寻的器，以及下一代光电探测器，用于防空、反坦克和反火箭的导弹系统等。

（3）在研究HgCdTe（MCT）和InSb单晶技术和外延层生长的基础上，研究并开发了单元和多元光电导体和光电二极管，研究开发了用于热视系统的扫描和凝视焦平面（FPA）阵列的线阵和面阵探测器。

（4）激光器的创造性成果，包括电子束抽运激光器用于激光制导武器等。

（5）电子显微镜，电子束、离子束、等离子体技术。

“ORION”对各种探测器、红外光学材料及整机，从制冷技术到信号处理、控制、放大和读出电路，从短波、中波和长波红外一直到微光和紫外以及基础科学都有着广泛而深入的研究。“ORION”经常组织电子光学、红外技术、夜视技术的国际学术讨论会，到2006年，已经组织了19届夜视与光电子学的国际学术会议。

下面分别叙述俄罗斯（主要是“ORION”及其前身N801研究所与应用物理研究所）在微光夜视和红外热成像技术领域的研究成果和进展。

二、主动红外和被动微光夜视的进展[1]

N801研究所在建所初期，即20世纪40年代末期，主要研究夜间成像，使装备能用于夜战。50—60年代，主要研制主动型红外变像管（即所谓零代夜视）；有35个管型研制成功，28个用于军用，7个用于研究装备上。红外变像管在莫斯科电灯泡厂（632厂）进行规模化生产。主要是两种型号：C-1和C-2。后来是P-3，P-4，P-5和V-1，V-2。到1960年，632厂已生产出57 000只红外变像管。其中，P-3，P-4，P-5红外变像管技术于50年代后期转让给中国。

大家知道，红外变像管采用银氧铯（AgOCs）光阴极，这种光阴极波长延伸到1.2μm（红外波段），然而量子效率很低（$<1\%$），热发射高（$10^{-11} \sim 10^{-13}$ A/cm^2）。由于需要红外照明源主动照射目标，故称为主动夜视成像。除单级红外变像管外，N801研究所还研制了二级串联红外变像管，以提高亮度增益，但它依然需要红外照明源。到20世纪50年代末期，N801研究所已研制出三级串联红外变像管（以10 μm云母片作为夹心层）以及磁聚焦变像管。20世纪50年代时，苏联几乎所有的航海航空系统、机载热瞄具和机枪用观察镜大多装备了多级串联红外变像管。这类器件有时还需要制冷系统（弗里昂或热电制冷器）以降低它的热发射，才能使这种主动方式的红外系统有效地工作。很显然，这一类红外变像管的夜视仪器由于体积庞大、装置笨重，特别是需要红外照明源照射目标，从而阻碍了它们在现代战争中的应用。

20 世纪 60 年代，N801 所对夜视技术依然非常重视，进行了 195 项关于夜视器件的研究计划。其中 112 项研制变像管，45 项研制发光材料和荧光屏，14 项研究光阴极，24 项进行基础研究。

光阴极一直是研究的重点，最早是锑铯（SbCs）阴极。锑铯（SbCs）阴极的特点是量子效率高（20% ~30%），足够低的热发射（10^{-15} ~10^{-16} A/cm²），然而其波长在红波段及近红外波段几乎无响应，灵敏度不高，故极少用于夜视。

20 世纪 50 年代末，多碱光阴极（$Sb:Na_2KCs$）的出现使夜视器件的性能大大提高，尺寸缩短，重量减轻。多碱光阴极量子效率高（30% ~40%），热发射低（10^{-16} A/cm²），长波响应直到 0.8 μm。甚至在近红外波段 0.9 ~0.96 μm 也有响应，灵敏度高达 220 ~240 μa/lm。由此发展到微光夜视，以被动方式进行工作，不需要照明源照射目标，这是一个巨大的进步。

1957—1971 年，N801 所和后来的应用物理研究所在多碱光阴极上进行了 12 项研究计划。1968 年制作出 P -4MG 单级微光管后投入生产，不久也制作出了三级串联微光管。但是，俄方认为三级串联微光管并没有收到预期的效果。串联提高的增益看来并没有太大的好处，相反它带来闪烁噪声的增大以及图像对比度的降低。

1976 年，应用物理研究所研制出首个苏联金属—玻璃结构的像增强器，其输入窗和输出窗是平面光纤面板，以用于低照度夜视。后来，输入窗和输出窗改为球面光阴极和球面荧光屏。这类管子用一个定焦型的电子光学聚焦系统，尺寸紧凑，分辨率高。这便是第一代微光夜视的单级像增强管。1979 年，应用物理研究所研制出三级级联像增强器（即现在所谓第一代微光夜视像增强器，简称一代管）。这项技术大概落后于美国近 10 年。到 20 世纪 80 年代初，一代管由于尺寸庞大，加之三级级联耦合使分辨能力降低，阻碍了它在微光夜视中的广泛应用。

20 世纪 70 年代，光电成像在夜视技术上有一个巨大突破，即微通道板（MCP）的出现。1976 年，应用物理研究所制出了苏联首个 MCP 像增强器，即第二代微光像增强器（简称二代管）样品，小型高压电源也封装在管内。1977 年，他们制出了一种快门型像增强器，同样也把 Si 探测器做在 MCP 像增强器内。这一像增强器的输出端连接了 72 元 Si 阵列探测器，其响应时间为 1.5×10^{-7} s，阈值灵敏度为 10^{-16} J/bit。这一类像增强器被应用于计算机光学存储器件中。80 年代初，MCP 和光阴极的进展使有可能构造新一类夜视器件——超二代管。

但是，零代夜视（即红外变像管）并没有退出历史舞台，用红外变像管所装备的主动脉冲激光夜视的研制依然在继续。1980 年，俄罗斯的 1PN61 主动脉冲激光夜视观察镜开发并投入生产，这一类器件也可应用于白天。应用物理研究所成功地研究了脉冲激光器（包括非制冷半导体和电子束抽运激光器），并建成了生产线。80 年代中期，主动脉冲激光夜视仪的观察距离可达到 4km，这是一般夜视仪很难达到的。

下面谈俄罗斯三代像增强器的进展。早在 20 世纪 70 年代，应用物理研究所开始进行负电子亲和势（NEA）光阴极的研究。但由于缺乏高档的测试装置，特别是缺乏超高真空设备，阻碍了研究的进展。1982 年，国际光电展览会在法国举行。苏联国防工业代表团看到了正在展出的一个第三代像增强器（简称三代管）。代表团回国后，立刻要求应用物理研究所在 2 ~2. 5 年内做出类似的三代管。苏联国防工业部给了应用物理研究所一大笔钱，这笔钱用于制作多舱超高真空设备以生长 GaAlAs - GaAs - GaAlAs 异质结。利用这一设备，能去除中间基底，把异质结传递到玻璃基底上，并可进行半导体表面的激活，以及进行管子的热压等。在这个设备中，还装有一个操作系统，它可以在激活过程中控制表面的洁净和灵敏度。

瓦维洛夫（Vavilov）国立光学研究所对负电子亲和势光阴极进行了大量的研究，科学家们确定了制作阴极基底的玻璃最好的类型以防止在高温处理过程中光阴极性能的退化。1984 年，应用物理研究所制出了首个俄罗斯三代管，灵敏度达到 1450μA/lm，科学家们认为这是夜视领域的重大突破，立刻向苏联科学院主席团汇报，得到了高度的评价与赞扬。

1991—1992 年，夜视部分脱离了“ORION”，变为“夜视工程特别设计局”（Special Design Bureau—Night Vision Engineering），21 世纪初，俄罗斯的第三代像增强器已进入产业化阶段，科研进行第四代和第五代的研究。

俄罗斯人称 20 世纪 70 年代末期是俄罗斯夜视和红外工程的“金色时期”。1970—1983 年应用物理研究所在微光夜视领域的应用有：用 Shtorka 像增强器的被动夜视仪（1981），用 Kanal 像增强器的两种夜视仪（1982），用 Shtorka 像增强器的白昼和夜间被动夜视仪（1981），坦克指挥员稳定视场的白昼和夜间被动夜视仪（1979），用 Kanal 像增强器的夜视望远镜（1981），用二代像增强器的坦克驾驶仪（1978）以及远距离夜视坦克观察镜（1979）等。

由于夜视和热成像的测试和试验需要有试验场地和设施，1970—1973年在高尔基区史莫里诺（Smolino）村建造了2层楼2 000 m^2 的实验室，对着实验室大楼的森林开出500 m的林中空地以便进行各种试验。这些测试设施对应用物理研究所和其他研究机构帮助不少。

“ORION”自20世纪80年代末开始夜视头盔镜的研究。实际上，在50年代末，他们就提出研究大视场、近距离、轻重量的微光夜视镜的设想，期望用在头盔镜上。但是，直到70年代末，被动夜视由于没有高质量的像增强器，这个想法并没有实现。

由于超二代和三代像增强器的进展，“ORION”工程师们开始建构紧凑的被动夜视器件。1993年，利用超二代像增强器的单管双望夜视头盔镜制出了第一个样品。在此期间，为轻武器研制的首个俄罗斯激光瞄准镜问世，它是由夜视头盔镜和装在步枪或手枪上的550 g重的激光照射器所组成。激光照射器在目标上形成一个为狙击手通过夜视头盔镜看得见的光斑，以便狙击手进行观察、瞄准和射击，其观察距离为130 ~200 m。到90年代中期，型号为ORION -1、ORION -2、ORION -3的单管双望和双管双望夜视头盔镜系列问世。

应该指出，俄罗斯科学家一直在探索新的夜视手段，特别是探索固体探测器与真空成像器件的结合，应用于夜视上。

1970—1983年，应用物理研究所利用热像仪和脉冲激光照明的夜视装置领域进展有：用PbSe探测器的热图观察镜（3 ~5 μm，1978），用InSb探测器的热像坦克观察镜（3 ~5 μm，1978），激光测距与夜视结合的观察镜（1979），基于热成像的MCP探测器的坦克观察镜（8 ~ 14 μm，1982）等。

2002—2003年，“ORION”开始研制利用GaAs/InP的针状—光电二极管（pin -photodiode）阵列这类探测器，在某种程度上希望它是电子光学像增强器的一种替代。作出这一创意基于以下理由：

（1）针状—光电二极管具有几乎占有夜空中所有最强烈波段的响应；

（2）针状—光电二极管具有高的光生伏打转换效率（ >60%），比电光成像器高2倍；

（3）针状—光电二极管或许可以进行很大范围的探测（在0.8 ~

1.55 μm 波段的大气吸收比 0.5 ~0.9 μm 波段要低 1.5 ~2 倍）；

（4）针状—光电二极管并不需要高压电源，故比较可靠。针状—光电二极管这种类型的器件在激光照射指示器、宽带光学数据传输、红外光谱学、遥感等领域也获得应用。

2004 年，俄罗斯成功研制了 1 ×128 针状—光电二极管阵列的模块。这一器件用一异质结构 InGaAsP（第一个外延层）－InGaAs（第二个外延层）－InP（基底），用类似于 MCT 或 InSb 阵列的 In 微接触粘接到信号处理的芯片上。器件的光谱响应为 0.8 ~1.5 μm，其上连接着信号处理和开关 CMOS 芯片。

在夜视技术方面，开发第四代和第五代夜视器件是目前微光夜视领域的主要发展方向。俄罗斯科学院西伯利亚分院半导体物理研究所为第四代像增强器的工艺技术做了大量研究，为俄罗斯成功开发第四代夜视打下坚实的基础。该研究所与“脉冲星”科研生产企业详细制订了开发生产第四代夜视像增强器的技术准则。目前，这两个单位正集中力量开发带数字图像处理功能的第五代夜视器件。

三、红外热成像的进展[1][2]

“ORION”的热成像技术的研究是从 20 世纪 60—70 年代初开始的，其目标是探测物体在黑暗中或在充满烟雾的大气中的热辐射，并形成景物的图像。“ORION”开始用硒化铅（PbSe）、锢锑（InSb）探测器制出了 3 ~5 μm 的热像仪，虽然它在 1963 年就开发出来，但直到 1976 年才有红外相机和导弹制导系统的任务。1978 年，“ORION”制出了 14 元的热电冷却的硒化铅（PbSe），50 元的锢锑（InSb）探测器（用于坦克热图观察）。由此获得的经验和知识帮助工程技术人员开发 50 元的长波（8 ~14 μm）碲镉汞（MCT）探测器。

20 世纪下半叶，由于热成像技术的蓬勃发展，需要进一步完善红外光电探测器技术。先是开发光敏型半导体材料，其光谱波长为 1 ~3 μm、3 ~5 μm 和 8 ~12 μm，如硫化铅（PbS）、锢锑（InSb）、碲镉汞（MCT）等，也开发了单元光探测器并在此基础上研制了热成像器件等。20 世纪 60—70 年代，“ORION”研制了多元线列的光探测器，这些器件现在被称为第一代。80 年代开始，俄罗斯的红外工程进入了第二个金色时期。90 年代以来，“ORION”集中研制二代红外热成像系统的焦平面阵列（FPA）技术，作为他们的主要研究方向。

长波（8 ~ 12 μm）MCT 红外焦平面探测器代表性的产品有：4 × 16、4 ×48、32 × 32、2 × 96、4 × 128、2 × 256、4 × 288、6 × 480、128 × 128、384 ×288、512 ×512 和 768 ×576（元）。

中波（3 ~ 5 μm）InSb 红外焦平面探测器具有代表性的产品有：384 × 288 和 128 ×128（元）。

自 1995 年开始，“ORION” 利用标准的光电子部件发展热成像系统和夜视系统。其目的是研制新一代探测器——焦平面阵列探测器——在红外工程上的应用。“ORION” 开发的各种探测器组件正用于陆、海、空、天、民等各个领域。

下面较为详细地叙述“ORION” 在红外与热成像领域的进展。

（一）一代和二代红外探测器

第一代热成像是制冷型多元线阵，其元数为 10 ~ 200。其中，基于 InSb 和 MCT 研制的 128 元这一类阵列是在“ORION” 开发的，它应用于工业上。在某些航天热装置中，1 ~ 3 μm 波段 PbS 阵列组合的线元数达到 3 000。

自 1992 年起，研究新的探测器（96 元线阵，线元为 35 μm）用于“极致—88” 坦克热成像系统。1995 年制成“极致—88” 坦克热成像系统，2001 年进行了试验。2003 年，“极致—88” 探测器的光电子系统用于驾驶员的样机也进行了试验。

由于大口径非球面红外光学和高精度光机扫描器的发展，以及由于微型低温技术的进展，在线阵的基础上研制了大量的红外光电子系统，它们广泛应用于武器观察系统、反坦克导弹装置、机载防卫系统、坦克和直升机火控系统、地面、航空和海上的驾驶和导航系统以及其他系统中。

在美国红外热成像通用组件计划实现后，俄罗斯也实行了相应的计划，使第一代这一类系统得到大量应用。第一代线阵探测器已经起了重要的作用，目前在光电子系统生产和应用中，它们依然起着重要的作用。

图 2 中示出了热像仪技术发展的主要阶段，由第 0 代（前视红外）——第一代（通用组件计划）——一代半（英国的 TICM 计划，即 SPRITE 探测器和法国的 SMT 计划）——二代焦平面（SATA 计划——红外焦平面探测器为基础的第二代热像仪计划）——第三代热像仪计划。在材料方面，MCT（HgCdTe）占 65%，InSb 占 16%，热（Thermal）占

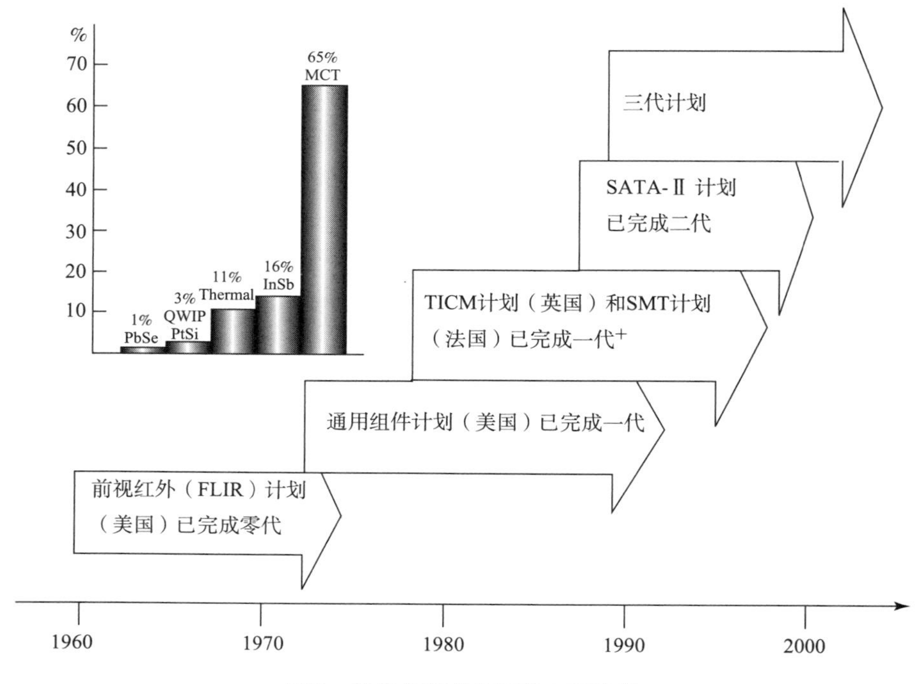

图 2　热像仪技术发展的主要阶段

11%，铂硅（PtSi）、量子阱（QWIP）占 3%，硒化铅（PbSe）占 1%。在民用红外光电子技术上也可以见到同样的发展趋势。

在 20 世纪 80 年代后期，针对热成像主要特性不断增长的要求，导致了新型光探测器焦平面（FPA）迅速的发展。波段为 3 ~ 5 μm、8 ~ 12 μm 新一代红外光探测器阵列的主要趋势是两个方向：

第一类：亚阵列，具有较第一代线阵更高的探测率值，D^* 超过一代 1.5 ~ 2 倍，但仍然采用光机扫描器件，开发第一类的目的是增加具有接近室温的目标的探测距离。

第二类：凝视焦平面（FPA）阵列，器件不需要光机扫描。凝视 FPA 阵列的开发主要是受到新型小尺寸红外光电子装置创新需要的驱动。因为扫描系统将会导致附加的复杂性（例如导弹寻的器）。光探测器阵列的所有像元工作在背景极限模式（BLIP）下唯一的途径是提高红外热像仪的探测率并使鉴别力不下降，这就要求增加该系统在焦平面上光探测器像元的数目（N）。

解决在光机扫描系统中的提高探测率的问题通常有两条技术途径：

（1）带有内部信号积分的光电导探测器（SPRITE），这是英国人 Elliot 发明的。

（2）具有时间延迟和积分（Time Delay Integration，TDI）的光探测器阵列，是在读出集成电路上执行的。

在第一条途径上，“ORION”于20世纪80年代后期开发和制作了4元和8元带有内部信号积分的探测器，其波段为8～12 μm和3～5 μm。带有内部信号积分的光电导探测器的像元是在n型MCT（HgCdTe）上制作的，其探测率 $D^*_{\lambda max} \approx 3 \cdot 10^{11} cm \cdot Hz^{1/2} \cdot W^{-1}$（Jones），波长8～12 μm。在此器件中，直接在焦平面上具有某种信号处理功能。这类器件的应用被称为一代半热成像。

必须指出，对带有内部信号积分的光电导探测器，需要有足够大的偏电流，这便会导致过度的热，并给制冷器带来很大的负担。这一类探测器还需要采用高速扫描器（扫描速度 $>2\times10^4$ cm/s），其MCT材料要有大的光生电荷载流子寿命，大于2 μs（2×10^{-6} s）。此外，探测器的像元的几何尺寸要非常严格。这些因素限制了这类器件的应用。

在第二条途径上，当FPA以时间延迟和积分（TDI）模式工作时，多元光探测器的亚阵列在扫描方向的元数必须不少于2（$N\geqslant2$）。当每个像元的读出延迟时间与扫描速度相吻合时，从图像上每点产生的信号就能叠加在一起。此信号正比于 N（N 是扫描方向的像元数）。在这种读出模式下噪声并不相应地叠加。因之，噪声仅增加 $\sqrt{N}$ 倍。其结果是，与分离像元探测器相比较，信噪比增加了 $\sqrt{N}$ 倍。另一个优点是，与光敏像元的非均匀性相比较，在 $N\times M$ 像元模式的阵列中大大降低了TDI通道灵敏度的非均匀性。

目前，“ORION”在MCT基础上开发了几种二代焦平面阵列（TDI FPA）。有多元型（2×96，2×128，2×256，4×288，6×480元）和凝视型（128×128，256×256，384×288，768×576元），它们包含真空封装的光探测器阵列、微循环制冷器以及电子处理单元。这样的复合装置被称为光电子模块（PEM）。在由2、4、6元信号集成的TDI模式下，这些模块在2×96，2×256，4×288，6×480元探测器阵列中已实现了。

除大量从事各种波段、各种规模和不同用途的MCT红外焦平面探测器研究开发外，早在20世纪90年代中期，“ORION”就成功开发出了3～5 μm InSb 384×288元和128×128元红外焦平面探测器，这两种规模的红外焦平面探测器的工作温度在80K左右，噪声等效温差（NETD）小于0.1 K，384×288元规模的红外焦平面探测器光敏面的总尺寸为13.44 mm×10.08 mm，而128×128元总尺寸为4.48 mm×4.48 mm，它们都封装在微型金属杜瓦里，用分置式斯特林制冷机构成完整的组件，或者封装在灌注液氮的杜瓦里。此外还有1×128元和2×128元硒化铅和硫化铅探测器阵列。

读出积分电路是在硅MOS或CMOS工艺上制作的。这保证了MOS较高的积分容量（与CCD相比较）、较低的电源电压和较大的动态范围。光信号电流输入方案实现了直接注入、电流传输效率0.95和最小附加噪声。

对混合光敏结构的低温冷却，开发了探测器的真空封装设计。这提供了基于以工作斯特林循环（Stirling cycle）的微分气体—低温机的微低温制冷器的接口。这样的封装设计本身的热量不超过0.4 W。“ORION”开发了不同类型液氮或斯特林制冷（Stirling）的外差探测器。在冷却光敏带的工作温度保证的精度不差于0.1 K。

表1和表2给出了在生产中的FPA的光探测器阵列（扫描系统和凝视系统）的主要参数。这些FPA的探测率、响应率和功率阈值完全满足了技术说明书的要求，主要参数与最好的国外制造商是吻合的。现在第二代光探测器的研制技术已经通过应用阶段转向工业生产。

表1　扫描系统的FPA的各项参数

幅面（元）	2×96	2×256	4×288	6×480	2×128	2×128
材料	MCT	MCT	MCT	MCT	PbSe	PbS
截至波长（μm）	$\lambda_{0.1}\geq 10.5$	$\lambda_{0.5}\geq 10.3$	$\lambda_{0.5}\geq 10.3$	$\lambda_{0.5}\geq 10.3$	$\lambda_{0.1}\geq 5.5$	$\lambda_{0.1}\geq 5.3$
间距（μm）	30	35	28	42	40	40
$D^*_{\lambda max}$ ($cmHz^{1/2}W^{-1}$)	$\geq 5\times 10^{10}$ FOV>60°	$\geq 5\times 10^{10}$ FOV>60°	$\geq 1\times 10^{11}$ FOV>60°	$\geq 1.2\times 10^{11}$ FOV>60°	$\geq 4\times 10^{10}$	$\geq 3\times 10^{11}$
S_u（V/W）	$\geq 10^7$	$\geq 10^7$	$\geq 2\times 10^7$	$\geq 4\times 10^7$	$\geq 5\times 10^7$	$\geq 1\times 10^8$
δS_u（%）	<20	<30	<30	<30	<20	<20
盲元率（%）	≤2	≤15	≤15	≤15	≤5	≤5
制冷系统	分置式斯特林或J-T制冷 $Q=1W$	分置式斯特林 $Q=1W$	分置式斯特林 $Q=1W$	分置式斯特林 $Q=1.5W$	热电（200K） $Q=0.1W$	热电（200K） $Q=0.1W$
带有制冷器的重量（g）	3 000	3 000	3 000	6 000	150	150

表 2　凝视系统的 FPA 的各项参数

幅面（元）	128×128	256×256	384×288	768×576	128×128 256×256
材料	MCT	MCT	MCT	MCT	InSb
截止波长（μm）	$\lambda_{0.1}\geqslant 10.3$	$\lambda_{0.5}\geqslant 10.3$	$\lambda_{0.5}\geqslant 10.5$	$\lambda_{0.5}\geqslant 10.3$	$\lambda_{0.1}\geqslant 5.5$
间距（μm）	35	30	28	30	35
$D^*_{\lambda max}$（$cmHz^{1/2}W^{-1}$）	$\geqslant 4\times10^{10}$ FOV>60°	$\geqslant 4\times10^{10}$ FOV>60°	$\geqslant 4\times10^{10}$		$\geqslant 1\times10^{11}$ FOV>60°
阈值功率（W/cm^2）			$\leqslant 3\times10^{-6}$ FOV>60°	$\leqslant 3\times10^{-6}$ FOV>60°	
S_u（V/W）	$\geqslant 1\times10^7$	$\geqslant 1\times10^7$	$\geqslant 1\times10^7$	$\geqslant 1\times10^7$	$\geqslant 1\times10^8$
ΔS_u（%）	<20	<30	<20	<30	<30
盲元率（%）	≤3	≤5	≤5	≤5	≤3
制冷系统	分置式斯特林 $Q=1W$	集成式斯特林 $Q=0.5W$	分置式斯特林 $Q=1W$	分置式斯特林 $Q=1.5W$	集成式斯特林 $Q=0.5W$
带制冷器的重量（g）	3 000	600	3 000	6 000	650

探测率 D^* 为红外探测器的一个重要品质因数。在带有分子束外延（MBE）生长外延层，截至波长为 10.7μm 和冷屏蔽孔径 $f/0.7$ 下 FPA 的平均探测率为 $4.4\cdot10^{10}$ Jones（$cmW^{-1}Hz^{1/2}$）.

在 20 世纪 90 年代，“ORION”在研制阵列探测器上获得了很大的进展。1993—1995 年，“ORION”进行的 30 个光电子工程研究计划中，有 19 个是有关阵列探测器技术的项目。

在俄罗斯，阵列探测器的研究是从 2×96 MCT 阵列开始的。1999 年，“ORION”制出了第一个阵列探测器，称为“爱好者—48/10”，这是 2×96 MCT 阵列具有 TDI 和两个储存单元。“爱好者—48/10”探测器是由 35×35μm 的光电二极管所组成，借助于 In 微接触和中间的蓝宝石光栅耦合。两个制冷的 Si 芯片置于光栅的周缘，以储存由所有的光电管来的信号并输出积分信号。预处理电路具有模—数转换器，它与程序逻辑芯片相耦合，以完成预先的数字信号的时间延迟和积分。探测器具有 4 个输出，连接信号处理单元，它是地球物理（Geophysics）集团完成的。“爱好者—48/10”探测器研究成果是工程师们研制新一代热像仪的阵列探测器的关键技术。

与此同时，“ORION”开始研制128×128MCT凝视阵列探测器，它不需要扫描机构。探测器的MCT的成分为$x=0.2\sim0.3$，阵元尺寸开始是50×50μm，后来是35×35μm。探测器阵列借助于纵列的In微接触直接耦合MOS晶体管基的门阵列。除了晶体管阵列外，Si多路传输连接行和列的移位寄存器、次阈值晶体管基的直接注入级联以及MOS电容器基的储存电路。器件的输出直接连接信号处理单元。信号处理单元的微程序和电路是在西伯利亚光学系统研究所完成的。它连接10~12数位模—数转换器和微处理器以完成由信号而来的背景成分的减少、失效元的屏蔽、放大及其他功能等。到90年代末，探测器阵列的失效通道数降到5%，最好可达2%~3%。

2×96MCT扫描阵列探测器和128×128MCT凝视阵列探测器的开发使工程师们修改光电子模块的设计概念。模块的思想作为热成像系统的分离单元建议最大程度的标准化。2×96MCT和128×128MCT阵列设计的经验就是必须将微处理器引入二代光电子模块中。这个微处理器进一步处理来自多路传输器的信号，包括模—数转换，放大，直流电平补偿，伏特灵敏度变化的平滑，失效像元的屏蔽或插值，瞄准记号的形成，图像彩色编码，光起伏期间的直流电平补偿的校准修正系数的再生，以及控制脉冲和供应电压的生成等。与一代线阵不同的是，二代系统的信号处理单元是打算生成输出电视制式的信号。在不同的热像仪中传感器的使用仅是微处理器的程序再设计。以上这些项目所获得的经验在2000年后设计大阵列的探测器模块时成为可能，并为以后研究4×288MCT和384×288MCT阵列探测器打下了良好的基础。

（二）红外微测辐射热计阵列

1994—1995年，“ORION”开始从事红外工程的另一领域——微测辐射热计阵列的研制。微测辐射热计的敏感元件是用高电阻温度系数和非常低的热容量。红外辐射的吸收非常显著地改变了元件的电阻，足以将它诠释为输出信号。测辐射热计阵列可以在室温下工作。热电制冷器有时用来稳定特定的工作温度。由于测辐射热计的固有性质，其探测率是不高的，在$D^*_{\lambda\max}\backsim10^8\sim10^9\mathrm{cmHz^{1/2}W^{-1}}$（在10Hz下）左右；而且，测辐射热计的元件的响应时间大大长于光电子器件。但是，测辐射热计的工艺与Si超大规模集成电路的工艺的兼容性使有可能制成很大的测辐射热计阵列的传感器。因此，红外热成像系统在不需要快速响应的情况下不妨采用测辐射热计阵列以产生高质量的电视制式的图像。这就使得测辐射热计阵列可制作紧凑和价格低廉的热像仪。

“ORION”在开始研制测辐射热计阵列时，先是8元的测辐射热计线阵，后来研制64×64面阵，到2004年，已研制出120×160测辐射热计面阵（气密性好且热稳定性好，在整个敏感元上具有极低的温度起伏，±0.03℃）。俄罗斯科学院西伯利亚分院半导体物理研究所开发了长波320×240元微测辐射热计红外焦平面探测器芯片。

通过测辐射热计阵列的研制还诞生了一些新技术，它们在工程的其他领域或许可以获得应用。如在密集的等离子体中电介质薄膜的沉积和蚀刻；多晶硅和其他材料的离子往复蚀刻；表面平整处理（surface planarization）等。

（三）其他红外工程

在研究MCT、InSb探测器用于热成像的同时，“ORION”对红外工程的其他技术进行研究，如利用InSb和InAs的MIS（金属—绝缘体—半导体）和光电二极管阵列；Pb硫化物光敏电阻阵列；用于紫外（UV）的GaAs和磷化物阵列；利用非本征硅（Si）的阵列，其中包括块状电导Si，为探测2~30μm提供手段；利用量子状的异质结构，高温超导和其他的物理现象和材料等研究光电子器件；用Si、Ge和A^3B^5化合物研制的阵列探测器可用于可见和红外激光发射等。

量子阱探测器：利用量子阱多层异质结构（超晶格）材料来开发红外焦平面探测器的研究工作在俄罗斯开展得如火如荼，这种材料也是未来开发多波段单片式红外探测器的首选材料。俄罗斯科学院西伯利亚分院半导体物理研究所已经成功开发了生长GaAs/AlGaAs外延超晶格的工艺技术方法。同时利用这种材料也成功开发了具有高性能特性的128×128元红外焦平面探测器。“极地”科学研究所利用金属有机化合物混合外延法成功发展了获得这种结构的工艺技术。“旋风”所也先后开发出了一批GaAs/AlGaAs结构的量子阱线列和面阵焦平面探测器热像仪。

紫外探测器：这类器件在生态学、医学、色谱学、光谱学、天体物理学、空中导航等领域得到应用。在国防工业中，紫外波段的应用可用于日盲的寻的头。在20世纪70—80年代，“ORION”研究二元化合物GaP、GaAs和三元化合物GaAsP的技术，制作线元或阵列UV传感器，其孔径变化由0.3~8 mm。研制出了孔径为8 mm、响应波段为0.2~0.5 μm的GaP

探测器，孔径为 1 mm、响应波段为 0.3 ~0.9 μm 的 GaAs 探测器；以及孔径为 3 mm、响应波段为 0.3 ~0.7 μm 的 GaAsP 探测器。

GaP 光电二极管在 0.43 ~0.44 μm 处具有最大的响应。在肖特基势垒光电二极管中，光生电子空穴对发生在金属—半导体势垒处，即在高能工作吸收区。这样的结构便有较短波长的响应（0.2 ~0.5 μm），它就不需要长波长滤光片。它在对日盲的“盲”传感器获得应用。孔径为 1 ~1.5 mm 的肖特基势垒光电二极管具有最大的灵敏度（1 ~2） $\times 10^{-14}$ W · $Hz^{-1/2}$（在调制频率 100Hz 下）。这种光电二极管能工作在 −200℃ ~ +200℃ 宽广的温度范围内，响应时间为数十 ns。GaP 肖特基光电二极管具有大的动态范围，其勒克斯—安培特性的线性度从 10^{-12} W/cm^2 延伸到 10^{-2} W/cm^2。

GaAs 光电二极管在 0.25 ~0.9μm 波段具有响应，灵敏度阈值为 1.5 × 10^{-14} W$Hz^{-1/2}$（对 1 mm 孔径的二极管），动态范围为 10^{-12} ~ 10^{-5} W/cm^2，响应时间为 100ns（对 0.3 mm 孔径的二极管），温度范围为 −40℃ ~ +80℃。

$GaAs_{1-x}P_x$光电二极管有两个工作波段：0.25 ~0.68 μm（x = 0.25，λ_{max} = 0.55 μm），0.25 ~0.75 μm（x = 0.25，λ_{max} = 0.65 μm），灵敏度阈值在光谱特性峰值处为 10^{-14} W$Hz^{-1/2}$，动态范围为 10^{-12} ~ 10^{-2} W/cm^2，工作温度范围为 −60℃ ~ +120℃。

“ORION” 自 1993 年起研究探测器用于激光制导发射器。1993—1998 年，“ORION” 研制一种单晶胞、大孔径针状光电二极管（a single-cell large-aperture pin-photodiode）FD—342 探测器，用于不同的任务，在 T72，T80 等坦克和反坦克系统中均装有 FD—342 探测器的制导导弹。FD—342 探测器的波长响应为 0.8 ~1.1 μm，而用了 FD—342 探测器的制导导弹，其射程较之普通枪炮高 2 ~2.5 倍。因此，FD—342 在俄罗斯的武器制造中得到广泛的应用。

20 世纪 90 年代起，主要是由于冷战的结束，“ORION” 的工程师们不再顺从于完成某一特殊器件或特殊性能参数的严格要求，他们进行了广泛的探究，寻找最佳的方案和发展形形色色的民用领域：医学、航空等。这些研究成果为发展新一代多用途的光电子系统打下了坚实的基础。

四、俄罗斯研制红外与热成像单位、组件与装备[1][3]

这里介绍一些俄罗斯从事红外与热成像技术研究和生产的主要单位，

但远不是全面的。

俄罗斯有不少单位从事红外热成像技术的研究，并且各自都取得了不错的成就。除“ORION”外，还有科学院西伯利亚分院半导体物理研究所、国家应用光学研究所、“电子”中央科技研究所、“电子—光导”研究所、“旋风”中央科技研究所、科学院西伯利亚分院半导体物理研究所、瓦维洛夫国立光学研究所、国家应用光学研究所、“极地”所、科学院普罗霍洛夫普通物理研究所、科学院理论和应用力学研究所、“脉冲星”科研生产联合体、“安格斯特列穆”有限公司、“东方”科研生产联合体、莫斯科“蓝宝石”厂、航空航天仪表制造研究所、半导体器件物理研究所、“光线”设计局、莫斯科“电子”设计局以及部分高等院校等。近年来，涌现了许多从事红外热成像技术研究开发生产的单位，其中大多数都取得了很好的研究成果，如“焦平面工艺技术有限公司”，莫斯科“光谱”科研生产联合体、“嘎玛”科研生产联合体等。

俄罗斯科学院西伯利亚分院半导体物理研究所成立于1964年，位于俄罗斯的新西伯利亚市。成立以来，一直就是苏联/俄罗斯在半导体物理、光学、激光、固体物理、光电子、微电子、纳电子领域里的主要科学研究中心。除了从事传统红外热成像技术研究外，该所还大量从事热成像技术前沿领域的研究，如量子阱、量子点以及纳米技术研究，成绩斐然。其代表性产品有长波128×128、2×64、1×576和4×288元的MCT红外焦平面探测器组件，长波320×320元的微测辐射热计红外焦平面探测器组件，以及不同波段、不同面阵规模和不同结构的量子阱红外焦平面探测器。国家应用光学研究所成立于1957年，位于喀山市，是俄罗斯在红外热成像技术研发领域里的主要研制单位之一。俄罗斯第一代、第二代和第三代军用红外热像仪的研制、开发、试验和鉴定都与该所有关，该所还参与了俄罗斯10多种装备各军种部队的不同型号的军用红外热成像系统的设计、研制、开发和试验任务。俄罗斯红外热成像/光电整机生产单位主要有乌拉尔光机厂、喀山光机厂、罗斯托夫光机厂、亚素海光机厂和圣彼得堡光机厂等。其中位于叶卡捷琳堡的乌拉尔光机厂水平最高，产品应用面最广。经过150多年的发展，该厂已经成为俄罗斯/独联体在军民两用光学机械和光电设备科研生产领域里的龙头企业之一。乌拉尔光机厂生产的各种光电产品不但大量装备俄罗斯的陆海空天领域，而且驰名世界。如该厂研制开发的第二代军用红外热成像仪“航空模块”于2006年年底开始装备部队。

近年来多次在各种航展和武器展览会上展出的“凤凰”红外周视搜索跟踪系统驰名世界，让世界重新认识了俄罗斯的红外热成像技术水平。此外，还有准备装备第五代战斗机的“萨菩散”激光红外吊舱等。

“航空模块”军用热像仪在黑夜条件下对军舰的探测距离超过 18 km，识别距离超过 12 km；对空中目标的探测距离超过 20 km，对人的探测距离为 8 km，识别距离为 3.5 km；对装甲目标的探测距离为 10 km，识别距离为 6 km。该热像仪不但性能优良，而且价格比西方国家的热像仪便宜一倍，单价仅为 18 万 ~20 万美元，具有很高的性价比。“凤凰”红外周视搜索跟踪系统则首次在俄罗斯采用“ORION”开发的长波 MCT 凝视型红外焦平面探测器，具有非常好的成像效果。“凤凰”光电站的周视搜索跟踪系统用于在红外光谱范围里自动探测、跟踪不同地面和空中目标并发送目标的坐标信息。该搜索跟踪系统能按方位角或者高度对所跟踪的超过 50 个目标中的两个予以识别。光电站既可以独立使用，也可以配合火控系统或者雷达系统使用，具有很好的隐蔽性，从而提高防空系统的作战效率。“凤凰”光电站对低速飞行导弹的探测距离为 5 ~7 km；对直升机的探测距离为 8 ~9 km；对战斗机的探测距离为 15 ~18 km；对运输机的探测距离则超过 20 km。

关于俄罗斯的研制红外的单位、组件与装备的详细情况，请参阅陆剑鸣、蔡毅所著的《苏联/俄罗斯红外技术的军事应用》一书[4]。

五、研发特点

自 N801 所成立以来，俄罗斯科学界十分重视光电成像和红外领域的基础研究。实际上，光电子学（Photoelectronics）的研究早在 N801 所时期就开始了。开始阶段，真空光电子学的研究占优先地位，主要集中在各种不同光阴极的非本征光电效应。后来研究扩展到亮度放大、电子光学设计、电子光学精密测时术等。当固体光电子学（Optoelectronics）开始发迹并引起学界强烈的兴趣时，光电导、发光学和光生伏打效应的研究便成为 N801 所的理论追求。随着激光器的发明，不少研究人员便开始转向研究气体和固体激光器。

微光红外工程领域早期的大量研究在 N801 所和应用物理研究所主要集中在电子光学像增强器上，1962 年，德·希瓦兹（G. V. Der-Shvarts）在 N801 所成立了理论电子光学实验室和计算中心，在他的领导下，实验室进行电子光学系统模拟和优化的理论研究，其中包括电子和离子枪，电子透镜，束控制系统，动态像差校正系统，等等。1978 年，他们出版了一本“电子光学像增强器及其应用”（Electron-Optical Image Intensifiers and Their Applications）的专著，它涉及的内容十分广泛：

➢ 电子束成像基础，如暗弱物体的极短曝光成像；

➢ 电子光学器件在天文学、生物学和核物理上的应用；

➢ 图像的形成和起伏性质，电子光学像增强器的噪声，探测到时间短达 10 ~ 12 秒的电子光学精密测时术；

➢ 用常规的光学和电子光学构成的时间形成的理论；

➢ 关于电子光学系统的理论模拟。

N801 所从成立起，理论研究广泛用于电子光学变像管的设计，如库里科夫（Yu. V. Kulikov）发展计算对比传递函数的方法。他的理论工作确定了所需的设计精度以及优化聚焦系统的参数。

20 世纪 70 年代在俄罗斯国内开展了电子光学计算机辅助设计与计算，俄罗斯科学院西伯利亚分院的科学博士伊尔金（V. P. Iljin）负责程序和算法。电子和离子光学研究所探讨了许多电子光学问题，试验了新的计算程序以及履行了程序的运算，其中包括计算带有非线性磁导体的轴对称透镜的场的程序。列宁格勒电工学院研究了热发射系统的模拟软件，以帮助确定带有空间电荷的静电场。到 20 世纪 80 年代后期，电子光学系统的设计自动地分三阶段进行：首先设计者订购软件以符合特殊系统的需要，数学家陈述这一问题并且想出计算算法，最后，程序员编写程序并对程序进行优化。

为了促进国内外的合作与交流，自 1996 年开始，电子与离子光学研究所发起理论和应用电子光学问题的研讨会。这一会议由费拉契夫（A. M. Filachev）担任主席，赢得了国内外学术界的承认。

在 N801 所、应用物理研究所以及电子与离子光学研究所进行的电子光学的研究，还有以下方面：

➢ 具有预设特性的电磁场的产生；

➢ 波动场理论；

➢ 电子束波动场振幅和相位；

➢ 快速基本电荷和多电荷离子与束缚电荷的相互作用，其中包括绝缘体表面电荷的排出和被感应电子的反常掺杂；

➢ 电子束图像的对比度理论，它可以给出电子点阵衍射的相互作用问题的严格的解析解，并洞察异常的吸收效应；

➢ 电子光学系统运算的数学模拟。

微光夜视与红外热成像作为高技术，从冷战开始，一直是俄罗斯国防技术的一个重点，聚集了全国最优秀的人才，动员了全国的资源和力量支持这一领域的研究与开发。一些重要的技术装备，如分子束外延（MBE）设备，关键材料和外延片等由国家组织专门的研究所和单位进行研制。俄罗斯动员科学院系统和国内最优秀的人才从事红外与夜视技术的研究，有不少从事光学、物理学与半导体的科研所以及著名科学家都涉猎这一领域的研究。

关于俄罗斯研究发展微光与红外热成像，依我看来，有以下几个特点。

（一）研究领域广泛，覆盖面广

俄罗斯的夜视和红外热成像研究领域十分广泛，包括从微光到近红外的微光产品，在微光夜视领域，俄罗斯与世界同步，在发展1～4代微光夜视的基础上，提出开展新一代——第5代夜视的研究。关于红外技术，它包括短波红外、中波红外到长波红外的所有类型的红外/红外热成像产品；既有制冷型，又有非制冷型；既有半导体材料型，又有陶瓷材料型、电真空器件型，还有纳米材料型；既有军用型，又有民用型；既有单元型，又有多元型；既有扫描型，又有凝视型。

（二）自主研发，技术水准高

目前，俄罗斯的红外探测器和夜视像增强器技术的研究水准已达到了一个很高的水平。红外探测器的研究由扫描焦平面向凝视型红外焦平面发展，夜视像增强器技术的研究由三代像增强器发展到四代和五代。

由于硅集成电路和MEMS技术的飞速发展，俄罗斯各单位充分利用这些技术，已经研究和开发出了不同材料、不同规模和不同光谱范围的凝视型红外探测器来代替复杂的二维光机扫描成像系统，使热像仪有很高的温度分辨率和成像质量。同样，俄罗斯研究将固体探测器与真空器件结合，探索新的第五代夜视器件，使夜视技术更上一个台阶。红外探测器的凝视型焦平面阵列不断增大；目前“ORION”已开发的红外焦平面探测器的面阵是长波MCT 512×512元，正在开发长波MCT 1 024×1 024元以上的红外焦平面探测器，其中的多项关键技术已经取得了突破性的进展。“电子—光导”研究所成功开发出 8 ~ 12 μm，512 × 512 元的 PtSi 红外焦平面探测器和整机系统。在短波红外研究领域，“电子—光导”研究所成功开发的 CCD 器件的最大面阵为 1 225 × 1 300 元，达到了很高的水平。

（三）研究规模大，基础雄厚

俄罗斯的红外热成像研究规模很大，研究单位数量多，而且基础十分雄厚。如上所述，研究单位中既有老牌专业光电/红外单位，又有一批在苏联解体后涌现出的一批新的单位以及一些私营企业。国有单位在苏联解体后如同整个俄罗斯的政治、经济一样，经历阵痛，出现滑坡，但凭借着苏联时期雄厚的科研基础实力，很快调整了研究方向，投入人力、物力，迅速开发出了一批很有前途和竞争力的产品，其技术和产品质量达到国际先进水平。

（四）大量装备与应用，使武器系统具备全天候作战的能力

俄罗斯自己开发的夜视和红外探测器在武器装备上得到大量应用。苏联解体后，俄罗斯不断对一些早期的武器产品进行改造，其中就包括加装红外热成像系统，因而这些产品的战斗性能得到了大幅度的提高。如新型 T 系列坦克（如 T90 和 T95 系列）等就装有新型的红外热成像系统；米 - 24 武装直升机，通过加装红外热成像系统（采用“火光”热像仪，探测器为长波 128 元的 MCT 探测器）、夜视仪、激光测距仪、机载扫描瞄准系统和其他机载电子设备及机载火控系统，使之具备了全天候作战的能力，作战效能大大提高。从 2004 年起，新型二代军用“航空模块”系列热像仪逐步替代原来俄军大量装备的“火花”系列热像仪。

（五）研究针对性强，应用领域广泛

苏联解体后，俄罗斯基本沿用了苏联在军工方面的传统。在红外热成像技术方面，既有反坦克型红外热成像仪，又有地空、空地、空空等各种红外热成像仪，每种产品都有很强的针对性和目的性。例如，装有红外双波段探测器的 KP - 30PC 多管火箭系统就是针对战场上或者集结区内的坦克装甲目标群；装有红外双波段探测器的“针”式便携式地空导弹系列就是针对低空飞行的空中目标；红外光电瞄准系统用于对空中和地面目标进行搜索、扫描和瞄准；由“合金”联合体最新开发出的一种利用多管火箭系统发射的小型战场无人侦察机，采用 GPS + 可见光 CCD + 红外热成像通

道+无线电通道技术，对战场目标进行侦察定位，通过无线电把可见光CCD和红外热成像所侦察的目标信息实时传输到数据处理中心，通过该中心对目标的图像进行处理后，又实时传输到火控指挥中心，从而实现对目标进行精确打击并显示打击效率。

（六）系统综合性强，技术含量高

在俄罗斯开发的许多红外热成像产品中，尤其是在军用技术产品中，系统综合性很强。他们的装备很少采用单一的红外热成像通道，大多数产品采用组合式多通道技术，这样，可不受天气影响昼夜执行任务；一些光电瞄准系统或扫描探测系统，其中既有可见光通道，又有夜视、红外热成像和无线电雷达等通道；既有可见光通道，又有激光测距等。产品含有很高的技术含量。即便在一些纯粹采用红外技术的产品中，也大多采用红外双通道技术，如“针”系列便携式地空制导导弹的主通道装有3.5～5 μm InSb制冷式红外探测器，辅助通道装有1.8～3 μm非制冷光导红外探测器。20世纪80年代末，由“合金”联合体开发的远程多管火箭炮末敏弹中，其红外敏感器组件采用双通道技术，短波通道采用0.9～1.1 μm硅光电二极管，而长波通道则采用7～14 μm波段热释电探测器。

（七）重视基础理论、新材料、新技术的研究

红外工程、电子光学、半导体技术、光电子学和激光工程等领域的发展离不开基础理论研究。可以这样说，在红外工程和光电子学方面几乎没有一个领域俄罗斯的理论家们没有给予充分的注意。正是由于具备坚实的理论基础，俄罗斯的科学家和工程师在几乎与世隔绝的氛围中，在一切需要自己解决的环境中，他们克服了许许多多的困难，解决了一个个技术难题，形成了自己独有的技术（Knowhow），创造了辉煌的成就。

应该说，俄罗斯夜视和红外技术的进展主要依靠下列基础理论和技术研究的成就，如：

➢ 光电子学（Photoelectronics），它涉及器件可以进行由紫外波段到亚毫米波段的辐射探测；

➢ 半导体材料工程，积极从事MCT、InSb、PtSi、量子阱和量子点等红外材料和探测器的研究开发；

➢ 红外光学；

➢ 制冷技术；

➢ 计算机工程；

➢ 电子光学理论、计算与设计。

当然，俄罗斯在发展夜视与红外热成像技术的过程中，依然有自己的问题。如在红外热成像领域，尚未形成具有自己特色、特点鲜明的主流产品，器件的研制基本上追随西方。通用组件的概念不明确，没有形成核心探测器，高端和低端应用不清晰。俄罗斯的非制冷红外热成像技术与西方技术先进国家尚有差距。目前，制约和影响俄罗斯夜视与红外热成像发展最主要的因素还是资金严重短缺的问题，许多有前途的项目和已开发的高水平的产品得不到支持和发展，大大影响了红外高新技术的进一步发展、推广和应用。此外，还有人才外流与缺乏高技术人才补充队伍，对外交流与开拓市场等问题。

六、发展动向

俄罗斯在夜视器件上已经取得可喜的成就和进展。自研究以 Ag－O－Cs 光阴极为基础的红外变像管以来，夜视器件依然是红外工程的最通常内容之一。夜视器件的研究从单级像管到多级像增强器，发展到通道板级联像增强器，负电子亲和势光阴极，以及内接 CCD 传感器和电路，使夜视器件由一、二代发展到三代、四代、五代。ORION 在夜视研究上所获得的科学和工艺上的经验及潜力，与屏幕（Ekran）、阴极（Katod）等工厂和地球物理（Geophysics）集团等设计部门共享，在苏联和俄罗斯联邦的红外工程的发展中起了重要的作用。

为热成像和红外雷达等技术所开发的红外材料发展得十分迅速。尽管还有不少新的材料，但用 MCT 和 InSb 的光电二极管依然是光电子装备设计师们的首先选择。“ORION”的专家们利用 MCT 和 InSb 探测器阵列研制了一些新一代焦平面的红外传感器，这些探测器阵列的阵元数成千倍超过早期的线阵探测器，被称为是二代器件。考虑到性能—价格因素，4×288 和 384×288 元探测器阵列或许将是消费市场最通常的选择，而 6×480 和 640×480 元探测器阵列将在一些特殊的场合被采用。

在红外光电子学领域，空间监控是一个新的挑战。空间应用极需要一些有特殊性能参数的红外传感器。宽广角的空间望远镜要求非常长的探测器（3 000～6 000 灵敏元件，其像元大小为 25 μm，甚至小到 15 μm）。对于空间应用，遥远距离的探测便需要非常高的灵敏度（10^{-14}～10^{-15} W/

元），也需要时间延迟和积分的运作模式。最后，可靠的目标探测和识别需要多光谱传感器，其响应波段为 1 ~ 5 μm。因为在空间运转要持久（不少于 10 年），故热电制冷更为可取。可以想象下一代用于空间监控的红外传感器，它是热电制冷长阵列探测器，由 10 ~ 20（6 ~ 30） × 256 阵列模块的 MCT 光电二极管所组成，其响应波长为 3 ~ 5 μm。这一器件以时间延迟和积分方式运作，可以与 PbS 光敏电阻（其响应波长为 1 ~ 3 μm）配合在一起工作。窄视场的应用则需要成像的 640 × 480 或 768 × 576 元阵列探测器。

在应用 PbSe 探测器的光电子器件领域，焦点是在制作价廉、小尺寸、轻重量、低功耗、响应波长为 3 ~ 5 μm 的热像仪，在这一领域的重大进展可能是含有开关阵列探测器模块，带有多达 2 × 128 个光电管，内接预放大电路和一个热电制冷器。铅的硫化物红外探测器的演变或许与矩阵带址的光电导管阵列的进展有关。PbS 和 PbSe 薄膜在氧钝化的硅基底上的成功生长将为带有处理和多路传输 Si 电路的阵列光敏结构的积分奠定基础。

微测辐射热计阵列还要进一步发展。640 × 480 元和更大阵列的构造将为小尺寸的热成像器件的研制提供可能。这一类探测器的设计和运作需要确定其应用领域。特别是军事应用，它需要较高的热灵敏度，较低的热容量的材料，研究更有效的热稳定方法。也需要研发更好的微测辐射热计的光电管制作技术和图像处理电子系统。毫无疑问，新一代 IR 光电子学，特别是阵列探测器，将需要信号处理的新方法和电子系统。

在光敏半导体技术领域，“ORION”和俄罗斯各红外单位的研究人员已获得许多丰富的经验，而且还有新的设想。俄罗斯在铅的硫化物、InSb、MCT 等固体上所研制的技术，都已达到产业化阶段。这些技术鼓舞研究人员对材料新生长的方法的研究。例如，气相（密闭/伪密闭）空间 MCT 外延为发展一种真空分子束外延技术提供了基础。为了能够对生长过程更好地控制，这项技术使工程师们不仅能获得非常均匀的外延 p－型或 n－型层，而且可以获得 p－n，p－n－p 和 p－n－i－p 结构，这些结构是制作下一代阵列探测器所必需（如微测辐射热计）。因为它们允许生长几乎任意尺寸的薄膜，金属—有机外延以及其他多种方案（高温、高频、激光激励和其他分解方法）看来是很可取的。无论如何，液相外延技术依然是目前世界上外延 MCT 生产的主要方法，且它的能力并没有耗尽。目前在透明基底上制作 3 ~ 5 μm 和 1 ~ 3 μm 波长范围的 InGaAsP 和 InSb 外延层的问题还没有解决。切莫忘记，PbSe 和 PbS 真空沉积的一套便于控制的物理方法或许可以用于制作 Si 多路传输器的绝缘体防护表面的薄膜，这一方法对把光敏电阻粘接到 Si 片输入端的显微窗口特别有用。对热成像和激光雷达，其光敏半导体材料的探索尚需继续下去。

关于制冷技术，目前俄罗斯在探测器的制冷方式上基本采用 77 K 液氮温度工作，采用气体制冷和分置式的斯特林制冷机。不断探索和研究提高红外焦平面探测器芯片的工作温度，如从 77 K 提高到 100 ~ 200 K，直至实现室温工作。今日在俄罗斯，制冷系统，特别是低温斯特林循环冷却器，它可使红外探测器在 10 ~ 11 年的寿命期间有效地运行工作，但这依然是一个问题尚未解决。利用珀耳帖效应（Peltier effect）的制冷器在类似量子超晶格的多层结构中仍然使人感兴趣，因为其热电 Q 因子比一般的热电材料要高数倍之多。液氮温度制冷器的出现无疑会给热成像、空间红外雷达和其他领域带来重大突破，因为许多红外探测器需要使用极冷的制冷器。

红外工程，源起于在真空电光学器件中近红外辐射（大约 1 μm）转换为可见光的研究。但由于半导体技术和固体探测器的发展，极大地扩展了红外成像与器件的能力。

俄罗斯在这一领域有以下发展动向：

➢ 空基红外雷达对付弹道导弹发射的探测（1 ~ 3 μm）；

➢ 气象卫星的多光谱大气遥感—空间遥感（2 ~ 5 μm）；

➢ 红外雷达用于防空导弹系统（1 ~ 3 μm，3 ~ 5 μm，8 ~ 14 μm）；

➢ 热成像用于夜视、火力控制和全天候导航（3 ~ 5 μm，8 ~ 14 μm）；

➢ 空间背景下的冷目标的探测和识别（3 ~ 30 μm）；

➢ 天文学、天体物理学、核物理学、生物学和犯罪学的生态监控，物理诊查和测量仪表等应用；

➢ 热成像控制系统用于电力工程、运输和气—油制造工业等；

➢ 为光通信和激光测距提供固体激光器和快速响应红外探测器（1.06 μm，1.54 μm，10.6 μm）；

➢ 为航天和宇航技术、宇宙飞行器的星际飞行提供探测手段（太阳和天体的光在 0.2 ~ 0.6 μm）。

由此可见，由可见光和近红外波段开始发展起来的光敏探测器件迅速向波段的两端发展，一端延伸到紫外波段，另一端延伸到远红外波段，直至亚毫米波段。俄罗斯的红外专家认为，未来红外技术进一步发展的领域有：

- 由天空而来的各种形式的监控；
- 热成像和红外雷达；
- 激光寻的器，光学数据通信和存储以及激光测距；
- 新一代的夜视器件；
- 星际飞行。

红外工程的成就和进展面临许多新的挑战。在最有希望的技术方案中，俄罗斯科学家认为，复合探测器系统可以同时在几个波段（可见光和红外波段）范围成像（多光谱成像），是一个很好的选择。这种不同的光谱图像叠加的算法可以变化，且取决于用户的需要。

结束语

（一）启示

60 余年来，俄罗斯完全依靠自己的力量，研制成功各种类型红外、光电探测器、传感器和像增强器，并装备了俄罗斯的武装力量，使俄罗斯的夜视技术、红外热成像技术和精密制导技术走在国际前列。

我深深感到，俄罗斯在高科技及基础技术的研究上不遗余力，在夜视和红外热成像技术上的投入采取举国支持的体制，这是俄罗斯的微光与红外热成像技术始终屹立于国际前列的主要原因。以下是我的感想与体会，供大家参考。

（1）俄罗斯为保持红外工程领域的科学实力，成立国家研究中心，从体制上保证国家高技术的研究和发展，政府将发展红外技术视为国家行为。

在苏联解体后的头两年（1991—1992 年），“ORION”与俄罗斯其他科技单位一样，陷于困境。如上所述，一些单位离开了“ORION”，其中有精密电子工程研究所、电子与离子光学研究所、莫斯科 ALFA 试验生产厂。“ORION”的微光夜视部分变成夜视工程设计局，也相继离开了“ORION”。“ORION”只剩下一个应用物理研究所。最大的灾难是，设备与人才流失了不少。原定的吹玻璃车间和陶瓷生产线也停了下来，而在

Vikhino 区原定的 10 万平方米的基本建设也停止了。

这是一个极为艰难的时刻。特别是美国等西方国家在伊拉克、黑山、科索沃、阿富汗等局部战争中多次展示了红外热成像技术及其多种高精尖武器后，俄罗斯军方清醒地认识到红外热成像技术在战场上的重要作用，不断敦促政府加大在该领域的研究力度。俄罗斯军方及政府高层领导一致认为，国家在红外工程领域的科学潜力必须保持。当时俄罗斯联邦的科技政策部部长和副部长提出了成立国家研究中心系统的建议，从体制上保证国家高技术的研究和发展。1993 年 7 月，俄罗斯联邦总统下达 939 号令——《关于建立俄罗斯联邦国家研究中心》。凡国家研究中心的单位从事国家项目的研究，在经费获得上优先；政府采取一系列措施帮助国家研究中心完成国家任务。1994 年，“ORION” 成为国家科学研究中心之一，联邦政府同意了“ORION” 的两年计划，并成立了一个具有监督性质的、由两位科学院院士领衔的董事会。光电子学和红外工程由于国家支持而获得了发展新动力。之后，“ORION” 作为国家研究中心又提出一个高技术计划《2000—2006 科学与工程重大领域的研究与发展》作为国家计划的一部分。这个计划包含了光电子学、电子和离子束工程领域及相关技术的最有难度和最有前景的途径的研究。俄罗斯军方在 20 世纪 90 年代中后期提出了尽快研究开发和装备俄军新一代军用热成像技术的计划。

（2）对 MCT 材料等研究与开发实行举国体制，视为国家战略。

探测器的材料是热成像技术关键中的关键。没有或制造不出优质的红外材料，将一事无成。当 MCT 显露其优秀品质及其光辉前景时，俄罗斯将其视为国家战略，几乎动员全国最优秀的大学和研究所从事 MCT 材料的研究。

在苏联时期，最早为 MCT 材料研究做出巨大贡献的单位有利沃夫大学、苏联科学院技术物理研究所、“ORION” 科研开发生产联合体、国家应用光学研究所和乌克兰科学院半导体研究所等。随后，国家稀有金属研究所和其他单位也纷纷加入到 MCT 材料的研究行列中。苏联利用上述单位的科研成果在国家稀有金属研究所开发出了工艺生产线并在斯维尔德罗夫斯克市的纯金属厂得到了推广并进行大批量生产。

近年来，俄罗斯科学院西伯利亚分院半导体物理研究所与俄罗斯联邦国防部订货局、中央科学研究试验研究院 22 所、俄联邦国防部 3 所和 30

所在有机材料保证条件下联合开发完成了从基础研究到实际掌握新材料工艺技术工作的有效方法，成功开发出了制备红外焦平面探测器所需的材料，从而为大批量生产具有战略意义的 MCT 分子束外延层材料，开发 3 ~ 5 μm 和 8 ~ 14 μm 波段新型现代化红外热成像系统打下了坚实的基础。许多单位利用他们提供的 MCT 分子束外延层材料，研制出了一系列单元和多元红外焦平面探测器，同时也利用该材料大量从事红外热成像系统的科研和试验设计工程。如“ALFA”国有企业利用他们提供的 MCT 分子束外延层材料，成功开发出了 128 元光敏电阻型红外探测器组件；俄罗斯科学院西伯利亚分院半导体物理研究所自己也成功开发出了参数指标极高的 128 × 128、2 × 64、1 × 576 和 4 × 288 元红外探测器组件。

除大量研究开发 MCT 分子束外延层材料外，国家稀有金属研究所还成功研制开发并大批量生产了光电二极管红外探测器用的 MCT 液相外延结构材料，并制订了生产该类型材料的技术条件。“ORION”利用该研究所提供的材料成功开发了长波 2 × 256、4 × 288、6 × 480、128 × 128、384 × 288 和 512 × 512 元 MCT 红外焦平面探测器组件。

俄罗斯将把红外材料的研究与开发放在重中之重的地位。正是由于发动全国的力量对材料进行研究和突破，才会有俄罗斯红外技术的今天。

（3）重视基础研究和应用基础研究。

如上所述，俄罗斯对影响未来红外探测器技术发展的基础理论、关键技术、关键材料都非常重视，突出重点安排研究，超前考虑未来的发展。大学、研究所、集团公司和生产厂分工比较明确。

俄罗斯在焦平面探测器、像增强器、热成像系统、夜视仪和光电变换器等领域从事着全方位的研究——从基础性的探索研究到样机试制开发，从理论分析计算到样机设计，从外场试验到制订设计和批量生产产品的技术文件及规范标准，从单独研究开发到跨行业、跨部门合作等。因此，俄罗斯依靠自己的力量解决有关国家生死存亡的技术问题。

（二）反思

对照俄罗斯在夜视红外热成像领域的经验，反思一下我国在抓夜视红外领域存在的问题，探讨一下我们与俄罗斯之间的差距，也许是有益的。

应该指出，我国政府和军方在发展夜视与红外技术方面，是十分重视的。作为一个发展中国家，无论是资金和技术力量都有限，在困难的条件下，政府和军方竭力支持我国夜视和热成像技术的项目建设，特别是改革开放以来，我国在一代、二代、三代微光和一代、一代半、二代红外热成像取得了一系列的进展，在这里我就不一一列举了。我想主要探讨一下我们还存在的问题。

关于微光夜视第三代像增强器的研制，应该说，我国与俄罗斯差不多是同时起步的。1983 年，在伦敦举行的光电成像器件国际会议，我和国内的几位光电领域的专家参加了，俄罗斯方面也派了科学家参加。会上，美、法两国科学家报告了他们夜视第三代像增强器的制作和水平，过程讲得很详细，连制作光阴极的设备示意图都有。当然，中、俄两国科学家都很震惊，意识到自己落后了。我们回国后立刻向上级汇报，希望赶快抓第三代像增强器的研制。俄罗斯方面是从 1982 年开始抓的，因此，中俄差不多是同时起步的，但俄罗斯在 1984 年就做出光阴极灵敏度为 1 450 μA/lm 的第三代像增强器，我们只是到现在，大概在 25 年后，才达到俄罗斯的水平。

同样，关于一代半热成像，即利用 SPRITE 探测器解决热成像问题，我国与俄罗斯差不多都是在 80 年代中期独立研制成功的。这在当时双方科学界都认为是一项重大的成就。对于焦平面探测器，中、俄双方也是在那时同时起步的，但不久，差距便拉开了。

现在回顾一下这个问题还是有意义的。1982 年，俄罗斯国防工业部下令 ORION 研制三代像增强器，拨经费研制专门的设备，组织著名研究所对关键技术协作联合攻关。当时，俄罗斯在第三代像增强器制作方面主要存在两个问题：一是缺乏高水平的超高真空的精密设备，它能在超高真空的环境下进行复杂的光阴极制作工艺与处理；二是如何解决工艺过程中光阴极激活以及封管后光阴极灵敏度不下降的问题。此外，还有管子的寿命问题。在俄罗斯国防工业部的支持下，不久，超高真空的精密设备的条件很快解决了，工艺上困扰的问题请瓦维洛夫（Vavilov）国立光学研究所帮助解决了。由于“ORION”本身的工艺基础好，在光阴极制作上积累了丰富的经验，理论和技术基础扎实，并在半导体研究上有高水平的人才，加上上级领导给予全面的支持，不到两年，“ORION”就圆满完成了三代像增强器试制的任务。

关于我国研发第三代像增强器的情况。应该说，在 20 世纪 80 年代，当时有一个认识问题，即基层的科技人员觉得三代很重要、很迫切，但上级领导并没有这样的认识。此外，在领导决策层，还有一个支持发展微光夜视还是支持热成像，以及发展微光超二代与发展微光三代谁更重要的问题，认识上很难统一，这样，三代便处于“站岗放哨”的处境。当然，这里有一个客观情况，国家那时正处于百业待兴的时期，拿不出钱来，也是事实。因此，当时第三代像增强器经过研究虽列了题，项目下给了中国科学院电子所，但预研经费极少，也没有考虑组织力量联合攻关，当然是不可能有什么作为的。后来项目转到兵器工业205所，经费很长时间也没有落实，如此反反复复，直到近几年在兵器工业系统建立了夜视国防重点实验室，情况有所变化，对三代重视一点了。现在，我们第三代像增强器制作有较大的进展，但外延片和制作技术等问题不能说完全解决了，成像质量和寿命尚需提高，与美国尚有很大的差距。

还有一个问题，在我国，无论微光夜视或是红外热成像的研究，大都是就事论事，绝少进行原理性、理论性的探索。原理都是别人想好的，技术路线基本也是人家的，理论离开实际太远了。我们的科学研究绝大多数就是模仿研制，进行一些具体技术和工艺的探索或创新，自主创新较少。

我们在微光夜视和红外热成像领域的基础研究基本都放弃了，而应用基础的研究是随预研、型号走，碰上什么问题解决什么问题。我们的科学研究常常因前期技术问题暴露不充分，或研究不透彻、解决不彻底，导致在型号研制中一些问题长期解决不了。我们的大学在夜视红外领域的基础和应用基础研究处于自生自灭的状态，因其实验研究条件远远不及研究所和集团公司，故只能搞一点基础性的理论研究。研究所或集团公司看不上大学的研究，或者觉得这些理论离实际太远，结合不上，理论研究和实践探索一直是两层皮，你干你的，我搞我的，总是粘不上。尽管我国研究夜视红外热成像技术的单位不少，但各自为政，研究低水平重复，仍在走模仿研制的老路。

应该指出的是，在近年制订的国家科技的长期规划中，激光技术被列上了，但关系国家安全的重大高技术——红外技术（包括夜视）并没有列上。我们这些基层科研人员，人微言轻，朝中无人，声音和建议到达不了决策层。尽管如此，因为红外特别是MCT材料和技术的研究事关国家安全，我强烈呼吁有关领导重视发展红外技术，将它的研究与发展作为“国家战略”、重中之重来考虑，只有这样，才能赶上技术先进国家。此外，还要加强红外技术的应用研究，特别在军事领域如精确制导方面的应用，不要光限于热成像。

（三）建议

（1）大力发展彩色夜视。

现在国内外都在琢磨，什么是第五代夜视。俄罗斯正在开发带数字图像处理功能的第五代夜视器件。应重视图像处理技术、图像融合技术与红外结合，以及彩色化等技术。微光夜视彩色化，或者说彩色夜视，是实现“将里夜变成白天”的重要途径，绝对是一个方向。

（2）狠抓固体成像器件。

固体器件取代真空器件是大趋势，就像胶片相机被CCD、CMOS相机取代一样，不可抗拒，要有思想准备，预先筹划。我不是说真空型像增强器会一定被淘汰，即使到今天，红外变像管都没有完全被淘汰，而是说CCD、CMOS等固体器件更有前途，值得大家对其重视。

（3）扩大红外器件的应用。

红外探测器不仅是用在热成像上，还要扩大红外器件和技术在精确制导以及其他军事领域的应用。红外探测器是武器的“眼睛”，没有它们，武器发挥不了作用。要加强红外器件的应用研究与开发，使我国的武器系统具备全天候作战的能力，在高科技武器上显露其独特的优势。

夜视和红外技术关系到国家的国防和安全，祖国的强盛和安全是每一个科技人员的最大愿望。现在是到解决这些问题的时候了。如果这篇文章能对今天我国高科技决策人员以及从事夜视和红外的人员有所启示，我的目的就算达到了。

致　谢

作者衷心感谢俄罗斯ORION科研开发生产联合体Igor Burlakov博士的资料与交流，也感谢蔡毅研究员提供的文章和著作。

参考文献

[1] Vladimir Ponomarenko，Anatoly Filachev. Infrared Techniques and Electro-Optics in Russia，A History 1946－2006 [M]. Washington：SPIE Press Bellingham，2006.

［2］Igor Burlakov, Vladimir Ponomarenko. Photodetector arrays for second generation thermal imaging systems in "ORION"［J］. Proceedings of SPIE, 2007: Vol. 6621 – 203.

［3］陆剑鸣，蔡毅，黄晖．俄罗斯红外热成像技术的现状特点、发展趋势及不足之处［J］．红外技术，2006，28（2）：68 – 73.

［4］陆剑鸣，蔡毅．苏联/俄罗斯红外技术的军事应用［M］．北京：兵器工业出版社，2015.

藏绿斋札记 · 心驰科普

第六篇 信息获取与光电技术

现代战争中的信息获取技术*

知己知彼，百战不殆。

引　言

未来的战场将是数字化战场，夺取信息控制权，将成为控制战争全局的关键因素。信息系统之间的“软”格斗，将比火炮、坦克、飞机、军舰的“硬”厮杀更重要。现代战争是高技术战争，也将是一场信息化战争，“硅片战胜了钢铁”是最主要的特征。当前，各个国家积极发展各种信息获取技术，研究开发新的战争手段，使自己在现代战争中获得信息的先机。特别在我国，在未来的高技术局部战争条件下，发展信息获取技术是当务之急。本文论述信息在现代战争中的地位和作用并简要叙述当前普遍应用的信息获取技术：微光夜视技术、热成像技术、激光技术、雷达技术、毫米波技术、光电对抗技术、信息融合和图像融合技术等的应用和进展，以及信息作为一种战争手段给我们的启示。

一、现代战争是高技术战争，也是一场信息化战争

以微电子技术、计算机技术、人工智能技术、通信技术、光电子技术为基础的信息技术，正在广泛运用于军事领域。以高技术为标志的现代战争，正在涌现出一种新的战争模式——信息化战争，现代战争将是一场信息化战争。

硅片是信息时代的一个重要标志，光通信和网络是信息时代另一个重要的标志。只有在现代的网络中，信息才具有全球到达、光速传播、多方共享、用之不竭和非线性效应等特性，才能操纵和控制战争中的物质和能量，从而大大提高作战效能，并减少其他战斗力要素的投入。信息既是力

---

* 本文载于《中国兵工学会新世纪兵器工业发展与学科进步研讨会论文集》，2000 年 10 月，第 46 – 61 页。

量倍增器，又是重要的战略资源。

通过海湾战争，我们可以清楚地看到，现代武器的性质发生了革命性的变化。在工业时代，传统武器的核心技术主要有二：一是杀伤力；二是机动力。战争对武器的要求是杀伤力越大越好，机动力越大越好，以至核弹将爆炸威力提高到了极限。而在信息时代，对武器的要求已不仅是对杀伤力和机动力的要求，而且要求越准确越好。现代化的武器系统，在传统武器具有的物质、能量两大要素的基础上，增添了信息要素，追求物质、能量、信息三大要素的集合。正是由于信息的介入，使得新武器系统增加了除杀伤力和机动力之外的两个更为主要的崭新能力，即智力和结构力。前者是指武器系统成为某种程度上具有类似人的中枢神经、大脑和眼睛作用的人工智能的结合体。如无人驾驶飞机、精确制导武器、各种类型的战场机器人等。后者是指促使原来工业时代单功能的武器合成为一个整体系统，把整个战场的参战军兵种部队的武器平台、指挥控制、情报通信、后勤保障等合成为一个精干而密切协同的有机体系。这样，现代的武器系统的效能将是过去常规兵器的数十倍乃至上千倍，并极大地提高了整个军队在战争中的战斗力。

在现代战争中，信息的攻击和防御，将对战争的形态和前途具有重大的影响。善于控制与利用信息的一方往往能取得胜利。战争的信息化，极大地扩展了战场的时空，改变了传统的作战效益观念。关于信息战的定义，美国参谋长联席会议制定的《联合信息战的政策》认为：

“通过影响敌方信息、基于信息的处理过程、信息系统和基于计算机的网络，同时防御己方信息、基于信息的处理过程、信息系统和基于计算机的网络，以获取信息优势而采取的各种行动。”

由此可见，所谓“信息战”，便是在信息空间里，为争夺制信息权而进行的军事斗争。未来的信息战是一种“软、硬”杀伤手段相结合的战争形式。攻击的目标以传统的军事目标为主转变为以信息基础设施为主要目标，即采用信息攻击的手段，如电子干扰、电子压制、各种类型的电脑病毒等手段，以其无形的“软杀伤”特点，令对手防不胜防。

信息打击与防御的目的是使对方信息系统“瘫痪”，操纵对方媒体，破坏其战争准备，削弱其战争潜力，并使敌方空中、地面、水面、水下各类武器系统和指挥所等处于“瘫痪”状态，继而以精确的火力对敌重要目标进行“点”打击，“软”“硬”兼施，相得益彰，控制战争进程，迫敌就范。信息战的目的也从传统的攻城掠地、杀伤敌人有生力量转变为削弱、压制敌人对信息的获取、处理和传输能力，迫使敌军陷于“看不见、听不到、走不动、打不着”的困境。因此，未来军队的计算能力、通信容量和可靠性、实时侦察能力、计算机模拟和训练等信息与知识因素，也会像核武器、装甲师、航母战斗群、航空联队一样，成为衡量一个国家国防力量强弱的重要因素。

未来的现代战争的特征大致可归纳如下：

（1）信息技术的飞速发展改变了整个战争对抗的模式，战争中的优势很大程度上依赖于信息优势。

信息技术的发展正在促进战场网络化。美国军事家认为，未来战争中的优势将取决于我方在观测、定向、决策和行动（OODA—Observation，Orientation，Decision，Action）过程的能力是否能够胜过对方。假如己方能够比敌方更快更精确地完成这个观测、定向、决策和行动的过程，己方就有可能取得战争对抗的优势。

（2）未来的战场已从海、陆、空扩大到海、陆、空、天。

海、陆、空、天这 4 个战场有着密切的联系，但从目前的军事技术的发展来看，空、天对其他战场对抗的影响将会很大。在 21 世纪，美国的战略手段将是航空航天力量，未来的美国空军将从以航空力量为主，演变到以航天力量为主。

（3）信息系统和武器与平台的有机结合，将形成先进的信息化武器系统。

信息化的武器平台将大大提高近远程精确打击能力和快速投送能力，形成新型的战斗力。由此可见，信息化的武器平台和精确打击武器在 21 世纪初的战争对抗中将占很重要的地位。例如，在现代的空战中必须解决信息到座舱问题。而全球定位系统（GPS）和精确打击武器的结合，就大大提高了精确打击武器的作战效能。

（4）未来的现代战争是体系与体系的对抗。

在未来的战争中，不仅交战双方的武器装备各组成一个体系，而且双方的各军种的对抗装备也组成下一个层次的体系。因此，研究一种武器装备的任务需求，就要从体系对抗出发。例如，可以设想 21 世纪初空中对抗装备由各种有人和无人的战斗机、预警机、侦察机、加油机以及地面、海上和空间用于空中对抗的武器等组成。因此，在确定新的一代战斗机的作战任务时，就不能孤立地就新一代战斗机谈新一代战斗机，而要从整个空中对抗的体系甚至整个武器装备体系出发。在未来的高技术局部战争条件下，制信息权已成为赢得战争胜利的首要条件。

（5）未来的现代战争强调全谱控制能力强大的综合效应。

科技的进步，特别是信息技术的飞速发展，已经改变了传统的机动、打击、防御和后勤等概念，逐步演变成控制性机动、精确打击、全维防御和集中后勤等全新的作战概念。在未来的战争中，综合应用这些概念，形成全谱（即全部的辐射频谱，从无线电波、微波、毫米波、太赫兹、红外、可见光、紫外、X 射线到宇宙射线）控制能力强大的综合效应。所谓全谱控制能力就是在各种各样的军事行动中控制对手的能力。

二、现代战争要把“信息战”问题放在突出地位

在现代战争中，国家未来的安全利益面临着来自外部的信息攻击的严重威胁。从战略上说，“攻心为上”“不战而降”是最好的战争手段。敌人可能通过政治、经济、军事和社会生活的各个渠道，对国家领导层、武装力量指挥机构和民众实施信息攻击，以达到其预期的目的，使领导层做出错误的决策；使军队斗志涣散，战斗力下降；使民众心理受到伤害，精神和道德濒于崩溃；使民族之间产生更多的矛盾和隔阂，导致国家分裂。从战术上说，在未来的军事斗争中，可能遭受信息打击的目标将会是很广泛的。军事目标中，首当其冲的是军队的指挥控制系统，包括各级各类指挥所、情报中心和控制中心；民用目标中，最易受攻击的是行政管理系统、银行金融系统等。

关于信息斗争的打击手段，我们可以看到，在未来信息战中，广播、电台、报纸等大众新闻媒介，将被广泛用于军事与政治目的；计算机病毒、信息炸弹、逻辑炸弹、被赋予特殊使命的计算机芯片等，作为信息战的特殊武器将会广泛地用于破坏敌国重要的军事指挥系统、各类武器系统以及关键性的民用设施。信息战既可单独实施，也可同其他类型的作战手段配合实施。

毋庸置疑，不管你这个国家有多少钢铁、多少军队，如果没有跟上战争信息化的发展趋势，不具备相当的信息技术，包括信息获取技术和信息安全技术，在战争中就要被动挨打。美军对利比亚采取的“外科手术”式

空袭行动，就是一场典型的信息武器唱主角的新型战争。利比亚虽有十几万军队；但没有制信息权，有劲使不上，被置于无用武之地。1982 年，以色列军在贝卡谷地运用电子信息武器仅 6 分钟就摧毁了叙军 19 个导弹发射阵地，令全世界震惊。二战时，摧毁一个目标大约需要 9 000 枚炸弹；越战时，大约需要 300 枚；而海湾战争中，仅需 1 ~2 枚精确制导武器。伊拉克与多国部队的兵力对比是 16:1，但伊军没有制信息权，战争只能以伊军失败而告终，且伊军的伤亡是多国部队的 100 倍。

20 世纪末的科索沃战争，则向人们展示了信息技术改变战争形态的强大驱动力。首先，北约发挥自身的信息优势，建立了完善的情报侦察体系。同时依靠先进的战场 C^4I（指挥 Command、控制 Control、通信 Communication、计算机 Computer 和情报 Information）系统为攻击力量提供准确的实时情报，实现了“发现即意味着摧毁”。北约还动用了数十架专用的电子战飞机，对纵深数万平方公里范围内的、工作频率在 20 ~100 MHz 频率范围内的无线电通信和工作频率在 64 MHz 至 18 KMHz 频率范围内的各类雷达实施全面的压制干扰。大量行之有效的行动，使北约在情报获取及运用方面，取得了压倒性优势。事实证明，战争形式正在因信息技术的广泛应用而发生着改变。

由此可见，扩大在信息获取、安全、处理和使用方面与潜在敌人的差距，夺取信息优势，为最终战胜对方创造条件。以最少的代价换取最大的胜利，一直是交战双方共同追求的目标。

对于未来的信息化战争来说，最主要的是确立信息制胜的观念，以信息制导能量，以信息配置资源，以信息沟通指挥，以信息网络化来统筹战场和武装部队，以信息化战争的要求来制定战略战术等。目前，世界上许多国家，如美、英、法、德等国家的军队，都已把目光集中到了信息领域，开始组建数字化部队，培养信息化人才，发展信息战系统，研究信息化战争和信息战理论等。在他们的武器装备研制计划中，获取、处理、分发、保护信息的信息系统已占有相当大的比例。例如，美国已列装和即将列装的武器装备中，高分辨力、覆盖面积大的实时侦察监视系统就有 13 项（如机载预警与控制系统、“蒂尔”无人侦察机、逆合成孔径雷达等），支持制订任务计划和实施攻击的 C^4I 系统有 14 项（如全球指挥控制系统、国防信息系统网络、多功能信息分配系统等），除地空导弹外射程在 9 000 米以上的精确制导武器就有 33 种（如联合防区外武器、“战斧”巡航导弹等），耗资600亿美元。另外，美国三军制订了各自的信息战计划；建立了信息战机构，国防部和国家一级也在制订信息战计划。

在总结1991年海湾战争的经验教训时，一位美国将军曾精辟地说过一句话："硅片战胜了钢铁。"当然，这里说的小小硅片，是在钢铁基础上发展起来的硅片，应该理解为硅片和钢铁的结合。在敌对双方的角逐中，一盎司硅片产生的效应要比一吨钢铁还要大。在这个意义上，可以这样说："硅片战胜了钢铁。"

面对未来信息化战争的严峻挑战，各国在"制信息权"方面竞争激烈，西方一些技术先进国家将会竭力阻止我们掌握先进的信息技术。首先，作为一种遏制手段，他们想把我国拒于先进的信息网络之外，以求长期保持对我国的信息优势。这是对我国科技人员的巨大挑战。因此，摆在我军面前的任务是十分艰巨的。我军不仅要增强工业时代的"火力杀伤系统"；而且更要大力加强信息技术、信息武器以及信息网络化，把"制信息权"当作军队作战行动的必不可少的权利，并与过去行之有效的战略战术原则和信息化战争结合起来，使之焕发出新的生机。历史的经验和教训一再告诉我们，在新的军事技术开始促成军队和战争的物质基础发生质变的转折点上，谁能使自己的军事思想跟上技术条件的变化，谁就能处于军事发展的前沿。

三、信息获取技术在现代战争中的地位和作用

如上所述，在未来的高技术局部战争条件下，制信息权已成为赢得战争胜利的首要条件。制信息权包括通过各种手段实时获取或准实时获取我方和敌方的有效信息，确保我方所传递的信息不被敌方获取，以及破坏敌方的信息传递通道等。

众所周知，地球上所有物质都对外界辐射（自发辐射或反射日光辐射）自己独特的信息某一部分的电磁波谱。信息的时空传输，就是我们通常广义上所说的"通信"（包括"记录"和"成像"）。所传输的信息被传感器（探测器）映射，再通过各种信息分离、提取、增强、融合、识别等手段最终可达到被应用的目的。现代化的信息获取利用了多种技术手段，如电视传真、遥感技术、光纤通信以及光学与光电成像和雷达技术。在光学侦察中，多数是被动信息获取技术，如红外与微光以及可见光系统。与之相反的主动信息获取技术是人为地制造信息载体，如发射电磁波或用人

造的光源（或红外线辐射源）照明被探测目标。这些载体与目标相互作用后就携带了被探测目标的信息，这些信息被收回，并把目标信息从载体中提取和分离出来。采用主动还是被动信息获取技术应根据被探测目标的性质、被测物理量的性质、目标的状态与所处的环境等因素来选择。

在军事应用中，目标信息获取技术可能的感知空间覆盖了武器系统可能配置的全部空间，从地球外层到大气层、地面、地下、海面、海下及水下，其波长覆盖整个电磁波谱。

信息技术的迅猛发展，给未来战争的空时二维的特点，带来了巨大的变化。对空间维而言，从海陆空扩展到外层空间；从时间维来看，战争将在分钟级的时间内发生、发展和结束。这种主要依赖于信息技术的现代战争的特点，更新甚至改变了现代战争中的许多观念。士兵装备信息化、数字化战场、自动作战指挥方式等，以及各种各样的武器装备，为现代战争注入了新的观点，引导人们思考信息技术最终给战争带来的变化。

对多数军事目标信息的获取来说，首先是广义上的视觉，其可利用的信息载体是整个电磁波谱——按波长或频率又可细分为长、短波无线电波、微波、毫米波、红外、可见光、紫外直到 X 射线。因此，军事目标的载体特征主要有以无线电波为载体的雷达、以微波为载体的微波雷达和合成孔径雷达、以毫米波为载体的毫米波雷达以及太赫兹探测、以红外辐射为载体的热像仪、以光波为载体的微光、可见光相机和紫外辐射为载体的紫外相机等。其次为听觉，其代表为声呐技术；味觉与嗅觉则居次要地位，需要通过间接办法如谱分析来实现。

现代目标信息获取与处理系统一般是利用车载、机载（无人机、飞艇）、舰载、星载（低轨，同步）传感器，实现高分辨力、全自动、多光谱、多时相、地球空间信息获取，利用图像处理技术、通信技术、信息融合与提取技术、目标探测与识别技术，以及全球定位系统技术和地理信息系统技术，实现信息快速传输、目标地形自动重建、目标自动识别，以及战争指挥决策的现代化。

对于现代信息获取与处理系统，一般说来具有两种运作方式：一种是战略方式，如以 5 ~7 颗地球中轨卫星、5 ~8 m 分辨力、5 ~6 个光谱波段，对全球范围的重要目标进行精确跟踪，观测周期 3 ~4 天，服务于战略决策。另一种是战术方式，以车辆、无人机、低轨卫星为主要运载工具，几小时一次或不定期，0. 3 ~1m 分辨力，实现战时、小范围、高频度、高分辨力信息的实时获取和处理，为作战和战争指挥服务。

在军事应用中，目标信息的时效特征具有特殊重要的地位。一般可分为两种情况：一是通常意义上的军事目标的监视和侦察，如发现机场、港口、车站、兵营、阵地、水面舰队以及装备情况。这种信息的时效期相对比较长一些，一般以天甚至以月来计。另一类是实战时的军事信息（战役、战术信息），这种信息的时效特征比前者要严峻得多。在某些情况下，一个军事信息早一分钟还是迟一分钟到达指挥官手中，就有可能决定整个战役的成败。过时的信息，其价值等于零。随着军事高科技的发展，军事信息的价值有效期越来越短。信息处理可能的时间维特征，对于一般的军事战役和局部地区的战争，主要以战术信息的获取及其实时或准实时处理为主。对长期的监视与侦察系统可采用半实时甚至于事后处理的方式。

信息战的内容很多，不是这篇短文所能概括的。本文所涉及的仅是以军事、战术目标信息的获取与处理为主，信息的时效特征放在突出地位，其信息有价值的利用的时限应为分—小时量级。本文将不涉及有关信息安全技术、信息网络化、C^4I 系统以及战略目标信息的获取等内容。

四、现代战争中信息获取技术与目标探测与识别

20 世纪 80 年代以来，电子、光电子、通信、计算机和其他传感器等高新技术及其综合应用的迅猛发展，大大促进了信息获取的适时性及其深度和广度，使军队有可能随时掌握战术态势，准确确定目标位置，有效指挥部队和作战平台，迅速实施精确打击，从而大幅度提高军队的作战能力和战场生存能力。这主要体现在：

（1）红外热成像、微光夜视、电视摄像、激光测距、太赫兹、毫米波、微波和激光雷达、声探测、紫外探测等主被动监视装置，覆盖了从紫外到无线电波的宽广的电磁波谱。这些装置的综合应用，已能昼、夜、全天候、大范围监视战场和捕获、跟踪目标，并准确定位，成为未来战场夺取信息优势的物质基础。

（2）通信、计算机、显示，以及数字信息处理技术的发展，实现了战场数字化，构成了垂直和水平数字信息网，可以在整个作战空间采集、传送、交换、利用信息，使各级指挥员、作战平台都能获取和利用战场信息，从而确保及时有效地组织和指挥部队，最大限度地发挥部队的作战能力。

（3）目标侦察、光电观瞄、自主导航及火力控制等技术装备构成的作战平台综合控制系统，已在坦克、步兵战车、自行火炮、直升机等武器上广泛应用，大幅度提高了平台作战能力。

（4）红外、激光、电视、光纤、毫米波、惯性/GPS 等制导技术，红外、毫米波末敏技术，以及无线电、红外、激光等引信技术已经成熟，并大量应用，使常规弹药可以实施精确打击。

目前，世界各国都把军队现代化建设作为军队建设的一项重要内容，不仅研制开发高性能的武器，而且利用现代技术手段，如 C^4I 系统、全球定位系统、遥感系统等，大力改善军队获取信息的手段，为指挥决策提供更丰富、更准确的信息。由此可见，为我军提供有效的目标信息及建立信息获取的保障体系，是现代高技术局部战争的一个重要环节。

由上可见，为打赢周边地区的高技术局部战争提供有效的信息，需要有信息获取保障系统。它从信息的源头开始，即探测、感知、获取，直到把有用的信息提供给战地指挥和战斗人员，这中间有很多环节对信息进行传递，习惯上我们称之为信息链。一个完整的信息链大体由以下环节构成：信息的感知或探测、预处理、压缩、储存、传输、复原、有用信息的提取（融合、分离、增强等）直到应用。现代化战争对信息的需求是多方面的，而且是不断发展的；目前集中表现在对较大范围战场信息的高精度和实时地获取、传输及处理上。

作为现代信息获取技术，除侦察、瞄准等发现目标和观察目标外，它还包括通信、导航、定位等。此外，还应包括军事气象信息，如大气、风场、温度场等信息的获取。因此，信息获取技术的内容和范围是十分广泛的。

我们在这里主要讨论现代信息获取技术中一个十分重要问题——目标探测与识别技术，而且把问题限制在战术方式上和提取军事目标上。

在目标探测与识别中，主要提取的信息特征大概可分为：

1. 形影（图像）特征

人类是通过五官来识别物体的，其中以眼睛为最主要的途径。人的感觉有 80% 是通过视觉获得的。一架飞机和一辆坦克的图像，人一看就能正确区分是因为二者的形状不同，这是一种形影（图像）识别。除可见光图像外，实际上整个电磁波谱都具有成像机理，只不过人眼对它们没有感知罢了；但是，通过器件与处理完全可以把它们转换成可见的图像。这一类成像系统的特点是，对于光学系统，波长越长，衍射受限的分辨力越低。

短波长可以获得高的空间分辨力，但不利的约束条件增多，如可见光对云、雾的穿透能力就很差。因此，选择哪一种成像途径，有一个综合考虑、取长补短、优化选择的问题。

2. 波谱特征

不论是天然的还是人造的物体，它们无时无刻不在向外界发射或反射电磁波谱，而且一般都有自己特定的发射谱和反射谱特征。虽然我们并没有见到目标的形影，但通过对这些特征谱的提取和分析，有可能识别军事武器的类别与型号等，如雷达技术便是利用无线电波的特征进行目标的探测和测距的。

一般说来，利用目标的形影（图像）特征的成像链是：入射辐射通过光学部件收集并在系统的像面上形成景物的图像；像增强器以及单个探测器或探测器阵列将入射辐射转换为图像信号或电信号，然后被处理和格式化后显示；作为观察者的人观察图像，试图对目标的存在、位置和辨别作出决定。这样，一个目标探测模型便需要对成像链的各部分以及目标判定的过程进行研究。

目标探测与识别研究的一个重要问题是系统获得目标数据到显示、传输的实时能力，即要求高时效。这取决于两种因素：一是所采用的技术（如微光、红外、激光、雷达等）以获得目标信息的能力和应用范围和应用范围；二是对目标信息的数据处理能力。

由此可见，目标探测与识别的核心问题是围绕着高时效和准确性这两个要求，通过目标信息的“获取”“处理”“显示”“传输”等途径实现目标“探测”“识别”和“确认”。发展目标探测与识别技术，高时效和准确性是军事应用的最大特点。

应该指出，任何一种目标探测与识别系统都有其应用范围和局限性，不可能是万能的。在当今技术发展条件下，尚没有能力研制出这样一个平台或系统，其波谱范围覆盖紫外—可见光—红外—微波，直到无线电波，且分辨力（空间、时间、波谱、温度）高，并具备从信息获取到信息处理和应用的高准确性、高时效、实时或准实时的能力。

在进行目标的探测和识别时，采用哪一种波段和哪一种技术途径，应依据实际情况确定。下面我们简要分析一下夜视技术（微光和热成像技术）与雷达技术的特点。

我们知道，夜视技术是研究在夜间低照度的条件下，用开拓观察者视力的方法来实现夜间隐蔽观察的一种技术。它采用光电子成像的方法来缓和或克服人眼在低照度下以及有限光谱响应下的限制，开拓人眼的视觉。

目前，利用夜视器材进行夜间作战和行动已成为当今世界一种主要的战争手段。20 世纪 50 年代初，尽管主动红外夜视在己方“单向透明”的情况下是很有效的，但其本身具有隐蔽性不可靠、易暴露自己的缺点。此外，主动红外还受到大气条件的限制。于是人们自然想到从两个方向发展：一是利用夜天自然微光的反射辐射，即研究被动微光技术，使微弱照度下的目标成为可见；另一是利用红外波段 3 ~ 5 μm 和 8 ~ 14 μm 两个大气窗口，即场景中物体本身的热辐射，研究被动红外热成像技术使热目标成为可见。

与无线电频谱波段相比较，微光与红外的最大优点是它的高度隐蔽性。从现代战争的观点来看，整个电磁频谱充塞着无线电侦察和无线电反干扰，交战中的任一方应用都不可能不被对方发现。但是，微光和红外波段是很有前景的。因为它可以在被动状态下侦察和识别目标。特别是红外波段，它可以在战场强光干扰下工作，甚至可以透过树叶、伪装网和迷彩等观察目标。

对于雷达技术，我们知道，雷达即无线电探测与测距，它可以测量空中、地面及水上目标的位置，故又叫无线电定位。雷达利用定向天线向空中发出无线电波，电波遇到目标后，反射回来为雷达所接收，通过测量电波在空中传播所经历的时间以获得目标的距离数据，根据天线波束指向以确定目标的角度数据。雷达之所以受到重视和迅猛发展，是由于它所具有的独特优点。尽管它观测目标时在细节和分辨力上尚赶不上人们的眼睛，但它能观测到眼睛所无法看到的目标，如观测距离很远（数百和数千公里）的目标。它能在黑暗、云雾和雨雪中观测，并具有对超视距目标观测和透过障碍物（如墙壁、植被和大地表层）探测目标的能力。至于雷达能精确地测出目标的距离和速度，能够“同时”观测不同位置上的多种目标等，更是眼睛所不及的。雷达作为现代军事的主要作战手段，它的远距离探测的能力是红外和微光技术所不能比拟的。

由此可见，微光和红外热成像技术（它主要利用可见光波段和红外波段）与雷达技术（它主要利用微波和无线电波段）所要解决的任务和问题是不同的，它们各有特色，互为补充。

从战术角度看，一个完整的战斗任务大致包含侦察、搜索、监视以及攻击目标和随之毁伤目标，武器系统的设计和性能的判定或预测都要为这些使命考虑。在一个大的作战模型中，以何种方式（技术）获取目标信息，以及如何完成目标探测和识别的使命成为模型的首要问题之一，后者可简单地归结为电光成像系统显示器上目标的所在位置的获得以及在位置确定后对它们的进一步辨别。

所谓目标获取，其含义是目标所在位置的探测和目标辨别到所希望的等级，即从探测到分类、识别和确认。这是一个错综复杂且涉及人眼/大脑的图像翻译过程的问题。因为，作为观察者的人的响应并不能直接测量，它仅能用许多视觉心理实验来推论。对探测器型的光电成像系统，以建立目标探测与识别的模型而言，它涉及的问题有：目标辨别的判则，即模型需要确定目标探测与识别的不同等级；探测器件的性能量度，即模型与探测器件性能之间的联系；视觉模型，即研究人眼视觉的相关特性的计算机模型；模型评定，即模型判定与实验结果的比较等。此外，模型还必须考虑的问题有：大气的影响、典型军事目标和环境的特性以及电光成像器件的模型。前者要研究大气辐射的吸收和散射以及战场对相关波长的影响，因为目标、背景及辐射传播介质的特性是影响探测成像的主要因素。后者要研究电光成像器件使目标和景象的物理参数转换为显示屏上的可见图像（投射到人眼视网膜的亮度图样）的光学和物理学的描述。

五、信息获取技术：特点和进展

从现代战争的空时二维性的特点，可以看出现代战争对信息获取技术的基本要求：战场的空域扩展，要求具有获取敌我双方天、地信息的能力；战争的时域缩短，要求信息的实时传输、每一局部信息的实时处理，以及更高层次上实时的信息融合、决策和反馈式的自动指挥。

毫无疑问，现代战争的这种空时特性是完全依赖于战场信息的实时获取和实时处理。雷达和夜视红外热成像等电光成像作为这个庞大复杂信息系统的子系统，无疑将会扮演一个举足轻重的角色。一方面，雷达和电光成像系统是当前信息获取和目标探测与识别的主要的和最重要的手段及途径；另一方面，系统本身的信号处理，给后续的数据处理、信息传输、融合、决策等信息处理过程提供了最原始的处理内容。信息获取技术的内容是非常丰富的，并不是这篇短文能概括全的。下面简单介绍微光夜视技术、热成像技术、雷达技术、毫米波技术、光电对抗技术、信息融合技术等的一些特点和它们的进展。

1. 微光夜视技术

众所周知，人眼在夜间观察时受到了低照度和有限光谱响应的限制。为了开拓人眼的视觉，人类进行了不懈的探索，发展了夜视和热成像技术。它研究在夜间低照度的条件下，用扩展观察者视力的方法，以实现夜间或黑暗条件下的隐蔽观察。利用这一技术，人们在极黑的夜晚利用夜天极微弱光增强的方法不用照明就可像白天一样看清景物；或利用景物本身的热辐射的差异使热目标成为可见。

夜视技术始于20世纪30年代。1934年第一个红外变像管问世。它利用处于高真空下的银氧铯光阴极（S-1），将红外图像转换为电子像，再通过荧光屏，使电子像转换为人眼能察觉的光学图像。这一光子—电子—光子相互转换的原理奠定了现代夜视仪的技术基础。它在第二次世界大战和朝鲜战争中得到了初步应用，从此开创了夜视技术的新纪元。

夜视技术真正的改善和发展是在20世纪50年代末60年代初，级联微光像增强器的出现，因为它仅利用夜天微弱的星光和月光，不需要红外探照灯，是完全被动式，而且是隐蔽可靠的，后被称为第一代微光夜视。第一代微光夜视仪投入越南战场后取得了很好的战术效果，特别是面对敌方不具备同样的装备时。

微光夜视的发展经历了一代、二代、三代的历程。如上所述，50年代末期，发展了以纤维光学面板作为输入、输出窗三级级联耦合的像增强器，被称为一代管。这样，通过像增强器的三级增强，具有很高的增益，使极微弱的目标图像成为可见。20世纪70—80年代可以说是微光夜视的黄金时代。微通道板（MCP）作为电子倍增器件构成了第二代微光夜视，即二代管，它使夜视仪结构更为紧凑，重量轻且性能更优越，甚至构成了夜视眼镜。这样就开始解决现代夜视技术的基本问题：把夜晚变成白天。到了80年代，高灵敏度的GaAs负电子亲和势光阴极的崛起形成了第三代微光夜视，即三代管，它可以在极黑暗的夜间观察，使微光夜视更上一个台阶。二代管与一代管均采用多碱光阴极，其区别在于其像管增益机构的不同；二代管利用微通道板获得高的增益，因而不需要三级级联耦合，使结构更为紧凑。三代与一代、二代的区别在于三代的像管中采用了具有负电子亲和势的Ⅲ-Ⅴ族光阴极，灵敏度更高，视距更远。在三代微光发展的同时，超二代微光也得到迅速的发展。它是以超高灵敏度、高红外响应新 S－25 多碱光阴极；长寿命、低噪声、高传函 MCP（MCP 不需采用带防离子反馈膜）等为主要技术基础和技术特色；具有灵敏度高、噪声低、性能基本接近三代管等特点。微光夜视技术已解决了近距离（100 米～2 公里）的夜间观察的问题。

2. 热成像技术

和微光夜视一样，热成像技术是实现夜战、近战的重要手段。20 世纪 70 年代以来，以美国为首的西方国家优先发展这一高新技术。马岛战争、海湾战争和科索沃战争中充分显示了热成像技术的作用。

热成像技术通常采用 3～5 μm 和 8～14 μm 两个波段，这是由大气透红外性质和目标自身辐射所决定的。热成像技术可分为致冷和非致冷两种类型。前者一般由多元或焦平面红外探测器（含致冷器）、光机扫描器、信号处理电路和视频显示器组成，后者又可分为红外微测辐射热计陈列及热释电非制冷焦平面探测器等。

热成像技术即被动成像的红外技术，始于 20 世纪 60 年代，被称为前视红外（Forward Looking Infra Red，FLIR）系统，开始在飞机上得到应用。到了 80 年代，由于多元碲镉汞探测器和铟锑探测器制作技术的突破，遂能更有效地利用 3～5 μm 和 8～14 μm 二个大气窗口，使这二十年的夜视技术发生了根本的变化，从而形成了一个新的学科分支——热成像。热成像与微光夜视的作用原理根本不同，它是基于目标本身的热辐射。它不仅在夜间，而且在白天，也可以在恶劣的气候条件甚至全暗的情况下进行观察。其特点是可进行全天候观察，作用距离远，具有穿透烟、雾、霾、雪等限制以及识别伪装的能力。

20 世纪 80—90 年代被称为热成像的黄金时代。热成像系统的探测器已成为当今三大传感器之一。它的全天候工作、作用距离远、识别伪装能力强以及全被动等特点，使其在军事上占有十分重要的地位，是国际上众多先进武器必备的一种系统，特别在空间、低空、地面以及海面等军事信息获取系统中都可以看到其成功应用。目前，国际上热成像技术正在迅速发展，第二代、第三代热成像已有产品或装备问世。重点发展方向大致可分为两类：寻求高灵敏度、大动态范围和高分辨力（大面阵 512 × 512 像元以上）的焦平面系统和采用低成本非制冷焦平面系统。由于军事上的需求和科技的发展，各种新技术、新思想、新器件和新的处理方法的不断应用，极大地推动了热成像技术的发展。热成像技术已解决了较远距离（2～5 公里）的夜间观察问题。微光夜视和热成像正在实现人类把黑夜变成白天的理想。

微光和热成像技术已发展为对由 X 射线、紫外、可见、红外直到亚毫米波等辐射的探测和处理为基本内容的一门高新技术分支学科——光电子成像技术。这一技术已渗透到国民经济的多个领域，如医学、天文学、核物理学、工农业和日常生活中。

3. 激光技术

激光是“受激辐射的光放大”（Light amplification by stimulated emission of radiation，Laser）的简称。激光的诞生开始了光学和电子学的联姻，标志着传统光学、近代光学进入了现代光学的新世纪，象征着光子学新时代的到来。

1960 年 5 月，美国制成了世界上第一台红宝石激光器，由于它具有单色性好（激光所包含的波长范围非常窄，即光谱线宽度窄，从而颜色非常单纯）、亮度高（激光器是当今世界上最亮的人造强光源）、准直性即方向性好（激光几乎向一个方向传播，发射角仅 0.1 度左右）和时—空相干性好等独特性能，在军事、工业、医学、农业和科学研究中得到了越来越广泛的应用。人们把激光比作 20 世纪继原子能、半导体、计算机之后的又一项重大发明。计算机延伸了人的大脑，而激光延伸了人的五官。激光是探索自然奥秘的超级“探针”。

激光的出现使光学的发展出现了革命性的突破，第一次使量子光学由学术走向技术，进而促使光电子技术与光子学技术飞跃进步，并派生出许多新的光学分支，使人类对光的认识、掌握和利用进入了一个崭新的阶段。

自 20 世纪 60 年代激光器出现以来，激光首先被用于军事目的。它大大提高了光电系统的目标探测与识别能力，也提高了全天候作战能力，最重要的是提高了武器的作战效果。由激光、红外或电视制导的精确制导武器系统比传统的非制导武器的效费比提高了 20～30 倍。据统计，在二战时彻底摧毁一个目标大约需要约 9 000 枚炸弹，越战时用计算机控制投弹，需要约 200 枚炸弹，而海湾战争时使用激光制导炸弹，平均只需 1～2 枚。目前实战用的激光制导炮弹或炸弹的圆概率偏差为 0.1～1 m，实际上已具有可以直接命中目标本体或其重要部位的能力。

军用激光技术在不到40年的时间里，取得了突飞猛进的发展。当前，军用激光技术已从单一的激光测距和目标指示向更高级的多功能激光雷达方向发展，高精度激光制导武器、激光目标自动识别系统、目标自动跟踪系统以及远距离目标杀伤评估系统正在逐渐完善。

激光的军事应用大致包括了四个方面，即激光测距和目标指示、激光雷达技术、激光通信及激光武器。

激光束具有良好的指向性，利用激光束的这一特点做成的激光目标指示器与激光测距机是最早的军用激光设备。简单地说，激光指向和激光测距是激光雷达功能的一部分。

激光雷达是无线电雷达技术在电磁波谱光波段的延伸。激光雷达（Ladar）是 Laser detection and range 的缩写，其原理与无线电雷达完全相同，它是雷达技术与激光技术结合的产物。由于激光雷达使用了波长更短的激光做光源，利用了激光波长短、方向性好、单色性好、亮度高的特点，使得激光雷达产生了许多无线电雷达所不具备的优点，如分辨力高（光谱分辨力、距离分辨力和多普勒频移分辨力）和干扰能力强等，适于在高精度、低仰角和恶劣的电磁环境下工作，是战场侦察的重要候选设备。

首先是激光雷达波束窄、方向性好、抗干扰能力及隐蔽性较无线电雷达好。其次是由于角度分辨能力高，适宜于近程精密制导和跟踪。由于多普勒频移量大，测速精度也相当高。最后成像激光雷达可以获得十分清晰的三维实时图像，可以探测多种目标信息数据，通过辨识目标形状特征、尺寸大小、自转或滚转速度、机械振动特征等来识别和辨识目标的种类，分清敌我。它还可与其他光电成像设备或无线电雷达及高速计算机组合进行多传感器数据融合，构成目标自动识别（ATR）系统，为军用装备智能化与无人化、军用机器人等提供了基本条件。也可通过多光谱反射或吸收特征识别、侦察和发现掩蔽或伪装的目标。

激光测距、目标指向与激光雷达作为激光目标探测，其基本原理都是采用激光作为光源，去照射目标，通过对目标反射回波的探测，获取目标回波的强度、角位置、频率、相位、偏振态、吸收光谱、反射光谱及喇曼散射光谱等信息，从而判别目标的种类、属性、浓度、速度、运动轨迹及外形等。所探测的激光目标回波信号都是十分微弱的光信号，如何从混杂的噪声中提取出有用的激光信号就是激光目标探测要解决的课题。激光目标的探测就是要解决在各种干扰噪声存在的前提条件下，尽量抑制外部干扰，减小系统噪声，提高系统探测灵敏度，扩大光电探测系统的有效作用距离。

激光目标识别是通过发射激光光束照射未知目标，通过检测目标器回波信号的强度、频率变化、相位移动值、偏振态改变情况、目标反射光谱与吸收光谱的特征或者外形图像来判别目标的种类和属性。激光目标识别和无线电雷达一样，都属于主动目标探测与识别系统。它与被动的目标探测识别系统，如人眼、望远镜、夜视仪、热像仪相比，也有许多优点，例如，被动光学传感器易受气候条件、观测时间或者目标的经历过程等因素的影响。

激光在信息获取技术中的重要应用：一是激光通信，同电波通信一样，激光通信实际上是将激光束作为载送信息的一种载波体。以光导纤维（光纤）为传输介质的激光通信系统具有通信容量大、传输损耗小、抗电磁干扰性能好、保密性好、原料足、价格低等优点。二是激光存储技术，是70年代发展起来的一种全新的记录信息的技术，具有高的存储信息密度，光盘存、取信息的速度快，光盘保存信息时间长等优点。此外，光电对抗是现代化战争的重要手段，激光的光电对抗（包括干扰、告警、反干扰）是光电对抗中十分重要的组成部分。在21世纪，激光的军事应用将会得到更进一步的发展。

总之，在未来的高科技条件下的局部战争是陆、海、空、天、电磁波谱的五维一体战争，是在以很少兵力投入情况下在局部区域以快速、远距离、高精度摧毁目标的模式完成作战使命的。军用激光技术就是实现和完成这一战争模式的不可缺少的技术手段。

4. 雷达技术

自20世纪40年代以来，雷达随着科学技术的发展，取得了巨大的进展，出现了各种新型雷达。如微波雷达工作在厘米波段，波长短，测量精度高，结构紧凑，体积相对减小，且天线波束可以做得很窄，故分辨目标的性能好，可以在飞机和舰艇上使用。在军事上，地对空导弹系统采用雷达测量目标与导弹在空中的相对位置，通过计算得出导弹的最佳飞行路线，据此发出无线电指令，控制导弹接近目标。飞机装有雷达能看到地面上的江河、湖泊、城镇、工厂、机场、铁道等地物，可用作飞机飞行和着陆的导航、轰炸瞄准。舰艇装有雷达能在雾中看到周围海面的情况，可防止敌舰袭击和避免船舶相撞、触礁，使舰艇安全航行和进港。炮兵可用雷达控制高炮跟踪瞄准敌机，提高炮火的命中率，还能计算出敌方的炮兵阵地的位置。相控阵天线可形成极窄的波束，灵活、快速、无惯性地在空间做扫描运动，探测和跟踪空间的多个目标。研制固体化的中—小型相控阵雷达和机械转动的相控阵雷达，用作地面探测与跟踪；研制更可靠的巨型相控阵雷达，用作对空间大量目标进行监视和测量。此外，微波合成孔径雷达利用信息处理系统，可获得地面的全息图像。

微波雷达的突出优点是覆盖范围大，作用距离远，穿透烟雾能力强，但是容易被敌方发现并干扰、分辨力低，易受反辐射导弹攻击。随着光电子技术的发展，越来越多的光电侦察装备应运而生，显示出光电子技术在战场侦察中的相对优势：分辨力高，通过成像甚至能够认识目标的型号；利用激光测距可以达到0.5 m的测距精度，抗电磁干扰能力强，不易被敌方发现。但是，其缺点也突出，由于光穿透烟雾的能力弱，全天候工作差，作用距离较近，有源工作时视场窄。

微波和光电的优缺点正好互补。若将二者有机地结合起来，形成多频谱多传感器的战场侦察系统，则可充分发挥各自的优势，弥补各自的缺点，使战场侦察系统能够在一定的距离内适时发现目标，识别目标的属性和型号，侦察破坏程度；又能对抗各种自然干扰，甚至全天候工作；还能对抗各种人为干扰，提高电子战中的生存能力。

20世纪70年代以来，半导体器件、数字化技术以及计算机的广泛应用，使雷达的性能与结构产生了巨大的变化，雷达技术走向新的发展阶段。采用半导体器件制成的固体化雷达，体积小，重量轻，可靠性好。数字技术用于雷达，测量精度提高，信号与数据处理方便。计算机可对雷达进行信号处理、参数估算、波形控制、数据处理、目标识别、抗干扰自适应控制等。计算机管理雷达系统，工作灵活，功能增多，操作自动化，能适应目标环境情况的变化等。

早期雷达，即使处于发展较成熟的阶段，也仅仅是满足于获取目标的包括距离、方位、俯仰和速度的四维信息。随着复杂战场环境中对目标信息熵的要求愈来愈高，诸如目标的类型、目标的形状、目标对自己的威胁程度等参量，在雷达系统对目标信息的获取上，需要有质的突破。合成孔径雷达（Synthetic Aperture Radar，SAR）技术，就是这种技术突破的一个典型代表。这种技术，可以逼真地显示目标的形状、尺寸、运动状态及姿态，使得军事观测技术进入了一个新的阶段。可以说，SAR 技术的发展水平已成为一个国家军事电子技术发展水平的一个标志。

5. 毫米波与太赫兹技术

毫米波是一段较宽的电磁波频谱，用于通信，其信息容量比从中波到厘米波的总和还要大许多倍；用于成像，与可见及红外光学系统相比，具有可穿透云、雾等特点。与微波系统相比，具有体积小、重量轻并有较高的空间分辨力等优点。毫米波成像具有广泛的民用及军用背景，如毫米波具有对人体无害且可穿透衣服的优点，使毫米波成像可用于实时检查隐藏在衣服下的塑料武器或爆炸物，它既可穿透许多建筑材料，又具有红外的夜视能力，使之可用于军事侦察等。在空间应用方面，毫米波成像越来越受到关注。尤其是在近年来倍受青睐的小卫星系统，毫米波的优点更为突出。因此，无论是军用还是民用，毫米波都是一个引人注目的波段。与微波相比，毫米波的波长较短，有较明显的准光特性。目前，光学波段的集成光学理论已比较成熟，但由于加工精度要求非常高，实用化受到限制。而毫米波的波长比光学波段要高四个数量级，加工相对容易，因而利用准光技术实现毫米波器件的集成化是可行的。毫米波发射、接收器件无疑是毫米波系统的关键器件之一，而目前这一部分一般地说体积较大，并与处理部分无标准接口，很难适应现代小卫星标准化、模块化的要求。

这里简单介绍一下近年来迅速崛起的太赫兹技术。太赫兹辐射是指0.1~10 THz的电磁辐射，从频率上看，它处在无线电波和红外之间的毫米波之内。与微波等无线电波比较，太赫兹的频率高、波长短，具有很高的时域频谱信噪比，且在浓烟、沙尘环境中传输损耗很少，可以穿透墙体对房屋内部进行扫描，是复杂战场环境下寻敌成像的理想技术。未来城市及反恐作战中，借助太赫兹特有的“穿墙术”，可以对“墙后”物体进行三维立体成像，探测隐蔽的武器，伪装埋伏的武装人员和显示沙尘或烟雾中的坦克、火炮等装备，进而拨开战场迷雾。

此外，太赫兹成像技术在塑料凶器、陶瓷手枪、塑胶炸弹、流体炸药和人体炸弹的检测和识别上，更是“明察秋毫”，利用强太赫兹辐射照射路面，还可以远距离探测地下的雷场分布。如此，士兵们不需要靠近可疑地段或人员便可以对其进行检查。与耗资较高、作用距离较短、无法识别具体爆炸物的X射线扫描仪相比，太赫兹成像具有独特优势，目前已经初步应用于检查邮件、识别炸药及无损探伤等安全领域。

由于太赫兹具有非常宽的带宽，能以成千上万种频率发射纳秒以至皮秒级的脉冲，大大超过现有隐身技术的作用范围。因此，不管是面对形状隐身、涂料隐身，还是等离子体隐身的目标，都能让它们“无处遁形”！故太赫兹雷达成为未来高精度、反隐身雷达的发展方向之一。此外，太赫兹通信集成了微波通信与光通信的优点，具有传输速率高、容量大、方向性强、安全性高及穿透性好等诸多特性，在军事通信应用上的前景诱人，已成为各国挖掘开发的热点。

6. 光电对抗技术

自20世纪70年代以来，光电子技术在武器的火控和制导系统中的日益广泛应用，促进了光电对抗技术的飞速发展。光电对抗是“信息战”中的一个重要组成部分，它是一种军事行动，即敌对双方利用光电设备和器材所进行的电磁斗争。它包括光电侦察与反侦察、光电干扰与反干扰，以及与此相关的摧毁与反摧毁等几个对立的方面。敌对双方进行这种斗争的目的，是保存自己和消灭敌人，以夺取战争的胜利。

历次战争已证明，光电对抗在现代战争中是一种克敌制胜的有效手段，光电对抗“已不是传统军事力量的一种补充，而是整个战争能力的一个有机组成部分”，“当前夺取和保持作战中的电磁（信息）优势比在第二次世界大战中夺取空中优势还要重要”。这就是光电对抗技术的研究发展已日益受到各大国军事部门高度重视的原因。

光电对抗的实质是电子对抗向光频段的延伸，射频对抗的基本原理和方式同样也适用于光电对抗领域，只不过所用的器件和技术有其独有的特点。光电对抗，学科上涉及光学、激光、光电子、大气光学及材料学等领域；军事应用上涉及战术应用和战略应用。

光电对抗在现代战争中有着重要的地位。它的作用大致是：

第一，查明和收集敌方军事光电情报，为采取正确的军事行动、研制光电干扰设备、实施有效干扰或火力摧毁提供依据。

第二，扰乱、迷惑和破坏敌方火控系统中的光电观瞄设备和精确制导武器系统的正常工作，使其效能降低或完全失效。

第三，保障己方的光电设备正常工作，免遭敌人的光电侦察、干扰或火力摧毁，使己方的光电观瞄设备不致失灵，火炮和制导兵器不会失控，充分发挥其效能。

光电对抗技术目前常用的有光电告警技术、光电干扰技术、光电反对抗技术等。

光电告警系统的主要使命是完成战场支援侦察。其功能主要是，在复杂的战场环境中，观察敌方的活动，及时探测并识别威胁的存在，判断威胁的性质和危险等级，确定来袭方向，并向它的平台发出报警。最要紧有两点：一是威胁性质的判断必须高度可靠，以免平台受虚警的干扰；二是反应必须足够快，使平台能来得及采取适当的对抗措施。

光电干扰是指阻止或削弱敌方有效使用光电系统所采取的行动，光电干扰的主要特征是干扰、破坏和欺骗。光电干扰有无源干扰和有源干扰之分。实际系统中有时有源干扰和无源干扰并用，称为复合干扰。无源干扰主要通过改变光学通道的传输特性来实现。在目标的特征光频、激光辐射的传播通道上施放烟幕或气溶胶，吸收、散射激光辐射的能量，使目标变得模糊不清，从而使敌方光电火控、制导武器系统的效能大幅度降低，达到阻止或削弱敌方有效使用光电系统之目的。有源干扰有欺骗式干扰和压制式干扰之分，它们都需要一台光频辐射源或激光器作干扰源，故称有源干扰，干扰源的辐射频谱或激光波长必须处在被干扰对象的透射带内。目前，光电干扰常用的几种手段有烟幕武器、激光欺骗干扰、激光软杀伤压制干扰、主动红外对抗系统和一次性使用的诱饵等。

光电反对抗技术包括反侦察（伪装和隐形）和反干扰等技术。伪装指的是通过在平台上遮盖伪装物（如伪装网）来隐蔽目标的手段；隐形则是指在平台设计时就把隐蔽作为平台本身的主要设计目的，而不是作为外加物来使用。这里“隐蔽”一词指的是“特征抑制”。不管伪装还是隐形，它们都是以特征抑制为目的的。对于反干扰技术，特别是激光软杀伤压制干扰武器的出现，已越来越引起光电行业的关注，经光学元件或人眼会聚或不会聚的激光能量，对光电传感器和人眼都有特殊的危害。战场上军用激光的广泛应用，使得保护人眼和传感器越来越重要。

下面列举几个重要战例来说明光电对抗在现代战争中的地位和作用。

在20世纪60年代末至70年代初的越南战争中，起初美国飞机屡遭原苏制“萨姆-7”地空导弹的袭击，损失惨重，不久美国在越南南部作战的飞机上全部加装了红外诱饵弹，挫败了“萨姆-7”的进攻。后来“萨姆-7”导弹加上了滤光片，对美国的红外诱饵弹的干扰起到了抑制作用，使它又在1973年10月第四次中东战争中恢复了战斗力。80年代中后期在阿富汗战场上，飞机与防空导弹之间的角逐是红外对抗的一个生动战例。战争初期苏联一直牢牢控制着阿富汗战场的空中优势，当时阿富汗游击队使用了第一代防空导弹“萨姆－7”及第二代防空导弹“尾刺”，都无法有效地对抗苏联飞机的红外干扰弹及主动红外调频、调幅干扰机的干扰。但当阿游击队把第三代“尾刺”防空导弹投入使用时，苏军的大量飞机被击落。据称，1986 年至 1987 年两年间，阿游击队用美提供的 FIM－92“尾刺”导弹击落了 400～500 架苏联和阿政府军的战斗机和直升机，从而从根本上改变了空中态势，成为苏联撤军的一个重要因素。FIM－92 第三代“尾刺”导弹采用被动红外和紫外双模制导，具有“发射后不管”的能力，能够全面截获、跟踪和攻击目标。双模探测器可以使导弹有效地分辨目标、诱饵和背景杂波，防止导弹射向假目标。

光电侦察与反侦察、光电干扰与反干扰设计者之间的竞争，是一场智慧的较量。侦察与反侦察、干扰与反干扰，不可能一方永远被另一方所压倒。前面提到的历次近代战争中飞机与红外导弹的对抗与反对抗致使红外导弹从一代发展到三代，以及海湾战争中美伊双方光电侦察与反侦察的斗争就是最生动的写照。可以说，没有无法对抗的武器系统，也没有一劳永逸的能对抗所有光电武器系统的万能的对抗系统。在对抗与反对抗的竞争过程中，一切都是针对具体情况而言的。并且一般来说，反对抗技术滞后于对抗技术，对抗技术又滞后于武器系统的设计，对抗与反对抗这一对矛盾的两个方面的发展必然不断促进武器系统的新发展。我们可以这样说，光电对抗将始终处于光电武器装备发展的最活跃的前沿，并且将永远是推动光电装备不断发展的内在动力。

7. 信息融合和图像融合技术

如前所述，在现代战争中，信息获取能力是必不可少的能力之一，制信息权正被提到日益重要的地位。要想取得制信息权，必须能获取尽可能多的信息并及时可靠地予以处理，为正确决策提供依据。这种制信息权并不是简单地通过增加传感器就可得到的，因为信息获取面对的是极其复杂的陆、海、空、天立体化的背景，信息获取手段也是多层次、多平台、多频段的，各传感器的作用范围和性能千差万别，得到的信息极其庞杂多样。一般来说，战时信息具有以下特点：目标广域化，结构多样化，数据量庞大，置信度不一，敌我不明，真假不辨，时变等。任何指挥员和系统面对如此大量复杂的未经融合处理的信息要做出迅速及时的决策是非常困难的。单一传感器通常只能提供部分的、并不精确的信息，有时甚至是虚假的信息，还要面对各种欺骗和有源、无源干扰。这些都有可能造成决策失误或系统瘫痪，带来不可估量的损失。为此，系统必须能有效地对原始信息进行各种处理，去伪存真，得到最需要的信息，为正确决策提供依据，信息融合就是其核心内容之一。

我们知道，传感器本身受到技术发展水平的限制和周围环境的干扰，任何一种传感器都有一定的作用范围和精度，只能提供部分的、不完整的、甚至不精确的信息。因此，不能排除对未知或部分未知环境描述的多义性。如果充分利用各个传感器的互补、冗余和辅助信息，将其融合在一起，就可以得到更准确可靠的信息。因此，信息融合技术可以提高系统的生存能力、抗干扰能力和可靠性，扩大其时空覆盖范围，提高置信度和精度，减少模糊度，提高目标识别能力，拓宽电磁频段覆盖范围，且能大大减轻通信系统的负荷。

信息融合技术是集控制论、信息论、人工智能、专家系统、神经网络、计算机技术等多学科为一体的综合性技术。为了适应未来战争，实现对低可探测性威胁目标的探测与识别、防范与摧毁，发展先进的多传感器多频谱信息获取（探测）系统是一条重要的技术途径，国外已研制成功多种信息融合系统。

图像融合是多传感器信息融合中可视部分的融合。所谓图像融合技术，就是指将多源信道所采集的关于同一目标的图像经过一定的图像处理，提取各自信道的信息，最后综合成统一图像或综合图像以供观察或进一步处理。通过高效的图像融合方法可以根据需要综合处理多源信道的信息，从而有效地提高图像信息的利用率、系统对目标探测、识别与决断的可靠性以及系统的自动化程度。

多传感器图像融合是20世纪80年代提出的新概念，是一门综合了传感器、图像处理、信号处理、显示、计算机和人工智能等现代高新技术。它利用多传感器、多波段探测及多通道信源数据融合，特别是信息量较大的图像信息融合，实现实时化，为军队指控、火控的智能化、数字化管理提供技术基础。由于图像融合系统具有突出的探测优越性（时空覆盖面宽、目标分辨力与测量维数高、重构能力好等），在一些技术先进国家受到高度重视并已取得相当大的进展。

利用波段或光谱上的区别是突出景物对比、提高探测概率、增加观察距离和提高信息获取能力的重要手段。在多传感器图像融合技术中，可含紫外、可见光、近红外、红外、太赫兹、毫米波和微波等很宽波段的多种传感器。其关键技术可在各种图像传感器本身的性能及其改进以及多种传感器系统的合成及其信息融合方法中得以体现。利用多传感器图像融合，其作用和效果是明显的。

六、结束语

从海湾战争到科索沃战争，已经表明：信息已成为影响战争全局的重要战略资源；信息技术已经渗透到战争的各个方面，成为军事技术的主导技术；信息化已成为高技术战争最本质、最鲜明的特征。虽然我们不能把信息的作用无限夸大，但也不应该漠视信息技术在现代战争中的重要作用。

应该指出，现代战争中的信息战尚处于发展的初始阶段，信息系统的“脆弱”就是这种初始阶段的象征。而从目前军用信息系统的现状来看，还存在下列不足：一是脆弱性，特别表现在互联网，涉及金融、能源、教育、运输、电信、国防及社会的众多领域。它常受黑客的攻击，包括计算机入侵和制造、传播计算机病毒等，这已是众所周知的事实。就是专门军用的信息网，也不能避免受到攻击并为敌人所用；其造成的严重后果将可能是十分严重的。二是不均衡性。在目前的军用信息系统中还存在一些“瓶颈”，其主要问题是节点过多、算法错误、带宽不足、系统易损、对卫星依赖严重、结构庞杂、机动性差等。有效地解决这些问题需要大量的资金和很长的时间。三是易扩散性。在现代条件下，互联网、全球通信、全球定位系统、卫星遥感、电视有线无处不在，所有这些都可以使人们轻而易举地获得近实时的信息。由此可见，加强信息安全技术和信息获取技术是当务之急。

从海湾战争到科索沃战争，给我国这个发展中国家，提供了许多有益的启示。目前，我国的信息安全形势极为严峻，实施和抵制信息战的能力与世界先进水平相比有较大的差距，其主要表现为：一是硬件方面受制于人。我国目前尚不能自给生产 CPU 芯片，计算机网络系统的其他部件的关键技术，也掌握在外国生产商手里。二是软件方面漏洞较多。由于在信息安全方面起步较晚，国内使用的大部分软件存在着安全隐患。因此，要大力加强军队的信息化建设，加快信息安全技术和信息获取技术的研究和发展。数字化战场是未来信息化战争的重要基础，其目的是增大战场透明度，提高指挥控制效能；加快作战行动速度，保持战场主动权；提高武器装备的反应速度，增强打击和抗毁能力；提高后勤保障效率等。这一切在很大程度上有赖于信息获取技术和信息安全技术的发展。为此，一方面，要通过卫星通信、光纤通信、无线电台等传输手段，将战场上的各指挥所、作战部队、保障部队、武器系统直至单兵联为一体，组成一个纵横交错的天、地（海）、空一体化的战场信息网。为此，要大力发展战略和战场的 C^4I 系统、电子对抗系统、武器平台控制系统等。另一方面，要加强信息安全技术的研究，特别是网络安全、网络雷达、公钥密码、密码算法及技术等研究，重点开发包括高性能的计算机技术、智能化技术、信息攻防技术以及相关的软件技术等，使我国在未来的信息对抗中占有一定的技术优势。此外，要加快各种信息获取技术的研究和发展，使我国的微光夜视技术、热成像技术、激光技术、雷达技术、毫米波技术、太赫兹技术、光电对抗技术、信息融合和图像融合技术等信息获取技术迅速赶上世界先进水平。

参考文献

[1] 周立伟. 目标探测与识别 [M]. 中国现代科学全书·兵器科学与技术卷分册. 北京：兵器工业出版社，2000.

[2] 黄志澄. 硅片能打败钢铁吗？[J]. 电子展望与决策，2000（4）：3－8.

[3] J. S. Accetta and D. L. Shumaker. The Infrared and Electro-Optical Systems Handbook [M]. Bellingham：MI and SPIE Press，1993.

关于我国兵器光电高新技术发展的探讨*

谁掌握了以高新技术装备的武器，谁就在战争中获得主动。

前　言

我认为，海湾战争给予我们的最大启示之一是我国的领导层从上到下都不再怀疑兵器高新技术在未来战争中的作用；谁掌握了以高新技术装备的武器，谁就在战争中获得主动，就有可能获得胜利。启示之二是居安思危。虽然中苏关系有明显改善，中美之间不存在边界问题，直接发展为局部战争和边界冲突的可能性也不存在，但祖国尚未统一，国际反华势力亡我之心未死，扩展主义者虎视眈眈我国的边疆和海岛，当和平演变的一手失效时，以军事实力为后盾诉诸直接或间接的局部战争，对我国发动侵略的可能性也是存在的。因此，这次会议探讨我国在未来战争中兵器高新技术的应用与对策是很有意义的。

一、现代战争是一场高新技术武器较量的战争

在现代战争中，参战双方为了迅速改变战场的态势，尽快取得战争的胜利，将大量使用新兴技术和高新技术制造的新式武器装备。因此，现代战争实际上是一场高新技术武器较量的战争。海湾战争就说明了这一点。在这场战争中，推出了许多高新技术的武器和装备。武器的电子化、导弹化大大提高了武器的效能。现代战争越来越依靠导弹，无论是飞机、军舰，还是装甲车辆，都可成为导弹的发射平台，它们本身却又成为导弹的攻击对象。高新技术的电子战对战争的影响越来越明显；军事卫星以及高级指挥、控制、通信、情报系统在战争中所处的地位和作用越来越重要。

---

* 本文载于杨培根、阎建中主编的《兵器工业高新技术研讨会论文集》，第10-14页，1992，兵器工业出版社，北京。

兵器光电高新技术在现代战争中也起着十分重要的作用。以这次海湾战争中侦察设备为例。美国的侦察卫星（包括海洋监视卫星和预警卫星）中，装备有 CCD 扫描相机、红外和多光谱探测装置、数字成像探测器、红外望远镜和电视摄像机等，美军在侦察机中配备有侧视合成孔径雷达、红外探测器、前视红外系统、各种相机和电视摄像机等。此外，多国部队装有大量的地面侦察系统，其中夜视装备之多、性能之好，是历次战争不能比拟的。美军的飞机内装有先进的热成像装备，每辆军车、坦克和每个重要的武器直到反坦克导弹和 50 毫米口径的机关炮都配备了夜视瞄准具。美军的每个班（4～10 人）就有几副夜视眼镜和步枪瞄准具。据称，仅美军第 24 机械化步兵师就准备了上千套夜视仪。

在这里，我想顺便谈一下，在英阿马岛战争和海湾战争中，夜视装备发挥了很大作用，并改变了人们传统的夜战观念。过去，在夜视装备水平低和不能大量装备部队的情况下，夜间不仅使部队行动不便，而且使优良武器不能发挥作用。因此，夜幕可以缩短优势装备者与劣势装备者之间的差，夜战便成为劣势装备者制胜优势装备者的传统战术。然而，随着夜视器材大量装备部队，夜战已成为优势装备者的最佳选择。在海湾战争中，美军航空轰炸机总是零时启航、五时返航，都选择在夜间，从而使伊拉克蒙受了巨大损失。

在海湾战争中，多国部队的侦察装备遍及天空地海，组成多层次、多方位、主体化的侦察体系，实现了全波段（可见光、红外、微波）、全天候和全天时侦察以及实时侦察。这样，使武器作战效果充分发挥，并能监视战场变化，对来袭导弹预警以及为最高层领导战略决策提供依据。通过海湾战争，人们趋于这样的共识，未来的现代战争是充分运用高新技术的信息化、智能化、综合化而实现全面（全波段、全天候、多方位、大纵深）的一体化的战争。

二、大力发展我国的兵器光电高新技术

未来的战场主要由三种系统组成：①精确定位敌人部队的高级传感器系统；②协调整个战场的电子指挥系统；③打击敌人的武器系统。在海湾战争中，由高级传感器系统对敌方进行侦察、监视、预警、瞄准，加上 C^3I 的全面指挥，使战争得以在全天候、多方位、大纵深的状况下进行，有效地支援了部队的作战行动。

在高级传感器系统中，光电子学（探测器与激光）、光电系统（制导与火控）是核心部分，其中军用光电、夜视、热成像等装备又是各国竞相发展的重点。

在讨论发展我国兵器工业高新技术之前，我认为，从我国国情实际出发，在指导思想上是否应该遵循以下几点：

（1）加强常规防御和全力发展常规武器是我国国防现代化的需要，我国主要的威慑力量是精良的现代化常规武器。

（2）常规武器的高新技术的发展并不是立足于早打、大打的临战思想，而是立足于15～20年大战打不起来的设想。

（3）常规兵器的高新技术的发展主要依靠自力更生、大力协同。只有建立我们自己的独立自主的兵器工业体系，发展自己配套的高新技术，才能为未来战争提供适度的军事物资储备，在战时及时保障军事物资的供应，并为我国部队提供具有技术威慑力量的先进武器装备。

在当今世界总体形势趋于缓和，我国转向以经济建设为重点的今天，在兵器工业中进行调整，实行平战结合、保军转民、军民结合的政策，无疑是正确的。但是，发展兵器高新技术面临的一个事实是型号研制经费转入军兵种手中，兵总的经费相当紧张，要发展的内容很多，但不可能都发展，只能重点发展，而且其中一大部分作为技术储备来发展。

看来，兵器高新技术的课题主要来自两个方面：

（1）围绕着型号进行研究，用型号需求作为发展背景，用型号经费来带动部分高新技术，这有它自己的优点，但毋庸讳言，也有它的局限性。

（2）选择部分关键的高新技术与基础技术进行领先研究，作为必要的技术储备，其中部分作为高新技术重点跟踪的课题。

这两方面应该是互相结合、相辅相成的，我迫切希望纠正只重视型号而忽视（轻视）基础与关键技术研究的倾向。

作为兵器工业中的光电高新技术，结合我国的实际，从大的方面说，我认为有以下几个方面：

（1）军用激光技术；

（2）微光夜视技术；

（3）红外热成像技术；

（4）精密制导技术；

（5）光电火控技术；

（6）光电对抗技术。

这些高新技术与坦克和反坦克武器，压制兵器如高炮、地炮等以及夜战、近战相联系，作为常规防御和现代常规武器的必要部分。

这六大技术，每一项都有很多的内容，因此要根据现代兵器光电的发展趋势，结合我国的国情和技术发展水平，有所侧重，分清轻重缓急发展有关技术。具体来说，提出以下的建议和看法。

（一）军用激光技术

（1）大力发展新一代激光测距机（如1.54 μm喇曼频移的激光测距机和能与红外热像仪兼容的10.6 μm CO_2激光测距机），加速开发，及早装备。

（2）以光电传感器为攻击目标的战术激光致盲武器应作为重点发展的技术。

（3）激光雷达与激光测量横风技术可作为重点跟踪的技术。

其他如激光引信、激光显示、激光瞄准与跟踪等，应在考虑发展之列。

（二）微光夜视技术

（1）超二代直视微光夜视技术应作为重点发展的技术。超二代薄片管的出现，无论在灵敏度、长波响应、增益，或是在鉴别率方面均优于二代，信噪比与三代相当，费效比也较二代、三代为好，制造工艺较三代简单，故有很大的潜力。看来，在我国的国情下，发展超二代比较现实。

（2）大力发展CCD器件及微光电视摄像技术。CCD器件已成为当代微光电视摄像的方向，并且还是一门带头技术，要在我国迅速形成高密度面阵和线阵CCD的生产能力，并开发各类微光CCD摄像机。

（3）以GaAs负电子亲和势阴极为基础的第三代直视微光夜视技术可作为重点研究的技术。

（三）红外热成像技术

（1）大力发展多元碲镉汞探测器与8元、16元扫积型探测器（Sprite），迅速在我国形成自己的组件化系列。

（2）凝视红外焦平面阵列热成像探测器应作为重点跟踪的技术。

（3）积极研究非制冷的热释电成像技术。

（四）精密制导技术

（1）重点发展反坦克制导技术，进一步完善我国的红外有线半自动指令制导的导弹。在此基础上，研究采用凝视焦平面阵列红外图像探测器，跟踪红外成像制导的反坦克制导技术。

（2）大力发展激光制导与光纤制导，力争在近期内有较大的突破。

（3）毫米波末制导技术可作为重点跟踪的技术。

（五）光电火控技术

（1）重点发展坦克火控系统，并配备微光夜视仪和热像仪、激光测距机等，以加强夜战和实战能力。

（2）大力发展新一代的高炮火控系统，配备先进的光电跟踪和测距设备，使能自动跟踪目标，并提高全天候、全自动的作战能力。

（3）地炮火控系统要在现有的技术射击指挥系统的基础上发展为具有战术指挥功能的地炮射击指挥系统。

（六）光电对抗技术

（1）大力发展光电侦察与反侦察、干扰与反干扰技术，研制各类光电（红外、可见光与激光）报警系统与干扰装置，力争使我军装备上必要的光电对抗器材，具有一定的光电对抗能力。

（2）重点跟踪较为完整的光电对抗系统，它将光电报警与主、被动对抗器材相结合，使在未来的战争中，我方能及时发现和判明来自敌方的威胁，自动在极短的时间内采取有效的干扰措施，提高部队在战场上的作战能力。

实际上，现代兵器（无论是坦克，或是高炮、地炮及导弹）中的光电装备均是光机电算及各种技术的综合。除上述技术外，还要解决众多的技术问题，如快速精确的跟踪技术、激光调制—编码—稳频—扫描技术、惯性技术、光学薄膜技术、新的光学加工技术、可靠性技术、图像处理技术、显示技术、纤维光学技术、专用集成技术和微电子技术等。此外，还有光学与光电测试技术。统筹安排这些基本技术的研究，也是发展兵器光电高新技术的重要课题。

三、发展我国兵器光电高新技术的几点看法

发展兵器光电高新技术，努力使我国的现代化兵器赶上国际先进水平，任务是十分艰巨的。现提出以下几点粗浅的看法，供领导和同志们参考。

（1）兵器光电高新技术的发展要全面规划，统筹安排，突出重点，择

优支持。

现代兵器高新技术是涉及面广、难度很大的技术。加强统一领导，由兵器工业集团公司自上至下全面协调，发挥集团公司内的群体（厂、所、校）优势，克服各自为政、低水平上重复的现象是十分必要的。因此，要统筹集团公司光电高新技术的研究与发展规划，突出重点，择优支持，集中力量，以有限的财力取得较好的效果。

（2）发展兵器光电高新技术时，目标要明确，技术要配套。

技术（指器件、技术、仪器装备、测试）配套并不意味着一切要自己搞，但关键技术与器件绝不能依靠外人，必须自己解决，真正把命运掌握在自己的手里。

（3）大力加强关键技术的预研以及基础研究，加强技术储备。

发展兵器光电高新技术，要有一些长远观点。希望抓型号研制时不要就事论事，而是通过型号课题较为彻底地解决关键技术问题，要积极支持开展新技术、新器件和新理论的预先研究，使我们的工作有必要的技术储备。

以夜视红外热成像技术为例，下述五个问题的研究要特别予以重视。

① 光电发射体（正、负电子亲和势光阴极）的研究；

② 电子倍增器，如微通道板（MCP）的研究；

③ 电荷耦合器件（CCD）的研究；

④ 碲镉汞（MCT）焦平面探测器及其致冷技术的研究；

⑤ 热释电非制冷焦平面探测器的研究。

其中，CCD 和 MCT 的研究应放在重中之重的位置。此外，尚有纤维光学、电子光学、荧光屏等许多基础工作要做。在这些课题的预先研究中，高校是一支重要力量，重视高校在基础和应用研究中的作用，密切厂、所、院校的协作，使高新技术的发展迈开大步。

（4）采用系统工程的科学管理方法，以集团公司为龙头，对发展兵器光电高新技术进行组织与管理，诸如方案论证、技术途径的确定、任务与资金的分配、成果的转让，要有一套办法，营造在集团公司内既有竞争、又有交流、相互促进、共同提高的局面。

（5）要加强和改善我国目前兵器光电的科研手段，逐步改造更新工艺技术设施。希望在可能的条件下，武装一下重点高等院校。

（6）发展兵器光电高新技术主要靠本国的研究力量。适当引进国外先进技术无疑是一项正确的政策，今后还要积极引进一些发展光电的关键技术与设备。但不能不看到，巴黎统筹委员会一般对高新技术是禁止向我国出售的。最近，一些关键器件和材料还在卡我们，我们不能寄予太大的希望。

要相信中国人是有聪明才智的，我兵器工业集团公司内有一大批有研究能力和经验丰富并具有献身精神的科技人员，其中不少有很高的水平。调动他们的积极性，发挥他们的聪明才智，关心他们的生活与工作条件，将会大大地促进兵器高新技术的发展。

以上意见，仅供参考，不对与错误之处，敬请指正。

第七篇

科学人物

大自然奥秘的窥探者——爱因斯坦*

——纪念爱因斯坦逝世60周年

爱因斯坦，上帝派到人间的“使者”。

阿尔伯特·爱因斯坦

前　言

20世纪，物理学经历了两次重大革命：第一次革命推翻了我们的空间观和时间观。本来，大家认为时间就是时间，空间就是空间，空间和时间彼此是独立的。实际，空间和时间是相关的。第一次革命就是相对论。第二次革命改变了我们理解物质和辐射本性的方式，给了我们一种实在的图像。其中，粒子的行为像是波，波的行为像粒子。而且，微观世界的量子具有本质上的不确定性。第二次革命就是量子论。

这两次革命都与一个人有关，而且，只有一个人兼有这两方面——从宏观的宇宙到微观的世界——做出了杰出的贡献，这个人就是阿尔伯特·爱因斯坦。

20世纪的科学与技术，人们最值得回忆和怀念的莫过于对原子的威

* 本文曾于2013年7月29日在首都图书馆、2015年10月17日在中国科技馆报告过。全文根据讲演稿整理。

力、对微观世界的把握和对宇宙的理解，这都是爱因斯坦的贡献。

他那伟大的心灵和卓越的肖像使他成为20世纪最杰出的人。蓬松鬈鬈的头发，充满仁慈和闪耀光辉的智慧的眼睛使他的脸庞成为一个符号，使他的名字成为天才的同义词。

我本人不是学物理的，也不是物理学家。我是爱因斯坦的崇拜者（Fans），读爱因斯坦的书，看爱因斯坦传记，做相对论笔记，写自己的学习心得，思考他为何如此聪明、为何有这样奇特的思想。因为，终其一生，爱因斯坦的成就本可获得5次诺贝尔物理学奖。

我是一个唯物论者。我与其相信上帝派了他的儿子——基督来到人间拯救世界，不如相信上帝先后派了两位使者，使人们认识世界，从迷雾中走了出来。第一位使者就是牛顿，第二位使者就是爱因斯坦。

我想探讨的是，到底是什么原因使爱因斯坦成为20世纪最伟大的科学家？他是人，我们也是人，他的青少年时代和我们相似，也是屡受挫折。从传统的观点来看，他并不能说是一个“好”学生。为什么他能这么伟大，他有什么非凡之处？我们可以向他学习些什么呢？

（一）简单生平

1879年3月14日爱因斯坦生于德国乌尔姆一个经营电器作坊的小业主家庭，德国犹太人，家境小康。父亲是商人，性情温和，思想自由；叔叔雅可布是发明家；母亲温文善良，个性天生幽默，爱好音乐，弹得一手好钢琴。爱因斯坦3岁前不说话，十分腼腆、沉默寡言，总是专心一个人玩耍（叠小船，用扑克搭楼房），语言反应发育很迟，性格沉静。他3岁时才说了第一句话：“妈妈，粥太烫了。”5岁时，叔叔雅可布送给他一个中国的罗盘。指南针的箭头始终指向北方，他猜想一定有什么东西隐藏在事物的后面，这开启了他探索“现象背后的规律”之门。

爱因斯坦对自然力的奥秘充满了好奇，他心中的疑问是罗盘为什么始终知道北方是哪个方位。他年老时回忆说罗盘给了他深刻而永恒的印象。他相信，他对罗盘的着迷激励了他对科学的激情。

小学时，爱因斯坦是一个特立独行的小孩，学习成绩优秀，但孤独；不喜欢交小朋友；也不喜欢体育活动。他特别喜欢代数和拉丁文；认为法文比较难。他特别不喜欢扮演军人，当士兵们在大街上列队行走时他退缩到一旁。

1895 年，他转学到瑞士阿劳市的州立中学。在中学时期，他用自己的方法证明了勾股弦定理。他成绩优秀，但我行我素，喜欢提问题，喜欢干自己喜爱的事。他喜欢拉小提琴，爱古典文学、几何学。他阅读了许多通俗科普读物。《自然科学通俗丛书》《力与物质》使他大开眼界，启发了他对自然界奥秘的兴趣。

13 岁时，爱因斯坦就阅读康德的《纯粹理性批判》："可以看出，时间是一切现象之先验的形式条件，而不论这种现象究竟是什么样的。相反，空间只是外部现象之先验的形式条件。一切表象，不论它们有无外界事物作为客观对象，都是心的决断。而且，确切地说，它们是属于我们的内在状态。因此，它们必定都受到内在感觉或直觉的形式条件，即时间的制约。"毫无疑问，康德的哲学思想对爱因斯坦后来形成的时空观有相当大的影响。

爱因斯坦对那时的学校教育十分反感。他后来说："现代教育事业居然没有扼杀研究的好奇心，真是一个奇迹。因为这脆弱的小树苗需要鼓励和自由，否则它将枯萎。主张规范和责任感能引发观察和研究乐趣的想法真是大错特错。""对一个学校，最糟糕的事情是，工作方式是用恐吓、强制和人为的权势。这样的处理摧残了孩子们健康的心态、诚实和自信心。"学校老师对他的独立行径表现出敌意。为逃避兵役，他要求休学，最后被学校除名，他如释重负，来到意大利米兰，与家人团聚。

1896 年，17 岁的爱因斯坦以优秀中学毕业成绩免试进入瑞士苏黎世联邦理工学院（Swiss Polytechnic Institute）师范部数学物理系。大学时期，他结识了很多好友，如贝索（Besso）是爱因斯坦文章的第一读者及最忠实的朋友。他的同学格罗斯曼（Grossmann）是一位数学家，大学时期，他把笔记本借给爱因斯坦，使爱因斯坦考试过关；后来格罗斯曼请父亲介绍爱因斯坦到瑞士伯尔尼专利局工作，使爱因斯坦免于贫困；1913—1915 年，他在数学上帮助爱因斯坦解决广义相对论的数学问题。

在大学期间，爱因斯坦根据自己的意愿和兴趣听课，有时认真，有时不认真，他花费很多时间与朋友们讨论物理学和哲学，也喜欢游玩，和米列娃（Mileva Marić）同学谈恋爱等，米列娃后来成为爱因斯坦的第一任妻子。

大学时期，一些老师对爱因斯坦的印象并不好，Pernet 教授对他说，"你热情奔放，但研究物理学是无前途的，你最好干点别的。"韦伯（Weber）教授是教实验物理学的，但韦伯不让他做地球运动的实验，不和他讨论物理学中的新理论。他们关系不好了，爱因斯坦也开始逃课了。特别是著名数学家闵可夫斯基（Minkowski）当时是他大学的数学老师。因爱因斯坦逃课，曾经骂“爱因斯坦”是“lazy dog（懒狗）”。狭义相对论问世后，他十分惊讶爱因斯坦的成就，他为狭义相对论引入四维时空的表示式，由此能推导出洛伦兹表达式。爱因斯坦开始不理解，后来，广义相对论就是建立在“四维时空”的概念上的。

1900 年爱因斯坦大学毕业，他想留校当助教但未成功，因为老师不愿意推荐他。他推测学校和老师写的推荐信对他也是负面或否定的。1900—1902 年，他找不着工作。饱受挫折，生活贫困，甚至连稿纸都买不起。那时，他只能干一些代课、辅导等临时工作，工作时有时无。他唯一逃避烦恼的方法就是沉浸在思考里，研究科学理论，写下科学创意。“思考”对爱因斯坦就像一座避难所。

1901—1904 年，爱因斯坦组织学习小组，称为“奥林匹亚科学院”，成员 3 人，有索洛文和哈勃里克特，爱因斯坦自任院长，后来好友沙旺、贝索加入。“奥林匹亚科学院”的原则是自主学习，自由讨论，独立思考。他们定期见面，在咖啡馆，在爱因斯坦家中，吵吵闹闹，争论不休。爱因斯坦喜欢谈自己的科学思想，让大家评头论足。索洛文描述奥林匹亚科学院的活动：“我们囊中羞涩，但快乐无比。”

“奥林匹亚科学院”有严格的读书计划，其著作有穆勒的《逻辑体系》、皮尔逊的《科学的规范》、休谟的《人性论》、柏拉图的《对话》、斯宾诺莎的《伦理学》、彭加勒的《科学与假说》以及莱布尼茨的著作。

爱因斯坦大学毕业后一直在写关于热动力学的博士论文。但他的论文也被回绝了，克莱纳教授劝他撤下，因为他对现有的科学理论的批评太激进了。

1902 年 6 月 23 日，爱因斯坦正式受聘于瑞士伯尔尼专利局，任三级技术员。这是格罗斯曼请父亲为爱因斯坦在伯尔尼找的工作。

爱因斯坦回顾在瑞士伯尔尼专利局（1902—1907）的日子，称“这是我孵化出最美妙的创意的地方，同时也是我度过快乐时光的地方”“专利工作有利于培养科学研究方法”。

爱因斯坦在专利局的工作培养了逻辑地思考、正确地表达自己的观点的能力。他所受到的教益是：“当你拿到一张专利申请时，首先要认为发明者所说的都是错误的。否则，你会被发明者牵着鼻子走。”爱因斯坦的科学研究极其得益于这种“鸡蛋里挑骨头”的非常严密的思维方法。

专利局的日子使他有更多的时间思考。他说：鉴定专利权的工作，对于我来说是一件幸事。它迫使你从物理学上多方面地思考，以便为鉴定提供依据。此外，实践性的职业对于像我这样的人来说简直是一种拯救，因为学院式的环境迫使青年人不断提供科学作品，只有坚强的性格才能在这种情况下不流于浅薄。

专利局的工作给爱因斯坦带来了很大好处：一是使他学会如何清晰而简洁地表达自己的思想；二是使他学会把冗长的表述转化为简短而清楚的句子；三是使他有时间和机会去思考物理学的问题。

1903 年 1 月，爱因斯坦和同学米列娃结婚，1904 年，米列娃生下第一个儿子。因为有孩子，家里变得一团糟。但爱因斯坦依然故我，心无旁骛，专心一致研究他的学问。大儿子汉斯 Hans Albert（1904—1973），后来成为液压工程师。二儿子爱德华 Eduard Albert（1910—1965）患神经分裂症。

1905 年，爱因斯坦发表了相对论等 6 篇论文，科学界权威能斯特专程自柏林去苏黎世探望他，这使爱因斯坦名声大振。

1909 年，爱因斯坦成为苏黎世联邦工学院的副教授。

1911 年，爱因斯坦被聘为布拉格的德国大学教授，1911 年第一届索尔维会议专门讨论爱因斯坦的工作，使他进入了欧洲著名科学家的圈子。

1913 年，爱因斯坦应普朗克之邀担任新成立的威廉皇帝物理研究所所长和柏林大学教授。

1933 年，由于纳粹的迫害，爱因斯坦到美国普林斯顿大学任教。

1939 年 8 月 2 日，爱因斯坦上书时任美国总统罗斯福，建议开始研制核武器。以防止希特勒抢先研制原子弹成功，罗斯福接受了建议，后启动曼哈顿计划。

1955 年 4 月 18 日，爱因斯坦逝世于美国普林斯顿。

（二）学术成就与贡献

19 世纪物理学并存着两套理论：

一是研究物体运动的古典物理学。古典力学的理论基础是伽利略的相对性原理。物理学定律在惯性系内普遍成立。另一是研究光线的电磁学。

电磁学的理论基础是麦克斯韦的电磁学理论。但伽利略的相对性原理在麦克斯韦的电磁学中不成立。当时的科学家认为，光是在所谓的“以太”中传播。“以太”一词来源于希腊，原意是高空，后来被科学家用来指光、电、磁现象传播的媒质。这两套理论在基本论点上互相矛盾。

承认“以太”就要放弃相对性原理；不承认“以太”，又如何解释光的传播。

光是什么？波乎？粒子乎？光是连续的，还是不连续的：连续与不连续观点上的对立。

爱因斯坦奇迹年　1905 年发表了 6 篇文章

3 月《关于光的产生和转化的一个启发性观点》；

4 月《关于分子大小的测定》；

5 月《热的分子运动论所要求的静液体中悬浮粒子的运动》；

6 月《论动体的电动力学》；

9 月《物体的惯性是否决定其内能》；

12 月《布朗运动的理论》。

6 篇论文涉及近代物理学的基本问题：

光的波粒二象性—1905

1905 年 3 月，爱因斯坦发表《关于光的产生和转化的一个启发性观点》。这篇论文是量子论发展史上一篇重要文献，第一次揭示了光的波粒二象性。

光是什么？历史上有两种观点：一种观点是光是粒子，直线行进，这是牛顿提出的。另一种观点是惠更斯提出的，认为光的运动是波，穿过“以太”行进。它能解释各种光学现象。惠更斯的“光是波”的假说占上风。

爱因斯坦提出了光具有“波粒二象性”。他的观点是，对于统计的平均现象，光表现为波动；对于瞬间的涨落现象，光表现为粒子。

光电效应（光量子论）1905

1902 年，德国物理学家勒纳德用不同频率的光照射钠汞合金时发现，当用红光照射时，无论强度多大，都打不出电子；而用蓝光时，无论强度多小，也能打出电子。爱因斯坦引入普朗克的理论来解释光电效应，指出光是以基本能量单位（光量子）的整数倍射出或吸收的。他提出光电效应基本公式

$$\frac{1}{2}mv^2 = h(\upsilon - \upsilon_0)$$

这里，m 为质量，v 为速度，υ 为频率，h 是普朗克常数。

爱因斯坦第一次揭示了光的波粒二象性（量子理论的核心）。

爱因斯坦的解释是，光在那时的行为，表现是粒子，这个粒子是有能量的，爱因斯坦称它为“光量子”。对于频率是 υ 的辐射，一个光量子的能量为 $E = h\upsilon$，取决于它的波长 λ（频率 υ 是波长 λ 的倒数）。这里，蓝光的波长短、频率高，故能量大；而红光波长长、频率低，故能量小。红光因为能量小，就激发不出电子。只有频率高于一定下限 υ_0 的光才能打出电子，而且被打出电子的速度只与光的频率有关，与光的强度无关。

光束实际上是量子（光子）流，这似乎与一个世纪以来积累的关于光是一种波的证据相矛盾，光量子理论奠定了现代物理学的基石。

爱因斯坦因在光电效应方面的研究，被授予 1921 年诺贝尔物理学奖。

关于分子大小的测定 1905

1905 年 4 月，爱因斯坦发表第二篇文章《关于分子大小的测定》。这篇文章确认了分子和原子的存在，发展了分子运动论；并由统计上表明它们的随机碰撞是如何解释水中微小粒子的不平衡的运动。

布朗运动 1905

1905 年 5 月，爱因斯坦发表《热的分子运动论所要求的静液体中悬浮粒子的运动》。布朗运动是英国植物学家布朗在 1827 年发现的现象，他在显微镜下观察到悬浮在液体中的花粉颗粒在液体中不停地做无序的运动。

1905 年 12 月，爱因斯坦从理论上说明这些微粒如何运动。他对布朗运动进行了定量研究，推算出悬浮颗粒在单位时间内位移的平均值、溶质分子的大小和克分子数。其意义在于使科学家相信布朗运动是由分子运动造成的，故分子的确是存在的。他的预言两年后被物理学家佩兰（Perrin）所证实。

狭义相对论 1905

狭义相对论奠定了现代物理学的另一块基石，从根本上更新了人们的物质和时空观念。

1905 年 6 月，爱因斯坦发表《论动体的电动力学》。这是关于狭义相对论的论文，以完整的形式提出了高速运动的物体所遵循的规律。爱因斯坦以他关于狭义相对论的论文动摇了物理学的基础。

爱因斯坦在狭义相对论中提出了两个基本公设：

（1）相对性原理：物理定律对所有以相同速度自由运动的观察者来说都是一样的，在陆地上做实验，和在轮船上是一样的。

（2）光速不变原理：不管你运动得多快，是向着或是背着光源，光的速度看起来永远是一样的，是一个常数，为30万公里每秒，与光源及观察者的相对运动无关。

按照经典力学，时间是绝对的，亦即时间与坐标系的位置和运动状态无关。这就是伽利略变换：

$$x' = x - vt \quad t' = t$$

在牛顿的体系里，时间和长度在任何情况下都是绝对的，永远不会改变。

爱因斯坦从这两个基本公设推出了洛伦兹变换：

$$x' = \frac{x - vt}{\sqrt{1 - \frac{v^2}{c^2}}} \qquad t' = \frac{t - \frac{v}{c^2}x}{\sqrt{1 - \frac{v^2}{c^2}}}$$

洛伦兹变换是爱因斯坦对时间与空间的概念所做的全新的解释，撼动了牛顿物理学的基础。

在爱因斯坦的相对论体系中，对时间和长度的测量取决于观察者的相对运动情况，尤其是当观察者的速度接近光速时。任何物体的运动速度都不能超过光速。按照相对论，时间已经失去了它的独立性，进而推出时间膨胀、长度收缩、同时的相对性、运动物体质量变大等结论。

狭义相对论去除了力学和电磁学之间的冲突，因为他完成了一套不需要“以太”的光理论，使光和物质都遵循相对性原理的基础。

爱因斯坦说：“相对论实在可以说是对麦克斯韦和洛伦兹的伟大构思画上了最后一笔。”

狭义相对论导出了令人惊异的预言，与常识大相迥异。

狭义相对论的一些有趣推论，如钟慢尺短。

狭义相对论说，空间和时间看来是相对的。当火车加速以接近光速运动时，从一个在车外稳定的观察者看来，火车上的时间将变慢，而火车也将变得短一些、重一些。一把高速运动的尺子，将看起来变短并且变重，而一个高速运动的时钟将变慢。

一个重50千克的人在高速运动（90%光速）的飞机里，地球上的人测量发现是115千克（变重了）。

一架 15 米长的火箭宇宙飞船，以 90% 光速飞行，地面上的人测定出自己梳头的时间为 20 秒，而对上面的人测定梳头的时间为 46 秒（钟慢了）。

两架 15 米长的火箭宇宙飞船，一架停在地面，另一架以 90% 光速飞过地面，地面上有人测它的长度，发现只有 6. 6 米（运动的物体收缩了）。

但是，飞船上的人若测地面上的飞船，也是 6. 6 米，物理学家奇怪了。通常说，A 船比 B 船长，那么，B 船一定比 A 船短。

问题取决于观察它的参照系的角度问题。当然在低速时，这些变化是不明显的，当物体的运动速度接近光速时变化才明显。

质能公式 1905

1905 年 9 月，爱因斯坦发表了文章《物体的惯性是否决定其内能》。他由狭义相对论还导出了一个最著名的而且是最简单的科学公式：$E = mc^2$。在这篇短文中，他提出物体的质量并不是恒定不变的，而是随着运动速度的增加而增加，即“质增效应”。一切质量都是能量，一切能量都是质量，其关系式即能量等于质量乘以光速的平方。爱因斯坦向世人说明，质量和能量仅是一事物的两个不同的侧面。$E = mc^2$ 表明了能量和质量的等价关系，并且可以相互转化。某种形式的能量，在合适的条件中，能够转换成质量；同样，在一定条件下，质量也能转换成其他形式的能量。它意味着惯性（质量）决定了内能，“质量”可以转化为能量。

爱因斯坦的狭义相对论表明，光的速度最快。任何物体运动不可能超过光速。

设想一个人在推一辆“理想”小板车，没有任何阻力，因此只要持续推它，速度就会越来越快，但随着时间的推移，它的质量也越来越大，起初像车上堆满了钢铁，然后好像是装着一座喜马拉雅山……当小板车接近光速时，整个宇宙好像都装在了它上面——它的质量达到无穷大。这时，无论施加多大力，它也不能运动得再快一些。当物体运动接近光速时，不断地对物体施加能量，可物体速度的增加越来越难，那施加的能量去哪儿了呢？其实能量并没有消失，而是转化为质量了。即物体的质量与能量之间有着密切联系。

根据爱因斯坦公式，很少的一点点质量就相当于巨大的能量。如果能把两磅煤的全部质量转化为电能，大约可以发出 250 亿度的电。

然而在 1905 年，要在技术上实现对这种能量的利用是不可行的。虽然这并不是原子弹的配方，但它阐明了为什么它是可能的。这一定律的一个结果是，如果一个铀原子分裂为两个总质量稍微少一些的核时，便释放出惊人的能量。

直到20世纪30年代，伴随着核裂变的发现，爱因斯坦质能公式才有了一项具体应用：发展核武器——原子弹和氢弹；核能的开发与利用。核裂变反应后质量亏损并释放出内能，导致原子弹的爆炸和核电站建立。

1939年，当第二次世界大战逼近时，一群科学家意识到原子能的应用，说服了爱因斯坦消除和平主义的顾虑，写信给美国总统罗斯福，建议研制原子弹，敦促罗斯福总统开始核研究计划。这就导致曼哈顿计划的启动以及广岛、长崎上空原子弹的爆炸。有些人为此责骂爱因斯坦，因为他发现了质能之间的关系式。但这就像责骂牛顿发现了重力一样，因为它引起飞机的坠落。

广义相对论　1913—1919年

爱因斯坦的至高无上的光荣，或许是全部科学中最美丽的理论，那便是广义相对论，发表于1916年。

1907年11月的一天，爱因斯坦的灵感来了，他有了自己以后称之为一生中最快乐的思想："在伯尔尼专利局，我坐在椅子上，忽然有了一个念头：'如果一个人自由落下，他将感觉不到自己的重量。'我吃了一惊。这个简单的想法给我很深的印象，它将我推向一个引力理论。"

这个思想实验导致他有了新的发现：引力场同样只是一种相对存在。加速度与引力之间的等价性可能是成立的想法使他发现了等效原理，即为了使引力引起的加速度和引力（使观察者处于一种自由下落的状态中）的作用相互抵消，加速度和引力必须严格等效。

狭义相对论只能用于特定的匀速直线运动，而广义相对论可用于解释非直线运动及匀加速运动：它可以描述行星依照弯曲的轨道的空间运动，也可以描述一个苹果由于重力而落向地面。

爱因斯坦在好友格罗斯曼的帮助下提出了广义相对论——协变形式的引力场方程：

$$\boldsymbol{R}_{\mu\nu}-\frac{1}{2}\boldsymbol{g}_{\mu\nu}\boldsymbol{R}=\frac{8\pi G}{c^{4}}\boldsymbol{T}_{\mu\nu}$$

式中，$\boldsymbol{R}_{\mu\nu}$为里奇张量，$\boldsymbol{g}_{\mu\nu}$为时空度规张量，$\boldsymbol{R}$为标量曲率张量，G为牛顿引力常量，$\boldsymbol{T}_{\mu\nu}$为能动张量。

这个方程被称为“上帝的方程”。它的左侧描述了引力场时空的弯曲性质，而右侧描述了引力源物质体系。

在牛顿的体系中，引力被视为一个大质量物体吸引其他物体的力。行星由于引力作用围绕太阳沿椭圆轨道运动。

在爱因斯坦的体系里，引力不是外力，而是时间、空间或者说是时空本身所具有的特征。广义相对论将物理学和几何学统一起来，现实的有物质存在的空间，不是平坦的欧几里得空间，而是弯曲的黎曼空间；空间的曲率体现为引力场的强度，引力场越强，弯曲的曲率越大。空间弯曲的程度取决于物质的质量及其分布情况。空间和时间不再仅仅是物体运动的被动场所，而是物体运动的一部分。正如爱因斯坦所说，“物体告诉空间如何弯曲，空间告诉物体怎样运动”。像苹果或星球试图以直线行进穿过时空，但它们的轨迹被引力场弯折，因为时空是弯曲的。

时空这个实在，是爱因斯坦发明的、闵可夫斯基描述的。闵可夫斯基把空间的三个坐标和另一个坐标——时间联结起来，建立了四维时空观。它成为爱因斯坦广义相对论的关键性的垫脚石之一。广义相对论揭示了四维空时同物质的统一关系，指出空时不可能离开物质而独立存在，空间的结构和性质取决于物质的分布。

广义相对论建立了空间、时间随物质分布和运动速度的变化而变化的理论。有了广义相对论，狭义相对论便是广义相对论在引力场很弱时的特殊情况，而牛顿力学则可以认为是相对论力学在低速情况下的近似。

广义相对论和牛顿的引力理论究竟哪个正确？爱因斯坦根据广义相对论提出了三个可供验证的推论：水星近日点的进动，光谱线的红移，光线在引力场会发生偏转。前两者的实验值与爱因斯坦理论上预测的值基本上一致。

1913—1915 年，爱因斯坦在导出协变形式的引力场方程后，等待着实验验证。爱因斯坦预言，从远处的恒星发出的光线，如果掠过太阳表面，光线必被引力场所折弯。光在这里就不是沿着直线传播，而是沿着曲线传播——光线在引力场会发生偏转。

1914 年，爱因斯坦算出，光线偏转的角度是 0. 87 秒；1915 年，他修正为 1. 75 秒。

爱因斯坦认为，证实这个理论的最后证据只能来自在日全食过程中拍摄的靠近太阳的星星的照片。爱因斯坦的好友弗罗因特里希为了证实理论的正确性，于1914年7月率队到克里米亚做日食实验，但实验没有做成，他反被俄国人当作间谍被抓，爱因斯坦非常沮丧。

直到1919年5月29日，消息传来，英国的爱丁顿爵士领导的两个观测队分别在巴西和西非拍摄了日全食照片，其观测结果分别为1.61（±0.30）和1.98（±0.12）秒。实验与爱因斯坦的预言吻合，英国皇家学会会长汤姆逊在宣布这一结果时声称，“爱因斯坦的理论是人类思想史上最伟大的成就之一”。与牛顿一样，爱因斯坦成为人类历史上最伟大的科学家。

相对论的研究对象是超越我们日常经验的高速运动世界和广阔的宇宙。自诞生之日起，它所带来的时空观革命就极大地拓展了人类对宇宙的理解。

爱因斯坦还预言了引力波和引力透镜效应。1916年，他预言的引力波在1978年也得到了证实。

相对论提出100周年带来了五大发现：

（1）时间旅行的奥秘；

（2）原子裂变的巨大能量；

（3）宇宙的起源和终结；

（4）黑洞；

（5）暗能量等。

几乎宇宙所有的奥秘都隐藏在广义相对论的那几行简单的公式中。

光的受激辐射理论　1916—1924

1916年8月，爱因斯坦完成了《关于辐射的量子理论》，指出光和物质相互作用——物质对光的辐射源处于不同能级间的电子跃迁。原子中的电子存在于能量不同的能级中，提出原子高低能态之间跃迁有三种方式：自发跃迁、受激吸收和受激辐射。

自发跃迁是原子从高能态到低能态自发地进行的，与辐射场无关，且不存在逆过程，即从低能态到高能态不能发生自发跃迁。

受激吸收是处于低能级的原子，在外来光子的激励下，在满足能量恰好等于低、高两能级之差时，该原子就吸收这部分能量，跃迁到高能级。受激吸收与自发辐射是互逆的过程。

爱因斯坦认为，组成物质的原子中，有不同数量的粒子分布在不同的能级上。高能级的粒子受到某种光子的激发，会从高能级跳跃到低能级上，然后会辐射出与激发它的光相同性质的光。

受激辐射是爱因斯坦提出的新概念。受激跃迁是在辐射场的激励下才得以发生。特别是它与辐射场的相互作用是双向的，既可以从高能态跃迁到低能态并辐射光子，将辐射出与激发它的光性质相同的光，也可以吸收光子能量，从低能态跃迁到高能态。在某种状态下，能出现一个弱光激发出一个强光的现象，它被称为“受激辐射的光放大”。

受激跃迁的速率与激励场强成正比，受激辐射光的频率、方向、偏振都和激励光相同，两类跃迁速率是相关的，利用受激跃迁可获得光放大与振荡。首先在微波波段突破：1955 年，C. H. 汤斯制成微波激射器 MASER，继而在光频波段实现受激振荡：LASER；1958 年 C. H. 汤斯和 A. I. 肖洛提出受激辐射的必要条件是实现“粒子数反转”，1958 年苏联的巴索夫和普罗霍洛夫建议制作半导体激光器，1959 年 C. H. 汤斯提出建造红宝石激光器的理论方案。1960 年 5 月 T. H. 梅曼，研制出了第一台红宝石激光器，1961 年 9 月，中国的邓锡铭、王之江研制的第一台红宝石激光器在长春光机所诞生。1964 年，汤斯、巴索夫和普罗霍洛夫因对 MASER 和 LASER 发展的卓越贡献获诺贝尔奖。

量子力学 1916—1925

量子力学的革命最初是从普朗克开始的。他提出辐射的能量是以分立的小束产生，并与辐射的频率成正比。

1916—1925 年，爱因斯坦在量子理论方面做出两个巨大贡献：一、他证明光子具有动量；二、他引入了光辐射的受激辐射概念。

20 世纪 20 年代中期，海森堡和薛定谔分别建立了描述量子行为的数学模型——矩阵力学和波动力学。海森堡提出“不确定性原理”，表明波粒二象性暗示天性的随机性和不确定性，而且粒子受到观察者的影响。

哥本哈根解释在量子力学中占统治地位，丹麦的尼尔斯·玻尔成为“哥本哈根解释”的主要提出者。这一解释有如下几项基本假设：

第一，观察物体的方法可以改变结果；

第二，根据量子不确定性原理，我们不能同时精确地测出量子的位置和动量；

第三，我们所知道的全部都是实验的结果。

量子力学只能得到不确定性的结果，而得不到确定性的结果。爱因斯坦不同意“哥本哈根解释”，主要在于它的概率性质。必须放弃明确预测电子的位置而只满足概率性解释，是爱因斯坦无法接受的。他认为：“上帝不玩骰子。”波尔对他说：“爱因斯坦，不要告诉上帝做什么。”

尽管爱因斯坦对量子理论作出了一些主要的贡献，但他作为一个实在论者认为，客观世界与主观观察过程应是独立的。拒绝接受量子力学的哥本哈根解释导致爱因斯坦在晚年游离于科学主流之外，然而他在现代物理的发展中继续扮演着重要的角色。他仔细斟酌，提出反对量子力学的理由，迫使他的对手为发展他们的理论提供强有力的证明，以便使自己立于不败之地。爱因斯坦逝世后，实验证明，尽管量子力学违背常识，在哲学上看似荒谬，但它为广泛的技术应用提供了理论基础。

波色—爱因斯坦凝聚　1924—1925

1924—1925 年，爱因斯坦与印度 30 岁的年轻科学家波色一起，建立了量子统计学中的波色—爱因斯坦统计。波色—爱因斯坦预言原子如果能一直冷却下去，直到非常接近绝对零度，在非常低的温度下，本处于不同状态的原子会暂时凝聚成超级原子，这种状态被称为玻色—爱因斯坦凝聚。

2001 年，3 位科学家因在实验中实现了波色—爱因斯坦凝聚而获诺贝尔奖。

EPR 悖论——量子的不可分离性　1935

EPR 代表 Einstein，Podolsky，Rosen。他们质疑哥本哈根学派：“照目前量子力学而言，两物体 A 和 B 在过去曾经互相作用过。即使后来不再互相作用，它们之间仍然有关联。因此，直接对 A 作测量，与对 B 测量后再测量 A 的结果不同，这种结果违反直觉。”

因此，爱因斯坦要求：如果接受量子力学的结论是错误的，或至少承认它不完整，那就必须把它补完整，使违反直觉的现象不再发生。若是接受量子力学的结论是正确的，我们就得承认曾经互相作用过的两物体，不管它们相隔多远，再也不会分离。不用说，大家也知道爱因斯坦偏好第一种可能。

实际，爱因斯坦的偏好错了，但他却指出了量子物理的重要特征。从那时起物理学家努力地证明了，不论在实验上还是理论上，量子力学没有错，也并非不完整。只有第二种可能性是正确的。两个曾经互相作用过的物体再也不会完全分离，“不可分离”却是量子理论最惊人的特征之一，这个结论虽然诡异但却是事实。

构筑统一场论　爱因斯坦晚年

爱因斯坦非常了解量子理论的光辉成就，但不满意它的几率性解释。

爱因斯坦的雄心壮志是建立统一的理论，利用一组方程式同时描述光线、物质和重力。如果可以完成，电子的行为就可以导入必然而明确的推论，而不必像量子理论使用那种差劲的描述方式。他甚至希望，能从统一理论中再导出粒子的存在特性来。终其一生，爱因斯坦并没有完成这项任务。

（三）爱因斯坦的思维

爱因斯坦的“两面神”思维

爱因斯坦的思维是极奇怪的。仔细考察他在1905年发表的两篇论文，所依据的对自然界的假设性观点是彼此矛盾的。在相对论的论文中，他认为Maxwell波动理论是正确的，光就是波动，导出了洛伦兹变换，抛弃了“以太”假说，目的是使Maxwell方程组保持完整无误。但是在光电效应的论文中，他认为光的行为像一个个小的粒子，提出了一种与Maxwell波动理论相冲突的“粒子”观。

粗看起来，爱因斯坦有点“实用主义”。实际上，爱因斯坦的思考是在更深的层次上，他认为粒子的分立性与Maxwell波的连续性，并没有本质的矛盾和冲突。

爱因斯坦的结论是：粒子确实必须有波的属性，而波也有粒子的属性，即波粒二象性。这样的思维我们称之为“两面神”思维。

两面神是古罗马神话中的门神，它有两个面孔，能同时转向两个相反的方向。所谓两面神思维，是指同时积极地构想出两个或更多并存的，或同样起作用的，或同样正确的相反的或对立的概念、思想或印象。在违反逻辑或违反常规法则的情况下，创造主体制定了两个或更多并存和同时起作用的相反物或对立面，产生了全新的概念和创造。这种从对立中把握统一的思维方法被称为“两面神思维”。

爱因斯坦在20世纪初的惊人发现，表现了他独特的、非同寻常的两面神思维方式。例如，牛顿的思想——时间是绝对的，空间是绝对的，一直被奉为金科玉律；而爱因斯坦认为，运动是相对的，空间和时间也是相对的。他以“同时性的相对性”为突破口，使狭义相对论应运而生。

在经典力学中，质量是质量，能量是能量，两者有根本区别，这是“常识”。然而，根据狭义相对论，他却推导出 $E=mc^2$ 的公式。石破天惊，质量和能量竟然可以相互转换，并无根本的区别。

狭义相对论提出以后，大家都承认了，认为理论很完美了，但他又给自己提出问题：为什么狭义相对论要优待惯性系呢？他又从惯性系的对立面——非惯性系出发提出了广义相对论。

当普朗克创立量子论时，他只是把能量子概念作为一个“形式上的假说”来推导黑体辐射公式；而爱因斯坦则主张，光和原子、电子一样，也是一个一个的（实在的）粒子，光的能量如同一束束粒子（光量子）辐射或被吸收，从而解释了光电效应。

关于光的“波粒二象性”，当时绝大多数物理学家不能接受光可能“既是”波，“又是”粒子的观点；而爱因斯坦认为，光为什么不能既是粒子又是波呢？他的观点是，对于统计的平均现象，光表现为波动；对于瞬间的涨落现象，光表现为粒子。

爱因斯坦在人类历史上第一次揭示了微观客体的波动性和粒子性的统一。这种波粒二象性的统一，是整个微观世界的最根本的特征。这样，爱因斯坦就把光的“波动性”和它的对立面“粒子性”统一起来——光在同一时刻既有波动性又有粒子性。

爱因斯坦的“思想实验”

爱因斯坦的研究结果不是从大量实验数据的计算中得出的，他没有时间也没有条件做这种实验，它采取的是最难能可贵的一种思维方式——“概念思维”或“思想实验”的结果。

在创建相对论的过程中，爱因斯坦娴熟地运用思想实验的方法，天才地设计了一些著名的思想实验，进行了一系列理论思维。他考虑类似这样的问题：

“以光追光”：一位能追得上光线的观察者，看到的光必定是在原地振荡不前的电磁场。

“爱因斯坦火车”：在一列高速行进的火车上的乘客和站台上的送客看到的同一个闪电，不是同时发生的——同时性的相对性。

“爱因斯坦升降机”：一个在引力场中自由降落的人，无论如何也不会感到那里存在有任何场；反之，一个在外层空间中加速运动的人会认为他是在引力场中等。

这些想象中的形象，以及爱因斯坦所感受到的其他现象，在其中起支配作用的元素正是时间、空间、运动的“相对性”这个概念。上述形象是他在形成相对性这一科学概念中一再使用过的。他所形成并深刻理解这些“相对性”的概念，成为他建立狭义相对论和广义相对论的关键。

（四）爱因斯坦奇迹的启示

一个根本没有进入主流科学机构的专利局的小职员，凭什么能创造这样的奇迹？一小群年轻人，三年的业余读书活动，为什么竟能孕育出“爱因斯坦奇迹年”？

爱因斯坦奇迹表明：

1. 科学无终极真理

19、20 世纪之交，几朵小小的“乌云”却使得支撑经典物理学大厦的根基遭到了冲击和挑战。一系列基本思想、概念和原理的绝对正确性、无条件的普适性受到了怀疑和重新审视，一向被看作天经地义、万古不易的物质不变性、原子的不可分性和不变性、运动（能量）的连续性，以及空间和时间的绝对性等，都产生了动摇。

就在山雨欲来风满楼之际，一场物理学革命爆发了。爱因斯坦于 1905 年和 1916 年先后创立了狭义相对论和广义相对论，否定了牛顿的时空观，揭示了空间、时间、物质与运动之间的联系。

2. 科学无绝对权威

科学创新的大师总是不可避免地要受到历史的制约，牛顿当然也不例外。爱因斯坦曾在他的《自述》中用饶有风趣的语言写道：“牛顿啊，请原谅我；你所发现的道路，在你那个时代，是具有最高思维能力和创造力的人所能发现的唯一的道路。你所创造的概念，甚至今天仍然指导着我们的物理学思想，虽然我们现在知道，如果要更加深入地理解各种联系，那就必须用另外一些离直接经验领域较远的概念来代替这些概念。”

3. 无千古不易的定论

科学理论像阶梯一样，通过登攀，科学的视野越来越开阔，因为当理论前进时，它们必定蕴涵和包括越来越多的事实。科学进步是通过新老理论的交替实现的。

由爱因斯坦的创造可以看出，他之所以能超过前人和同时代人，并不完全在于他的知识比别人渊博，更不在于他比别人德高望重。重要的是，爱因斯坦具有极好的科学创新的精神气质：好奇心、进取心；批判精神、怀疑精神；创造性思维。我们从爱因斯坦的伟大创造中得到什么启发呢？

1. 科学家要有创造性的想象力

爱因斯坦认为，科学家要在不羁的思索中瞥见宇宙的真象，而不是它显现在粗糙的感官和仪器的表象，科学家必须学会想象力的飞跃。

当爱因斯坦还是小孩子的时候，他就认为，当科学家就是“探究上帝的思想”。他认为，科学家必须有想象力的飞跃。爱因斯坦说：“想象力比知识更重要，因为知识是有限的，而想象力概括着世界上的一切，推动着进步，并且是知识进化的源泉。”

2. 科学家要善于提出问题

爱因斯坦说：“提出一个问题比解决一个问题更为重要。因为解决一个问题也许是一个数学上或实验上的技巧，而提出新的问题、新的可能性，从新的方向看旧问题，则需要创造性的想象力，而且标志着科学的真正进步。”

提出问题对科学技术进步的推动。它表现在：受激辐射概念的提出促进激光的发明；质能关系式的提出促进聚变能源的开拓。

爱因斯坦是一位科学家，又是一位思想家，既改造了科学中的思想，又改造了哲学。

3. 科学家要专注于自己的问题

爱因斯坦认为，科学家的主要任务是发现最重要的问题。然后研究它而不偏离这个主要问题——专注于自己的问题。

爱因斯坦说：“你必须不让你自己被任何其他问题所吸引，不管这个主要问题是多么困难。”“人类的头脑首先必须独立地构思形式，然后我们才能在事物中找到形式。”

4. 科学家要有理论思维的能力

爱因斯坦相对论的创立，说明了理论思维的极端重要性。尤其是现代科学，离经验的直观越来越远，抽象程度、综合分析程度都越来越高。爱因斯坦说：相对论实在可以说是对麦克斯韦和洛伦兹的伟大构思画上了最后一笔。

爱因斯坦说：“人类的头脑首先必须独立地构思形式，然后我们才能在事物中找到形式。”

爱因斯坦是一位具有艺术气质的科学家，他认为科学是美的，好的理论至少要具有美和对称。

未来，任何一个想顺着科学真理之路看得更远的人，只有站在他强壮宽阔的肩膀上才能做到。

那么，爱因斯坦成功的秘诀在哪里呢？

爱因斯坦自己认为，他成功的秘诀是 $A = X + Y + Z$。A 就是成功，X 是努力工作，Y 是懂得休息，Z 是少说废话！

爱因斯坦的科学活动给我们什么启示呢？我认为，科学探索是对发现的自然现象做出精确的理论解释，这需要像爱因斯坦那样：①强烈的求知欲望；②理性的质疑精神；③深邃的思考能力；④缜密的分析方法；⑤严谨的科学态度；⑥不懈的奋斗意志。

在爱因斯坦的性格中，可以看出他发自内心反对死记硬背的方法，并且表现出一种叛逆的性格以及和世俗对立的倾向。他渴望权威人物的承认，受不了他们的轻蔑，同时需要向权威人物表示独立性。

创造性活动在任何科学文化领域都是人类进步的保障。在科学文化活动中，特别在高校和研究院所，没有流行强烈的怀疑风气和质疑气氛，是不可能有创造性的成就的。

由此可见，学术界若不愿提倡和支持各种不同的学派和体系，对不同意见持抵制或否定的态度，而不是容忍的态度，大家都会走相同的、重复的道路。没有竞争和交锋，科学不会有重大突破！

中国的学者由于历史的传统，向来尊重长者，尊重权威，一般不敢或不愿提出自己的见解，更不用说革命性的见解了。许多学者不敢提出自己大胆的设想，因为设想大胆就会犯上，就会与旧的思想和公认的观点相抵触，引起争论和纠纷，甚至破坏当前的秩序。五六十年前，学术问题往往变为政治问题，这是中国科学万马齐喑、中国科学家不敢大胆设想的原因之一。

社会只有容忍不同意见的表达，宽容强烈的个性甚至是恃才傲物和叛逆的性格，允许不同意见的争鸣，科学文化才能兴旺发达。中国古代因为有“百家争鸣”，才会造就诸子百家的辉煌时代。

结束语

除了学习爱因斯坦的科学思想和科学精神外，我们更要好好地学习爱因斯坦的人文精神。爱因斯坦说：“人是为了别人而生存的——我每天上百次地提醒自己，我的精神生活和物质生活都依靠着别人（包括生者和死者）的劳动，我必须尽力以同样的分量来报偿我所领受了的和至今还在领受着的东西。”

“我强烈地向往着俭朴的生活。并且时常为发觉自己占用了同胞的过多劳动而难以忍受。”

“我从来不把安逸和享乐看作是生活目的本身——这种伦理基础，我叫它猪栏的理想。照亮我的道路，并且不断地给我新的勇气去愉快地正视生活的理想，是善、美和真。要是没有志同道合者之间的亲切感情，要不是全神贯注于客观世界——那个在艺术和科学工作领域里永远达不到的对象，那么在我看来，生活就会是空虚的。人们所努力追求的庸俗的目标——财产、虚荣、奢侈的生活——我总觉得都是可鄙的。”

“我的政治理想是民主主义。让每一个人都作为个人而受到尊重，而不让任何人成为崇拜的偶像。我自己受到了人们过分的赞扬和尊敬，这不是由于我自己的过错，也不是由于我自己的功劳，而实在是一种命运的嘲弄。其原因大概在于人们有一种愿望，想理解我以自己的绵薄之力通过不断的斗争所获得的少数几个观念，而这种愿望有很多人却未能实现。”

爱因斯坦完全有资格向社会索取，但他想的是做出更多的贡献。他在居里夫人逝世时评价居里夫人说：“第一流人物对于时代和历史进程的意义，在其道德品质方面，也许比单纯的才智成就方面还要大。即使是后者，它们取决于品格的程度，也远远超过通常所认为的那样。”

物理学家 M. 玻恩（Born）认为“相对论的发现是人类最伟大的发现，是哲学家的深奥性、物理学家的直觉和数学家的技巧的奇妙结合。对于广义相对论的提出，我过去和现在都认为是人类认识大自然的最伟大的成果”。

物理学家 A. 萨拉姆（Salam）说：“在这 100 年中，没有哪一个人可以与爱因斯坦相媲美，很可能在整个人类思想史上涉及物理学的任何情况，也是无与伦比的。毫无疑问，没有一个人像他那样成为如此多姿多彩的革命思想的开创者。”

爱因斯坦是 20 世纪最伟大的科学家，他以智慧之手，探询着实地跳动的脉搏，冲破古典物理学桎梏，开辟了物理学的新纪元。爱因斯坦实在是一位三不朽的伟人——贡献的不朽、思想的不朽、人格的不朽。

“对于伟大真理的理解，不在于仰视他、膜拜他，而在于与他对话。”

谨以此文纪念爱因斯坦逝世 60 周年。

浅谈乔布斯及其创新*

乔布斯，一个引领信息社会 IT 业跨越发展的人。

开始的话

我孤陋寡闻，只是在乔布斯逝世后看到不少文章和书籍吹捧乔布斯，说他是当代最伟大的发明家，与爱迪生并驾齐驱，才对他产生兴趣，买了 5 本介绍乔布斯的书，阅读了一些中外对他的评论。在阅读和思考乔布斯的创新业绩和理念时，我不由将他与 20 世纪最伟大的科学家爱因斯坦比较起来，和一些同事讨论他们俩创造的奇迹以及在理念和行动上的差异。

说实话，读了乔布斯的传记后，一开始我对这个人喜欢不起来。一个既不懂软件，又拿不起硬件，在学校里只上过一些美术课，做事情不择手段的人，脾气暴躁，狂妄自大。待人双重面孔：求人时，一张迷人热诚的传教士面孔；不求人时，特别是对自己的团队或下级，一张冷硬、冲动、口无遮拦的臭脸。如果我有这样的朋友、上级或领导，我将逃避，敬而远之。

但是，仔细想一想，你不能不佩服他。他不懂技术，但他懂得消费者的心理；他不懂软件，但他能凭借软件产品开创一片新天地。他说得上是一个意志坚强、主张精英主义的艺术家，又是一个充满艺术气质的企业家。他是信息业的一个天才，他的 iPod 变成新一代的音乐播放器，能把自己的全部音乐放在口袋里；他的 iPhone 4 是集 iPod、智能手机、便携电脑于一体的创新之作，其照相功能达 500 万像素，让人一见钟情；他的 iPad 2 是苹果新一代平板电脑，以更薄、更轻、更快的姿态问世。他的 i 产品不仅是精密机械、光学、电子的结晶——工业品，也是科学与艺术的结晶——艺术品。

---

* 本文曾在“激光高峰论坛”上报告过。时间是 2011 年 12 月 7 日。

如果说爱因斯坦是引领机械时代迈向信息时代的科学大师，一个颠覆传统的人；那么，乔布斯则是引领信息社会向前迈进的杰出发明家和企业家，媒体上称他为：一个伟大人物—— 一个创新产品—— 一项技术推广——终结一个时代，他也是一个颠覆传统的人。

乔布斯其人

斯蒂夫·乔布斯（Steve Jobs，1955—2011），苹果的总裁（CEO），一位与爱迪生齐名的发明家。他引领了个人电脑的时代，并让数码时代的音乐、电影和移动通信的方式发生了改变。

乔布斯幼年时，就开始追问："我是谁？我来到这个世界是为了干什么？"17 岁那年，他记住了一句话："如果你把每一天当作生命的最后一天过，总有一天，你的假设会变成现实。"他在青少年时，就一直告诫自己，生命是短暂的，不久以后我们都将走到尽头。可见，他是一个具有远大志向而且十分勤奋的人，把每一天当作最后一天过，这需要何等坚强的决心啊！

他有独特的市场嗅觉，在很大程度上定义了个人电脑产业，并以互联网为中心，把数码消费品和娱乐业结合起来。

牛顿的苹果启发了对万有引力定律的思考，人类关于世界的知识由此被刷新。乔布斯的苹果虽然并不涉及对自然规律的认知，但他的苹果产品深深地改变了人类生活。这样的人被称为伟大是绝无仅有的。

乔布斯的苹果产品是改变世界的 i（iMac，iPod，iPhone，iPad），不仅仅是科技产品，还烙印着人们对美、时尚、新奇的向往，拓宽了人类视界的疆域。

奥巴马称赞乔布斯是伟大的美国创新家之一，他说："他（乔布斯）改变了我们的生活，重新定义了整个世界，并取得了人类历史上极为罕见的成就。乔布斯位列美国最伟大创新者的行列，他勇于以不同方式思考，敢于相信自己能改变世界，足够睿智实现自己的想法。通过在自己的车库里建立世界上最成功的公司，他形象地显示了美国的创新精神。通过制造个人电脑，以及把互联网装进每个人的口袋。不仅仅使信息革命触手可及，而且变得直观，充满乐趣。"

乔布斯的创新

创新有两种：

（1）无中生有。研究者通过思考观察提出的“迄今”从来没有人提出过的科学问题（科学解释、理性认识），如牛顿发现万有引力定律，爱因斯坦提出狭义和广义相对论、光量子论等。

（2）从有到新。推陈出新，化腐朽为神奇。凡是能改变已有资源创造财富的潜力的行为就是创新。乔布斯的创新就是推陈出新。他把人们常用的电子产品幻化为电子艺术品，把他的艺术直觉巧妙地融入原本毫无生气的工业品，同样也是创新。由此看来，创造性地使用别人的成果（不是简单模仿和剽窃）也是创新，找到一种完美的体验也是创新。

乔布斯的创新不是给出某种闻所未闻的事物和概念，像爱因斯坦和牛顿那样，而是改变人们对于旧有事物的认知和想象，强化一种商业品牌在人类精神领域的存在感（给人极为出色的美感以及易于使用的体验），当然还有那富有艺术气息的设计和对微小细节的关注。

乔布斯的产品改变了世界，音乐播放器 iPod、智能手机 iPhone 以及平板电脑 iPad，他的产品重新定义了三个领域，音乐、移动电脑和个人电脑。他的创新，使手机不再是手机，音乐不再是唱片，电脑也不再是电脑。

乔布斯对常识的颠覆，对消费对象的引领，对消费心理的洞察以及对人们审美趋向的超前领悟，使他所创造的电子工业品成为不折不扣的时尚艺术品。

乔布斯的创新，重要的是创新的理念，主要在创意和思想（Idea）上。只有做一个有思想、有哲学思考的人，才能让自己的理念深入人心，这才是乔布斯带给人们的重要启示。

乔布斯的创新不再让人类迎合机械，而是让系统更加顺应人心——“良好的用户体验”，这是顺应后工业时代的思潮，切中人与科技、人与组织、人与规则的未来。

乔布斯的理念

乔布斯不是等闲之辈，他确实有他的一整套理念和手段。苹果本身没有重大的发明惊喜，但是它肯定了人类思维模式的变化。我们可以看出他的理念是科学与艺术嫁接，技术与人文交叉。在未来，人们回顾苹果时，铭记的是它提前领跑了一个崭新时代的理念和勇气。

乔布斯是一个不怕失败的人，他认为犯错误不等于错误。乔布斯说：“从来没有哪个成功的人没有失败或者犯过错误。相反，成功的人都是犯了错误以后作出改正，下次就不会再错了。从不犯错意味着从来没有真正活着。”这是强者的逻辑。

乔布斯在做事时，不考虑别人说三道四，而是勇敢追随自己的心灵和直觉。他说：“人的时间有限，所以不要为别人所活，不要为教条所限，不要活在别人的观念里。最重要的是：勇敢去追随自己的心灵和直觉，只有自己的心灵和直觉才知道自己的真实想法，其他一切都是次要的。”

2005 年，乔布斯在斯坦福大学发表过一次情真意切、流传甚广的演讲，揭示了自己“创新基因的图谱”。他说：“获得真正满足的唯一方法，就是从事你自己相信是一件伟大的工作，而从事伟大工作的唯一方法，是爱你所做的事。如果你还没有找到这些事，继续寻找，莫要停顿。”

他以下的话也是很有哲理的，我把它们摘引在下面：

“热忱是胜利的秘诀。成功者与失败者在技术、能力和智慧上的差别并不大，但如果两个人各方面都差不多，热忱的人将会拥有更多如愿以偿的机会。”

“别问消费者想要什么，企业的目标是去创造那些消费者需要但表达不出来的需求。”

“不要被教条束缚，那意味着你和其他人思考的结果一起生活。不要被其他人喧嚣的观点掩盖你内心真正的声音。”

“你要有勇气去听从你直觉和心灵的指示，它们在某种程度上知道你想要成为什么样子，所有其他的事情都是次要的。”

“‘苹果’是一家将复杂技术变得简单的公司。我们的目标是站在科技与人性的交汇之处。”

“活着就是为了改变世界。”

他确实是一个有思想而且十分坚强的人。

乔布斯的十条经验

这是了解他的人总结的。这也许是乔布斯留给信息时代创新者非常宝贵的遗产。

经验一：“最永久的发明创造都是艺术与科学的嫁接。”这是说嫁接，嫁接是苹果与其他计算机公司的最大区别。嫁接要求有好的创意设计（它是金苹果，它需要想象力），仅有好的加工制造（它是青苹果）是不够的。

团队领袖要认识艺术与科学嫁接的重要性。成员不仅要有科学，更要有文化背景。“把产品做成艺术品，将品牌做成信仰。”

经验二：“不要让他人的意见淹没你内心的声音。最重要的是有勇气遵从你的内心和直觉。”这是说要坚信自己，不要被别人（包括顾客）左右。

经验三：“绝不害怕失败。”这是说要勇敢和有勇气。把失败看成是成功的一部分。无论经受何种挫折（被解雇，得癌症），依然挺立，绝不停下脚步。把每一天当作生命的终点来看待。

经验四：“你无法把还没有画出的点连起来，只能把已经画出的点连起来。”这是说人生轨迹。乔布斯在幼年时，在自家小车库里不停地捣鼓，组装出世界上第一台个人电脑，这是乔布斯人生历程中极为重要的轨迹。动手实践，着力实干，一点一滴，从而有了他自己的人生轨线。

经验五：“倾听心底的声音，它告诉你是否在正确的道路上。”这是说倾听。因为，发自心底的声音，永远最真，它关乎理想信念，关乎兴趣追求，关乎人生的选择与放弃。

经验六：“对自己和他人有较高的期待。”这是说期待。他对自己的要求是一流人才，他就会雇用超一流人才，因为希望得到最佳的结果。人对了，事业才对；人对了，世界才对。较高的期待，不仅是对他人的期待，更是对自己的要求。

经验七：“别关注正确，关注成功。”这是说成功。成功带来的不仅是利润，更重要的是超越的信念。

经验八：“在身边聚拢一批最有才华的人。”这是说人才。苹果不是乔布斯一个人的，而是团结了一大批最优秀的人才。在 IT 业界，新产品往往只能“各领风骚三五天，”团结了什么人才，就能做成功什么事业。

经验九：“求知若饥，虚心若愚。”这是说求知。求知为了求进步，虚心为了进步。核心还是一个“人”字。

经验十：“如果有努力、决心和远见，凡事皆有可能。”这是说可能，说的是人的脑袋“皆有可能”。

乔布斯的启示

乔布斯的精神就是“不断创新”。但乔布斯像一种另类创新家，他不是科班出身，是一名肄业生。为什么在信息革命的年代，许多 IT 界的领袖人物像苹果的斯蒂夫·乔布斯、微软的比尔·盖茨那样，是大学的退学生或肄业生。这样的人物极为出色的创新给我们，特别是大学教育，提示了什么？

我们通常的认识是：学生对旧学科范式的把握程度是其创造新学科范式的基础。这也是我自己刻苦学习并鼓励学生勤奋学习的依据。常识告诉我只有把前人的知识范式及规律掌握得非常熟练和深刻，加强基础，人们才能有所创造，有所前进，我本人就是这样想的和这样做的。

乔布斯颠覆了“基础扎实才能创新”的常识命题。为什么有很多知识的人在创新方面反而不如看来有“很少知识”或“知识不多”的人呢？

一般说来，知识多而面广的人，如果他不是死读书的人，源泉较为丰富，在创造性方面，可能性将会大一些。但问题在于知识若没有转化为智慧，对创新并没有大的帮助。知识少的人，灵活运用了，他们可能大大强于知识多而不运用的人。

但是，对不少读书人，大量积累了前人的知识，全面继承了旧的知识体系，然而，他们的思想非常可能被束缚在旧的知识体系内，娴熟掌握已经被规范化的技巧，进而制约创造力的发展，甚至成为创造力的“杀手”。

这是乔布斯的观点，是他身体力行的，值得我们思考。

乔布斯相信佛教，学习佛教。佛教中有一个“所知障”的概念。它描述既有知识体系对新的认识和创造的制约。佛教要人们保持“初学者的心态”。认为拥有初学者的心态是一件了不起的事。所谓“初学者的心态”是指不要无端猜测，不要期望，不要武断，也不要偏见，不要迷惑于表象而要洞察事物的本质。初学者的心态正如一个新生儿面对这个世界一样，永远充满好奇、求知欲、赞叹。

乔布斯没有上完大学，他没有系统学习旧学科的知识范式，便没有陷入现成的范式陷阱，这成为其不断创新的前提。因此，若要创新，便要永远对新知识保持渴望，在旧知识构成的范式陷阱面前永远保持怀疑和适度远离，保持初学者的心态。

这样的观点是我前所未闻的。乔布斯的体会是，跟随直觉，这是一个做人的真理——学会掌握自己的生命，跟随自己的直觉，掌握自己人生的舵。乔布斯在斯坦福大学的毕业典礼上也曾说过这样一句话：“生命短暂，不要浪费时间活在别人的阴影里；不要被教条所惑，盲从教条等于活在别人的思考中；不要让他人的噪声压过自己的心声。最重要的是要有勇气追随自己的内心和直觉，你的内心与直觉多少已经知道你真想要成为什么样的人，任何其他事物都是次要的。”跟随直觉，就是相信自己，相信自己的感觉，从心选择。其实说白了，就是做自己喜欢的事。做人就要拥有跟随内心与直觉的勇气，只有知道自己要做什么，想做什么，我们才能朝着自己的目标迈进。

成功的创业者都有一个共同点——知道自己要做什么。他们会给自己树立目标，并一直朝着目标前进。而很多人之所以失败，不是因为能力低，而是因为找不到一个合适的奋斗方向，总是在很多选择中徘徊犹豫。乔布斯之所以能够成功，最重要的一个因素就是目标明确，时时盯着自己箭靶的位置。

乔布斯与爱因斯坦

我在下面把乔布斯与爱因斯坦做一比较，看看这相隔一个世纪出生的两位创新者之间的差异。在比较爱因斯坦和乔布斯时，爱因斯坦对科学的巨大贡献和为人的道德操守为世人所景仰；但对乔布斯的德行，我实在不敢恭维。然而，我不得不承认，他们俩都是时代的英雄，因为他们创造了历史。下面我试着比较一下这两位不同时代的宠儿。

爱因斯坦与乔布斯的比较

项目	爱因斯坦	乔布斯
时代	机械时代，物理学死气沉沉，处于变革前夜。	信息时代，一个充满竞争、商界你死我活的世界。
土壤	有丰沃的科学环境，鼓励学术争论，学术大师支持青年人。	共同遵循游戏规则，不创新就出局。良好的创造环境，社会容忍反主流。
身份	物理学家，科学家，思想家，人文学者，教授。	工程师，企业家，艺术家，人文学者，科技战略家，总裁（CEO）。
学历	博士学位，学者型，青年时组织“奥林匹亚科学院”，阅读科学著作，讨论科学问题。	大学退学生，学习美术字，青年时就与沃兹涅克、费尔南德斯结成一伙搞开发。
性格	小时候沉默寡言，性格文静，常提老师回答不了的问题，讨厌灌输。喜欢思考和自学。 作为科学家，他人格高尚，温良恭俭让，自律甚严，热爱底层民众。	小时候性格孤僻，调皮捣蛋，闹恶作剧。聪明又狡猾，喜欢电子产品。嬉皮士打扮。 作为发明家和企业家，他意志坚定，脾气暴躁，狂妄自大，对人双重面孔。
精神	反叛精神、怀疑精神（对自然观、世界观的反叛：波粒二象性、新的时空观）。	反叛精神、海盗精神（离经叛道，对电子行业的颠覆——电影、音乐、手机及电脑）。
思维	两面神思维，逆向思维。	跨界思维，逆向思维。

续表

项目	爱因斯坦	乔布斯
理念	科学理念——颠覆时空观念。	营销理念——科技回归人性。完美主义。
创新	从无到有（原始创新），科学观念创新。	从有到新（推陈出新），化腐朽为神奇。
人生观	活着就要解释物理世界。	活着就要改变世界。
思考	善于提出科学问题，由简单到复杂，敢于挑战，创天下先。	聚焦和简化，耻于雷同，精益求精，以最好的产品奉献世界。
团队	独行者，有合作者，无团队，坚持自己的理念思考和解决问题。	独断独行，团队有一股向心力，凝聚在乔布斯周围，强调紧迫感的文化，激情四射，不惧怕失败。
智慧	大学问家，思想家，永远思考深层次的科学问题。	大发明家，实践家，思考技术与艺术的结合。

结束语

乔布斯认为，凡是能够成就一番事业的人，一般要经过以下五个阶段：认识自我、寻找直觉，实践的勇气，解决困难，不断努力。其中前两个阶段，就是跟随直觉、确定目标的时期，当然这也是成功的前提。

如果说其他的管理者是在追随着消费者的品位，那乔布斯就是在引领着消费者的品位，这是他高明的地方。他不是个人电脑的发明者，却是个人电脑革命的引爆者；他也不是数字音乐播放器的发明者，却是让数字播放器一统江湖的领先者。他是一个颠覆传统的人，掌控了 IT 市场的发展趋势，成为信息时代开拓创新的先锋。

纵观乔布斯的创新，确实是从有到新，变腐朽为神奇。他确有过人之处，但是，他采取的手段有时并不是那么光明正大。乔布斯十分狡猾，他对自己和团队的创意封得死死的，绝不让它泄露出去。但他千方百计“盗取”他人的技术。

从传统的观念来评论他，此人的人品不怎么样。认识他的人说乔布斯：“他最擅长的是把别人的东西变为自己的东西。”乔布斯最标准的做法就是从你那里获得创意，他马上消化这个创意，把你的创意变成他的创意。乔布斯的名言：“当海盗比参加海军强。”乔布斯向他的团队灌输海盗精神，要他们不仅是像海盗那样疯狂忘我地工作，更是像海盗那样去“盗取”技术。可是，你对他无可奈何，你也告不了他剽窃，因为，他把你的东西已经变成他的东西，完全消化了，面目全非了。此人真是够狡猾的了。但说他“狡猾”是不公平的，信息社会谁不“狡猾”呢！这正是他聪明过人的地方，这也许是信息时代从事IT行业你死我活竞争中为人处世的策略。

回过头来，想想自己一开始的感觉，确实对乔布斯有些过分，我怎么能要求自己所喜欢的是一个毫无缺点的“圣人”呢！人无完人，说乔布斯“狡猾”，但只要想一想自己，在那个年代，明哲保身，沉默逃避，不也是“狡猾”的另一种表现形式吗？老实说，如果他没有这些“缺点”，也许成就不了今日的“乔布斯”。

他那慧眼独具的战略思考、艺术唯美的设计，深深地印在我的脑海里。虽然我很难像喜欢爱因斯坦那样喜欢他，但不能不佩服他。

这也许是信息时代的必然。任何想在信息时代的科学技术上有所创新、有所作为的人，必能从乔布斯身上学到些什么。

第八篇 科技创新

漫谈科技创新*

创新的核心是要有敢于质疑和批判的精神以及由此产生新的概念和创意。

前　言

创新是科学的灵魂。科学的本质就在于不断地发现、发明，不断地创新。从结绳记事到当代电脑，从钻木取火到核电站，从驯化动物到克隆技术，从对宏观低速物质运动的直观认识到量子力学对微观客体的波函数统计描述，科学一如既往地在不断创新中前进。

一部科学史，就是不断发现新现象、揭示新规律、确立新理论、创造新方法的历史。

中国面临创新的挑战。到 2020 年建成小康社会，将由“中国制造”（Manufactured by China）转向“中国创造”（Created by China），任务光荣而艰巨。

世界进入知识经济时代，“科学技术是第一生产力”，整个社会活动的重心是知识的创造性应用，其核心资源是人力资本，即需要能够创造性地解决各类问题、提高资源效率、创造社会财富的创新型人才。

“创新是一个国家、一个民族的灵魂”，我们都知道创新的重要性，但无论是科技创新，还是管理创新、协同创新、营销创新等，都需要依靠人去提出、去执行、去完成。创新者个体的思维方式、创造能力和思想水平，包括他（她）的智商和情商，都将决定创新的成败。提高创新者个体的创新思维能力已成为人才培养的核心。

本文漫谈科学技术的创新，即科技创新。

---

* 本文为关于创新的座谈会上的报告，时间是 2012 年 12 月 28 日。

一、创新：技术创新

创新（Innovation）的名词是奥地利政治经济学家约瑟夫·熊彼特（Joseph Alois Schumpeter）于19世纪20年代首先提出的。“创新”是将原始生产要素重新排列组合为新的生产方式，以求提高效率、降低成本的一个经济过程。在熊彼特经济模型中，能够成功“创新”的人便能够摆脱利润递减的困境而生存下来，那些不能够成功地重新组合生产要素之人会最先被市场淘汰。

熊彼特认为，“创新”就是建立一种新的生产函数，也就是说，把一种从来没有过的关于生产要素和生产条件的“新组合”引入生产体系。这种新组合包括5种情况：

①采用一种新产品或一种产品的新特征；

②采用一种新的生产方法，引入新的生产方式、新的工艺流程；

③开辟一个新市场；

④开拓或控制原材料或半制成品的一种新的供应来源；

⑤采用新的组织、管理方式。

因此，熊彼特的“创新”实质上并不是一个技术概念，而是一个经济概念；它是把现成的技术革新引入经济组织，形成新的经济能力。

熊彼特提出的创新，被称为技术创新。其目的在于使技术与经济结合，从而阐明经济发展的规律。技术创新的含义可从以下几方面解释。

（1）技术创新不仅是一种生产活动，而且是一种经济活动，其实质是企业生产经营系统引入新的技术要素，以获得更多利润。

（2）技术创新工作大多着眼于三个层次：一是发明；二是新产品的研究开发及成果的商品化和旧产品的更新换代；三是技术革新与改造，寻求实用。

（3）技术创新的主体是企业。

熊彼特对企业家在技术创新中的作用寄予厚望。他认为，企业家是推动经济发展的主体，创新的主动力来自企业家精神，成功的创新取决于企业家的素质。

熊彼特的创新理论，是狭义上的技术创新理论。

技术创新在经济学上的意义只是包括新产品、新过程、新系统和新装备等形式在内的技术向商业化实现的首次转化。企业的技术创新是企业家对生产要素、生产条件、生产组织进行重新组合，通过资源的再配置，再整合改进，以建立效能更好、效率更高的新生产体系，获得更大利润的过程。

二、科技创新

科学是出于人类解释世界、认识世界以及改造世界的需要而进行的探索自然世界的本质和规律的创造性活动。科学是发现，其基本形式是假说——对事实和现象进行创造性的理论解释。科学也是探索，通过求证和去伪，使假说不断趋于稳定、趋于确定、趋于真理的体系建立过程。科学的任务是追求理性真理。其特点是原创性和非功利性。

技术是指从事前人从未进行过的技术或工艺活动，即创制新的事物、首创新的制作方法。技术是发明，通过改变和创造，使事物不断变化、不断更新的过程。技术的任务是追求实用和高效，其特点是，新颖性和功利性。

目前，人们对创新的理解，大大地扩展了熊彼特的技术创新的含义。通常，人们把发现与发明看成是科技创新的两种主要形式，发现是原来自然界就“存在”的，“发现”出来；“发现”是对自然的理论阐释。发明是原来“没有”的，“发明”出来。发明是指提供新的做事方式或对某一问题提出新的技术解决方案的产品或方法。无论科学的发现或是技术的发明都需要批判和继承的精神，这一点是二者相同的。

现在我们对于创新的理解，大大扩展了熊彼特对创新的阐释。通常我们理解为：“打破常规为创，前所未有为新。”或者说：“无中生有为创，从有到新为新。”当然，还有各种各样的提法：“创新简单地说就是利用已存在的自然资源创造新东西的一种手段。”“创新是新设想（或新概念）发展到实际和成功应用的阶段。”“创新是人类的创造性活动，人类自觉能动性的集中体现。”

科技创新，就是在科学技术领域，干人所未干，想人所未想，其中包括对已有成果的模仿性改造。科技创新追求的主要是事物的新概念或事物的新颖性。科学家和发明家要创新，就需要不断地改变事物，即我们需要改变（Change we need）。这个改变就是通过“加、减、乘、除”，从而产生新的事物。创新最宝贵的是原创性的发现创造或新颖性的发明成果，它需要丰富的想象力。

《国家科学技术奖励推荐书》中提出了三种类型的科技创新。

（1）基础型创新，或称原始创新。包括关于自然现象规律的新认识，关于科学理论、学说上的创见；关于原理、机理的进一步阐明；关于研究方法手段上的创新或通过基础数据的科学积累总结出的规律认识等。原始创新一般是基础研究。

（2）复合型创新，或称集成创新。指的是对已有科学技术的新组合、嫁接、移植、推广（新方法），以及新组合、新结构、新工艺、新方法、新配方、新用途等。复合创新一般是应用研究。

（3）改进型创新，是指对已有产品的改进，或者单一改进，或者综合改进。也可以是产生一个新的想法，例如企业的合理化建议活动；提出一个新的营销策略，开发一种新的采油工艺，提出一种新的质量控制方法。

技术发明就是由改变而产生新的事物、新的产品，它分为三种类型：原创型、改进型和组合型或集成型。发明和专利经商业化而被应用到市场，发明的申请导致许可证或专利，形成知识产权。

三、创造力与创新三要素

创新需要创造力（Creativity），创造力是人们根据已有的经验和知识创造性地解决问题的能力。创造力是使事物发生改变的能力（Creativity is the ability to make a change）。创造力通过改变产生新的事物（Creativity—Produce new things by changes）。

创造力是人的思维活动能力，特别是人的原创性思维和特异性思维的能力。创造力是人的自我完善的结果，也是人自我实现的基本素质。人人都有创造力，人人都有可能进行创造。

有关创造力的基本规则，不外乎以下几个方面：

Reverse：推翻、相反、颠倒；

Transfer：转移、传递、改变、变换；

Combine：组合、结合、联合。

例如，带小孩的自行车进商店可变成一辆手推车；两根棍子变为一双筷子；橡皮加到铅笔上变成能擦能写的铅笔；透镜的组合就变成望远镜、显微镜等。

开发创造力的资源和要素有：

（1）智慧：提出问题和创意（idea），重新定义问题；能认清问题，评价问题的价值，能建构和改进问题。

（2）知识：要质疑，要判断，就要有理念、有原则，故知识是从事创造性活动必备的智力资源。

（3）思维：思维是解决问题所用的方式、方法，能“异想天开”。

（4）人格：有勇气，能坚持，捍卫自己的想法。

（5）动机：内在或外在的动机，以及兴趣。

（6）环境：要有一个激发创意的环境。

创新的成效主要取决于三个要素：

（1）科学思维：思维决定出路。应针对不同的问题，选择不同的思维技巧。例如点式思维、线式思维、发散思维、逆向思维、形象思维、逻辑思维等。

（2）科学方法：方法决定成败。它是取得科技重大进步的必由之路。创新过程中方法的突破往往是产生飞跃的条件。

（3）科学工具：工具决定实力。科学工具是创新的必要保障。科学工具的创新是开展科学研究和实现发明创造的必要手段。哈勃射电望远镜的研制成功才实现了人类对宇宙的科学观察。

创新的途径，大约有以下五个方面：

（1）思维的跨越：计算机和互联网，带动了真正的科技革命。

（2）创新方式的改变：有线到无线的改变带动了系列性的变革。

（3）技术发明：原创型、改进型、组合型或集成型。

（4）关键技术的突破：相机从感光型到数码型，来自关键 CCD 技术的突破。

（5）工艺改革和技术革新：促进企业技术改造，生产效率的提高。

四、创新者的精神气质

关于创新能力的培养。诚然，知识、学问和经验是提出问题、创立假说的源泉，那么，为什么很多创新往往不是那些知识很多、学问很高、经验很丰富的人做出的呢？问题在于，如果缺乏善于质疑和敢于批判的精神，那么，即使知识最多、学问最高、经验最丰富，也是难于有大作为的。

科学史上每次重大创新，总是由某些杰出科学家完成最关键或最后一步的。这些科学大家到底具有哪些与众不同的精神气质，使他们能肩负历史重任，做出划时代的科学贡献。他们的创造性智能表现在什么地方？这些科学家之所以能超过前人和同时代人，并不完全在于他们的知识比别人渊博，学问比别人精深，重要的是他们具有很好的科学创新的精神气质。

创新者个体的精神气质十分重要。它包括好奇心、兴趣和进取心；批判精神和怀疑精神以及创造性思维。创新者的精神气质和创新能力是一流人才和三流人才的分水岭。高智商和高知识仅是一个人成功的必要条件，而不是充分条件。下面进一步谈谈创新者的精神气质。

（一）好奇心、兴趣和进取心

科学家的好奇心是一种探索和重新勘测世界科学图景的强烈愿望，通常表现为探索对他所注意到的、但尚无令人满意解释的事物或其相互关系的认识。他们不是消极地等待自然界“显露”其自身的奥秘，而是积极主动地提出问题，为解答问题而探索。

好奇心表现出探究一切的兴趣和勇气，怀着把世界上的事情弄个“水落石出”的动机，将自己的全部智力用来解开一个又一个“现象之谜”。物理学家李政道认为：科学家最可宝贵的是一颗好奇心，科学的过程就是不断地设问，然后主动去寻找合理的答案。

好奇心是创新意识的萌芽。爱因斯坦说过，他的科学成就来自“研究问题的神圣的好奇心”，是“一种想了解自然奥秘的抑制不住的渴望”。他说：“神秘感和好奇心永远是艺术和科学天才的原动力。没有它们，人就不能探奇钩玄了。想象力和判断力是天才的灵魂，勤奋与爱心是天才的双翼。”

兴趣是最好的老师，兴趣是感情的体现，兴趣是创新思维的营养，是学习的内在因素。只有感兴趣才能自觉地、主动地、竭尽全力地去观察它、思考它、探究它，才能最大限度地发挥学习的主观能动性，容易在学习中产生新的联想，或进行知识的移植，做出新的比较，综合出新的成果。

进取心使科学工作者乐于研究新问题，敢于并乐于在科学上施展才能；敢于接受智力上的挑战，不畏惧挫折和失败，敢于在困境中坚持探索。

这三个方面是进入科学领地的人必须具备的气质。

（二）独立思想与理性怀疑

独立思想是学术界的一个价值观。要鼓励青年学人独立思考、独立思想，使他们懂得创新之艰难和不易，尊重和珍惜他人的成果。鼓励青年学人向任何类型的权威提出质疑的思想和行为，鼓励他们质疑老师、质疑自己和向现存理论及方法挑战，学会并善于质疑。只有这样，才有创新和创造性的工作，科学才能前进。

在学术上要崇尚理性怀疑。理性怀疑是指科学不承认绝对的权威和永恒的真理，可以对科学问题进行自由的质疑和批判。理性怀疑促使科学工作者时常对经验证据（自己的或他人的）进行先行的检验，不受经验数据的自我欺骗和被动欺骗。对科学研究来说，怀疑大概是通向成功最初的第一步。

（三）批判和质疑精神

批判精神就是在新的经验事实面前，不受传统科学观念和理论的束缚，敢于合理地对陈旧理论进行质疑，向传统科学的过时观念挑战。质疑精神即敢闯“禁区”，不迷信前人，尊敬权威，但不迷信权威；要敢于质疑权威，敢于独辟蹊径，走前人没有走过的路，勇敢地面对逆境，在各种风浪和考验面前充满自信心。

在科技史上，只有敢于冲破旧传统的束缚，敢闯科学“禁区”的人，才可能做出开拓性的成就。控制论、摩尔根学派等在苏联和东欧曾被当作伪科学大受鞭挞、非难与攻击，维纳等人依然继续把他们的创新思想推向前进。

探索源于“疑”，质疑是探索的起点，质疑是创新行为的举措，不断质疑而释疑，就是创新的过程。“不愿质疑权威”是中国青年学人科学研究中的最大弱点。这里，权威泛指前人、长者、老师和书本。我们研究生的论文大都是跟着别人的脚步走，而大都所谓“创新”，乃是对前人有一点“修正”“补充”“改进”，十分满足于自己的结果与权威一致；不敢提（不愿提，还是提不出！）自己的创造、自己的思想、自己的创见、自己的概念、自己的方法、自己的定义，等等。直到现在，中国科学界依然推崇“经验和正宗”的原则，而缺少冒险性的改革和探索。

五、创造性思维

科学的本质在于创新，创新离不开想象力。爱因斯坦说：想象力比知识更重要。与想象力密切相关的是创造性思维能力。要创新就必须具有创造性思维能力。思想观念创新，有赖于创造性思维的激发，要善于借新眼光观察问题，从新角度提出问题，以新思路分析问题，用新办法解决问题。

创造性思维表现为善于摆脱逻辑思维的束缚，借助直觉洞察研究方向和选择课题；善于打破思维定式，诱发灵感捕捉机遇；善于摒弃已有认识模式，运用想象标新立异；善于转换思路，对问题进行发散思维，特别是逆向思考；善于对事物进行联想和类比，从中启迪思想。善于在极不相同的事物间发现共同点，在极为相似的事物间寻求不同点；善于在事物的多样性中寻求高层次的和谐与统一；善于综合运用各种方法处理问题，等等。

创造性思维大概有5种形式：

（1）横向思维：与传统的直线性的思维不同，横向思维时刻在探讨和寻找更新、更好的解题思路。例如，纵向思维是要把一口井继续挖深，横向思维则是要试试其他位置。

（2）求异思维：相对于常规思维，其思维活动不受任何框架、模式的约束，从而突破传统观念和习惯势力的禁锢，从新的角度和方法考察问题。

（3）发散思维：也称开放式思维，思维沿着各种不同的方向思考，寻求解决方案。

（4）想象思维：想象可能从梦境或梦幻中来，所产生的各种思想和图像，有可能生成解决某一现实难题的创意胚胎。如爱因斯坦在相对论中设想的“火车实验”“升降机实验”等思想实验。

（5）直觉思维：相对于逻辑思维而言，直觉思维指不经过逐步分析而迅速做出合理猜测或突然顿悟。

六、创新型人才：素质和特点

成为一个创新型人才，大概需要具备以下六个方面的素质：

一是坚定的自信心：坚信自己的研究和目标是有科学依据的、一定能实现的。

二是强烈的创新愿望：善于质疑，从似乎无关的事物和现象中发现问题、提出问题。

三是深厚的理论基础：学习要深透，基础要扎实，才有举一反三、解决问题的能力。

四是良好的分析能力：能从众多复杂的因素中找出最关键的因素。

五是正确的研究方法：能寻找最适合的科学研究的途径，特别是假说和方案。

六是坚强的心理素质：有强大的心理承受能力，有坚忍不拔的意志能够承受失败、挫折的考验。

一般说来，成功的创新者具有以下特点：

他们使用突破常规的思维方式，愿意背离传统惯例：

他们覃思苦虑，发现新现象、发明新方法；

他们具有坚定信念，而对不确定的因素有冒险精神；

他们探究新的、不同的方法，拓展新的领域；

他们愿意从事充满挑战的事业，让“梦想”变为现实；

他们孜孜不倦地追求完美，对未知领域进行深入研究；

他们不断寻找更多可供选择的方法；

他们质疑现有方法，愿意尝试一切；

他们有积极的自我认识，百折不挠，充满好奇；

他们在非常艰苦的条件下完成工作，克服重重困难。

有了能力、个性、驱动力和冒险精神，大部分人都能够对社会做出贡献，甚至重大贡献。是否成为名家，是另一问题。如果认识到自己的创造性智能和潜力，朝这个方向努力，很多人能够取得杰出成就。

成功的创新者之所以有成就首先在于勤奋和专注、对自己所从事领域的专业知识的深刻理解以及具有识别（常人通常忽略）异常事物的能力，他们的思想受到了高度的激发，能够长时间地专注在问题或想法上。其次是毅力和耐心。“锲而不舍，金石可镂”是成功的创新者最需要的个人品质，而非凡的成就是奉献和汗水的结果。

七、激发创意（Idea）的途径

要创新，就要激发出创意（Idea），也就是出思想、出点子，大概有以下途径。

（1）随时捕捉创意。创意为一缕若有似无的轻烟，随时随地都会出现，转瞬即逝，善于随时捕捉各种灵感和思想火花，并立刻记下来，深思熟虑后加以发扬或抛弃。

（2）留意先进的东西和进步的思想，也许会有引导和启发。善于发现生活和工作中的疑难和不便，促使发明新东西改变现状，因为问题是发现之母。

（3）尝试改变既有模式，勇于吸收新思想。依循固定模式已被证明了无创意，必须改变。

（4）和有思想的人或有强烈创造欲望的人一起工作和讨论，适度的放松是有必要的，可能受别人的感染，会有发明的欲望，萌发新的创意。

（5）蒐集资讯激发创意。多看看已有的发明专利，查阅资料看看别人的想法，汲取其精华，经过思考也许能产生新的创意。

八、创新与教育

创造性思维需要从小培育，要改变灌输的教育模式。中国的教育受传统文化的影响，不敢犯上，学生不敢质疑老师，挑战前人，习惯于服从师长和领导的权威。

国外重在培养学生的创新精神和独立思考能力。而中国的教育恰恰在这两个方面极为薄弱。中国青少年学生重背诵、重记忆，重书本和课堂的知识，重考试；轻阅读课外读物，轻扩展知识面，轻思考。

中国学生的考试成绩在世界上名列前茅。2009 年，65 个国家 15 岁学生统考，上海 5 000 名学生参加考试，名列第一（阅读、数学和科学三课）。中国孩子的计算能力排名世界第一，想象力却排名倒数第一，创造力排名倒数第五。

想象力差、创造力低，正是中国教育的缺陷所致。我们的教育，从小学开始，只准知道给定的答案，只能回答给定的答案，只准死记硬背上面的标准答案，不准自己另寻答案。这样的结果必然是鼓励死记硬背。到了大学，思想依然不活跃，不同的思想常被视为异端，经常讲的是统一思想，而不提倡培养想象力。实际，对于科学，统一思想的要求是很荒谬的，思想要多元化才好，百花齐放、百家争鸣才好，想象力越丰富越好，甚至鼓励“胡思乱想”，这样才能成为一个创新的社会。如果我们的学术氛围，不能有与众不同的想法，不鼓励有异常的想象力，对创造力无异是一种扼杀和谋杀。

从心理学和生物学的角度说，长期固守一种模式，必然导致思维僵化，头脑简单。最终形成一种固定的思维模式——听话。思想深处认为，有别的思维是危险的。处处要与现行潮流的思想一致，就像条件反射一样，长期固守在自己的脑海里，除此之外，没有别的思维。

这种教育方式的最终结果，必然是培养一批只知死读书、读死书的头脑僵化机械的书虫，而不是可以应对任何复杂环境和形势的可造就之才。

九、创新：存在的问题

当前，科技创新中依然存在以下问题：

（1）跟踪、模仿依然是我国一些科技活动的主流，一提出问题，就问国外解决没有，解决途径是什么；缺乏自己的科学思想。

（2）科学方法意识淡薄，没有形成自己的方法体系。

（3）科技创新需要先进的工具和仪器，但受制于人。“科技要发展，测量须先行”。先进的仪器设备的匮乏，更缺乏的是具有自主知识产权的仪器设备。

（4）创新政策环境尚待完善。创新投入不足，人才激励措施不完善，科技成果评价方法有待改进。

十、创新：多多学习大师们创新的奥秘

（一）精于提出富有价值的新问题

阿基米德原理的发现始于金冠问题，避雷针的发明始于富兰克林研究的雷电问题，拉瓦锡对氧气的发现始于燃烧问题，非欧几何的创立始于欧氏第五公设问题，德布罗意物质波的发现始于光是什么的问题，DNA 双螺旋结构的发现始于生命是什么的问题，袁隆平发明籼型杂交水稻始于水稻杂种优势问题。

（二）善于创造解决问题的新方法

法拉第为了找到磁生电的方法，探索了 10 年，才找到了用磁铁切割线圈的磁生电的正确方法。赫兹设计制造出精密的实验设备，证实麦克斯韦预言的电磁波存在。克鲁克斯制造出对阴极射线进行研究的高真空无辉光放电管，找到了电子，发现了 X 射线，打开了微观世界的大门。

（三）乐于将生命投入到有价值的事物中去

居里夫人经过三年又九个月的提炼从 400 吨矿石残渣、800 吨水中分离出微量（一分克）氯化镭，测得镭原子量为 225。诺贝尔奖获得者伍尔哈德女士研究了 2 万只果蝇的变化，每天都重复着非常枯燥乏味的工作，最后找

出了变化规律。她们俩志向远大，有毅力和恒心，才做出了伟大的成就。

（四）勇于进行自我批评以及严格尊重事实

美国物理学者罗伯特·密立根不同意而且怀疑爱因斯坦于1905年提出的光电效应的理论。他因此花费约10年时间做实验研究光电效应，最后证实了爱因斯坦的理论正确无误。密立根因为“关于基本电荷以及光电效应的工作”获1923年诺贝尔物理学奖。

十一、创新：态度最重要

研究创造的过程中，要努力创新，有所发明、有所创造、有所前进。也要不怕失败。“失败是成功之母”，爱迪生失败了10 000次，但他将其看作成功地发现了10 000种行不通的方法。这就是他对发明创造的态度。重要的是，在研究的过程中，要记录下每次失败的结果，作为走向成功的经验。

搞科学研究或发明创造，什么最重要？态度最重要。在创造发明的过程中，最重要的是，持积极乐观的态度、永不放弃的态度、持之以恒的态度、善于学习的态度。因为科学研究和发明创造不可能一次成功，必然要经历无数的失败，才能成功。乐观者、坚持者会将失败看成经验的积累和自我的完善过程，永远不会放弃。悲观者的态度比较消极，怨天尤人，觉得没有希望，不会成功，以至于中途放弃。

结束语

我国不少科技人员只懂得前人曾经做过的事情，他们的知识和能力只被用来解决前人已经解决过的问题，他们的工作对于后人并未提供比前人提供给他们的基础更高的起点；他们按上级和书本的指示循规蹈矩地进行工作，拘泥于先例与指示，不敢有所发明，有所前进，有所创新，他们缺乏的是自信心和奋斗的精神，这样的人委实太多了。创新对于他们，非不能也，乃不为也，这是令人诧异和叹惜的。

创新并不是专家学者们的专利，而是人类前进永不止步的探索。对于创新，重要的是提高自己的素质。我的看法是：“别把创新看得那么简单，如果你不注意提高自己的素质；也别把创新看得那么复杂，如果你已经具备较高的素质。”实际，受过高等教育的人，如果不是自卑或者自暴自弃的话，只要努力，都可以有所发现，有所发明，有所创造，在创新的道路上取得成功。

20 世纪 50 年代新中国培养起来的一代青年，具有远大的理想，以祖国的需要作为自己的志愿，他们没有辜负人民的期望。现在，这一代人（包括我在内）老了，不可避免地要退出历史舞台。历史的重任将落到新一代跨世纪新人的身上。当代青年学人应该成为远大理想、执着信念的一代，勤奋学习、刻苦钻研的一代，过硬本领、脚踏实地的一代，德才兼备、求实创新的一代，在振兴中华的实践中，在创新的道路上，放射出更加夺目的时代光芒。

创建我国反射棱镜共轭理论学派体系*

——连铜淑创新思想探索

想象力比知识更重要，因为知识是有限的，而想象力概括着世界上的一切，推动着进步，并且是知识进化的源泉。——爱因斯坦

前　言

北京理工大学光电学院连铜淑教授是1953年我进入大学时教过我的老师，我在1958年毕业留校时被分配到他为主任的教研室工作，得到他很大的关怀。由于时隔50余年，当年交往的许多事情都记不得了。但我清晰地记得那时他孜孜不倦地研读翻译苏联秦开维奇的轰炸瞄准具以及莫斯金的轰炸瞄准具与空中射击瞄准具光学原理等俄文图书，并下大功夫研究光学仪器的精度问题。他给我的印象是对业务太钻研了，工作太投入了，脑袋特别聪明。我勉励自己向他学习，心中想着自己有一天能像他那样聪明就好了。不久，因组织上要我创建新专业，我便离开了他，在马士修教授的指导下开始创建夜视技术教研室。

大概40年前，我清楚记得有一天我们在校园中遇见时，连铜淑教授兴致勃勃地给我讲解研究光学棱镜调整中的问题。他在把刚体运动学一些原理引入研究光学棱镜时，发现了棱镜调整中一些可以称为定理的规律。对于搞科学研究的人来说，没有什么比自己在研究中的科学发现和顿悟更使人欢乐的了。他滔滔不绝地给我讲解他的思想，希望我能理解他的理论，分享他的快乐。我似懂非懂地听着，真为他如此出色的成就而高兴。

我虽然是光学仪器专业出身，但50多年前大学毕业后就转向夜视技术领域的教学与科学研究，对反射棱镜共轭理论及其调整不甚了了。2010年

---

* 本文作于2010年10月，这次出版时做了修改和补充。

暑假期间，在听了连铜淑教授的学术报告后，我认真地阅读了他的有关著作和论文，做了数万字的笔记，才对他的理论和贡献有了一知半解的了解。

关于连铜淑的学术成就与贡献，1994 年 5 月他在中国台湾中央大学进行为期一月的“反射棱镜共轭理论与光学仪器调整”讲学时曾有这样的概括和定评：“长期致力于光学仪器与应用光学的教学和科学研究，连铜淑在发展‘反射棱镜共轭理论’的研究中，创建了崭新的‘刚体运动学’学派体系，并根据这一学术观点和研究方法，提出了一系列新的概念、定理、推理、公式，以及新型的棱镜组，使我国的反射棱镜共轭理论成为一个相当系统和完整的体系，其总体水平居世界同行之首。”这是海峡两岸光学界对连铜淑教授的学术成就和贡献客观的评价。

我今天写这篇文章，目的是想进一步探讨连铜淑的学术思想，主要是想探索他是如何将“刚体运动学”的体系思想应用到反射棱镜共轭理论上的，他的理论体系有什么特点，他是如何将这一理论应用于实践并解决了哪些实际问题，以及他的学术贡献。最后，我还想谈谈他的科学方法和创新实践对于我们今天从事教学与科研的人员有什么意义和启发。

这里我应该说明一下，由于连铜淑所表述的理论和定理都是以数学形式表示，而评述文章又不宜出现数学推导和烦琐的公式，故我在这里尽可能以自己的理解用文字和简单的符号来描述它，希望能把他的研究工作的实质和物理思想说清楚。我讲得不对或理解得不确切的地方，请大家予以指正。

一、“刚体运动学”解决反射棱镜共轭问题的提出

在理论力学中，任意两个质点间的距离在运动中保持不变的质点系就称为刚体。刚体是一种理想的力学模型，仅考虑物体的大小和形状，但忽略了其大小和形状的变化。刚体做一般运动时，可以分解为沿刚体任意一点的平移以及绕这点的定点转动两部分。平移部分需要用三个独立坐标描述，定点转动部分也需要用三个独立坐标描述。所以，刚体做一般运动的自由度为 6。

刚体的一般运动最终可以归结为等效螺旋运动。刚体任意的瞬间运动都可归并为两个瞬间分运动：一个是平移的线速度；另一个则是作用线通过归化点的回转角速度。刚体作有限转动的角位移不是矢量；而刚体作微

量转动的角位移是矢量，在略去二阶和高阶小量的前提下，它们可以进行线性独立地相加。这便是刚体运动学的基本概念，也是连铜淑研究反射棱镜共轭理论的出发点。

连铜淑把棱镜成像与刚体运动联系起来。他在研究反射棱镜成像时发现，无论是偶次反射棱镜或是奇次反射棱镜，都给出完全不变形的共轭像。（当然，在讨论奇次反射棱镜时，原来真实的物坐标系（$0xyz$）应以反转物坐标系（$-0, -x, -y, -z$）代之）。这说明，物空间和像空间的两个坐标系之间没有发生任何变形。正像一个刚体在运动时发生空间位置的转移，而没有大小、形状上的变化一样。因此，连铜淑把棱镜物、像空间的两个坐标系看成是同一个刚体于其转移的前后在空间内所占据的两个不同的方位。这样，棱镜物、像共轭关系的问题便转化为刚体运动学的问题。于是，讨论棱镜物、像空间的共轭关系时可以采取刚体运动学的解题途径。把“刚体运动学”的概念引入反射棱镜共轭理论的研究，是一个绝妙的构思和崭新的创意。

二、由刚体运动学“假说”迈向建立反射棱镜共轭理论和方法

应该说，连铜淑提出用刚体运动学解决反射棱镜共轭理论问题时，这仅是一个“假说”，或者说他有这样一个“创意（idea）”，他试图通过这个创意进一步研究反射棱镜共轭理论问题。进行科学研究，自然不能停留在创意（idea）上，科学研究需要寻找证实或者实现自己创意的理论、方法和途径，而且它还要优于原有的理论、方法和途径，才能被学术界认可。那么，连铜淑由刚体运动学的假说研究反射棱镜共轭理论究竟有哪些理论上的创造呢？

1. 反射棱镜成像中的刚体运动学模型

在研究反射棱镜时，连铜淑认为，既然一个刚体的任意运动可初步归化为平移和随后的转动两个组成部分，也一定能够把棱镜物、像空间的共轭关系区分为相应的两个部分。于是，就有研究物、像位置共轭和方向共轭的问题。

棱镜的位置共轭应与刚体运动中的平移部分相当；棱镜的方向共轭则与刚体等效运动中的定点转动部分相当。

由几何光学，人们早已知道，在平行光路中，反射棱镜使入射光线或物矢量改变方向的作用是一种线性的变换过程，可用一个 3×3 的棱镜矩阵

$\boldsymbol{R}$ 来表达棱镜物、像之间在方向上的共轭关系，这里，$\boldsymbol{R}$ 被称为作用矩阵（或反射矩阵）；在会聚光路中，则可用一个 4×4 的棱镜矩阵 $\boldsymbol{R}$ 来求解棱镜一任意物点之共轭像点的位置，而这个 $\boldsymbol{R}$ 被称为（像点）位置矩阵。

连铜淑从刚体运动学角度出发，根据刚体一般运动的原理，为反射棱镜成像构建了一套完整的刚体运动学模型。该模型包括特征方向 T、特征角 2φ、反射次数 t 以及一对共轭基点 $\boldsymbol{M}_0$、$\boldsymbol{M}'$，并导得棱镜矩阵 $\boldsymbol{R}=(-1)^t\boldsymbol{S}_{T,2\varphi}$ 及位置共轭参量 $\overrightarrow{\boldsymbol{M}_0\boldsymbol{M}'}$。

这里，T、2φ、t 和 $\overrightarrow{\boldsymbol{M}_0\boldsymbol{M}'}$ 是棱镜的属性，取决于棱镜的内部结构。$\boldsymbol{S}_{T,2\varphi}$ 代表绕 T 转 2φ 的转动矩阵，取名特征矩阵，而 $(-1)^t$ 则表示在奇次反射棱镜的情形需要对棱镜的输入矢量或输出矢量进行反转的处理；$\overrightarrow{\boldsymbol{M}_0\boldsymbol{M}'}$ 为由物基点 $\boldsymbol{M}_0$ 至像基点 $\boldsymbol{M}'$ 的平移矢量。

由此可见，棱镜矩阵 $\boldsymbol{R}$ 的解得，前者是借助于几何光学反射定律，而后者是借助刚体运动学，解题途径是不同的，但二者都可以准确地解决棱镜成像的命题。

尽管所导出的公式从形式上看是一样的，但因为出发点不一样，其物理意义便大不一样。由几何光学导出的棱镜的作用矩阵表示对一个有方向性的直线矢量 $\boldsymbol{A}$ 的传递。而由刚体运动学导出的棱镜的特征矩阵 $\boldsymbol{S}_{T,2\varphi}$ 则表示对一个有方向性（按右螺旋法则）的微转轴矢量 $\Delta\boldsymbol{\theta}$ 的传递，当然也包括直线矢量 $\boldsymbol{A}$（即 $\Delta\boldsymbol{\theta}=0$）的传递。

刚体运动学共轭参量 $(-1)^t\boldsymbol{S}_{T,2\varphi}$ 和 $\overrightarrow{\boldsymbol{M}_0\boldsymbol{M}'}$ 的创建，给原先由几何光学导出的作用矩阵和位置矩阵增添了新的内容。在科学研究中，赋予一个公式以新的物理意义或涵义时，也是一项创新，因为这意味着“适用范围”和“物理意义”的扩展。对于这一点，也许有些青年科技人员会觉得不这么过瘾，既然引入了“刚体运动学”新的假说，希望看到有与传统完全不一样的结果，甚至最好是“背叛”的结果。我的看法是，如果有一个新的创意，其结果若有悖于日常经验和常识，那反而倒是很危险的。

现今的科技创新，往往是提出了一种新原理或新方法，而其结果往往是包容了原有的原理和方法，或者扩充了原有的原理和方法，或者是对原有的原理和方法赋予更深刻的物理解释。新的原理和方法往往不排斥老的原理和方法所得到的结果。在大多数情况下，它是扩展或包容了老的原理和方法的结果。一个最好的榜样是，当爱因斯坦 1905 年发表《论动体的电动力学》时，文中导出了以著名的电子学权威洛伦兹命名的“洛伦兹变换”公式。为了这个表达式，洛伦兹作了许多假设。但爱因斯坦仅用了两个基本公设——相对性原理和光速不变原理，便推导了“洛伦兹变换”公式，并赋予洛伦兹变换崭新的物理解释，刷新了人们对时间与空间的概念，从而提出了狭义相对论，撼动了牛顿物理学的基础。

但即使如此，被大家公认的思想超前的爱因斯坦的狭义相对论也没有否定牛顿理论。大家知道，在速度远远低于光速的情况下，牛顿的理论也还是适用的。

2. 平面镜系统中大转动原理的探索——两步法的提出

如果连铜淑提出刚体运动学的假说仅仅停留在上述对棱镜物、像方向共轭的物理解释上，使人们对棱镜的作用矩阵有了一个新的阐释，虽然这也是对这门科学的理论宝库的一个贡献和补充。但是，这仅是一个假说而已。我的看法是一个有活力的假说或理论要求以它为基点，将工作向四面八方铺展，研究各式各样的情况，以证实自己的假说或理论，这样的假说或理论才有生命力。连铜淑正是这样做的。

在光学仪器的扫描、稳像、跟踪、测量等一系列技术，以至新型光学仪器的研制中，平面镜系统（包括棱镜系统）往往做大角度的转动。这时，共轭像的运动又将遵循什么规律呢？刚体运动学的概念能否用来描述它的运动变化呢？

连铜淑从刚体运动学概念出发，把平面镜的转动与刚体的转动从概念上联系了起来，由此创建了一种叫作“两步法”的“平面镜系统转动定理”，亦称“棱镜转动定理”。它可作如下之诠释：“在物体不动的条件下，反射棱镜绕其物空间过 q 点的 $\boldsymbol{P}$ 轴转动 θ 所造成共轭像体的运动，可通过先后的两个步骤获得：第一步，想象棱镜不动而物体（含 F 和 q 等）绕过 q 点的 $\boldsymbol{P}$ 轴转 $-\theta$（即反转 θ）所造成像体对应的运动；第二步，运动了的像体再继续绕过 q 点的 $\boldsymbol{P}$ 轴转 θ（即正转 θ）。”

连铜淑由此出发研究了平面镜系统转动定理在平行光路和会聚光路中的应用，解决了平面镜大角度转动下的成像规律。我想指出的是，基于刚体运动学的两步法，使得原本是一个光学成像与机械运动交错一起的复杂问题转变为先后完成的一个单纯的光学成像和另一个单纯的机械运动连接而成的简单组合。

3. 反射棱镜微量位移的理论之提出

平面镜（或棱镜）做大角度转动是一种情况，反射棱镜做微量转动又是另一种情况。后者是经常遇到的，即反射棱镜微量转动时常常会引起像的微量位移。这种像的微量位移又是按照什么样的规律变化呢？研究微量位移的理论将直接服务于反射棱镜的调整，同时亦和光学仪器的稳像技术以及反射棱镜的误差分析密切相关。无论是反射棱镜的大转动，还是微量转动，二者均属于转动，小转动只不过是大转动的一个特例而已，它们之间必然有相当一些共性的问题。因此，传统的坐标转换法和基于刚体运动学的两步法仍然可以应用于棱镜微量转动的情况。

然而，反射棱镜微量转动又具有它自身的特殊性，而此特殊性寓于“微量转动”之中。连铜淑创造性地将刚体瞬间运动的合成原理移植到刚体微量转动的合成上，同时采用了西安应用光学研究所何绍宇研究员提出的“两步法”，而导出了“反射棱镜像体微量运动基本方程”，从而求得由棱镜的微量转动所造成像体的像偏转 $\Delta\mu'$ 和像点位移 $\Delta S'_F$ 。

两步法在它刚出现的时候还只限于在平行光路中的应用，然而，由于再一次运用了刚体运动学的观点而把像的运动也看作是刚体的运动时，定理便为解决会聚光路问题指出了途径。据我看来，由刚体运动学出发，连铜淑得到了反射棱镜因微量转动和移动而形成的像偏转和像点位移的基本方程，这是刚体运动学的假说用于反射棱镜共轭理论的一个巨大进展。正是这个假说所导出的像偏转 $\Delta\mu'$ 的方程在解决棱镜调整、棱镜稳像和棱镜制造误差等问题上发挥了巨大的作用，而这大概正是传统方法无能为力的地方。

我还想稍微展开谈一个问题：在推导像偏转和像点位移的基本方程时，连铜淑是在略去微量转角的二阶小量及高阶小量的前提条件下得到的。这样的处理，正是抓住了矛盾的主要方面。试想，如果不舍弃这些更微小的量，就不会得到这样明晰的结果，也看不清到底是哪些参量才是真正的有影响的量。我们知道，几何光学中的高斯光学理论，宽束电子光学中的近轴光学理论等，都是通过这样的数学处理获得的，而这样的处理正是抓住了事物的本质。这样的处理，道理很简单，没有什么奥秘，一讲大家都知道。但我还是经常看到青年学人给我看一大堆公式，分不清主次，却以为自己很全面，实际并没有抓住主要矛盾和矛盾的主要方面。

4. 反射棱镜共轭理论指导棱镜调整、棱镜稳像与棱镜制造误差分析

上面我简要地叙述了连铜淑在反射棱镜共轭理论研究上的贡献。我们看到他提出了“刚体运动学”的科学创意，并且把这个创意用来指导解决

反射棱镜位置和方向共轭、大角度转动和微量转动与位移等理论问题。他的研究对于指导反射棱镜的设计与计算提供了一个有力的武器，这是毫无疑问的。但是，连铜淑作为工程科学领域的科学家，他绝不会把他的研究停止在理论层面上，仅满足于理论指导设计与计算而已，而是要将理论应用于解决棱镜实践中遇到的众多问题，诸如棱镜调整问题、棱镜稳像问题以及棱镜制造误差问题，并给予理论上的指导。结合实践，解决实践中的疑难问题，在我看来，一点也不比解决理论问题容易，有时甚至困难得多。

像我们这些从事工程领域研究的科技工作者，总是这样认为，研究理论的目的是用它来解决工程实际问题，只有这样，才能称得上是真正的、有用的理论。实践是检验真理的唯一标准，也是考验理论是否管用、是否有生命力的重要途径。把理论应用于实践、指导实践并解决实际问题，这是工程领域的研究人员的方向和目标。但是，这一步一点也不轻松，有时更为困难，也更艰苦。

我深深感到，我们现在科学研究中的有些问题，并不完全是没有好的创意（idea），也不是没有好的科研条件，但研究的结果或者研究达到的水平总是不尽如人意。我想，也许有一个原因，那就是浅尝辄止，不愿做深入专注的探究，缺乏坚持下去的信心和百折不挠的勇气，从而丧失了本应得到的更好的成果。

进行科学研究，当然都希望有好的结果、高水平的结果。但现在的社会普遍提倡“短、平、快”，不愿意精雕细琢、覃思苦虑。坐冷板凳是既艰苦、吃力，又不讨好的事，而且因为迟迟得不到理想的结果，往往很难交差。因此，若没有远大的理想和赶超前人的志气，又没有超人的努力和踏踏实实的工作，确实是难于做出有较大影响、达到世界先进水平的成果来。在这个方面，连铜淑为我们树立了一个学习的榜样。

下面我简单谈谈连铜淑在棱镜调整、棱镜稳像以及反射棱镜制造误差分析的实践上的贡献。

在光学仪器中，“光学校正”是光学系统调整的一个专称。光学校正的目的在于保证光学系统的像质以及光学性能的各项预定指标达到要求。把光学系统中的各个光学零件（包括反射棱镜）调整到正确的相互位置上。这是一项极为细致的、甚至艰苦的工作。反射棱镜在光学系统中的作用要比透镜灵活得多，它既是一个转像元件，又是一个很好的补偿元件。

研制人员往往希望自己设计或制作的反射棱镜不发生（最好没有）微量位移，但这是不可能的。从另一角度来说，微量位移也可以用来作为光学尺寸链中的一个补偿环节；这就是棱镜调整的基本概念。

在棱镜调整中，光轴偏及像倾斜是经常遇到的基本问题。在工厂，大家都把它看成一个很细致的工艺问题。光轴发生偏移了，图像倾斜了，要靠有丰富经验搞装调的工艺师傅来把它校正。这是一个极为烦琐而细致的活，校正速度之快慢，完全依靠他多年摸索累积的经验，也反映了工艺师傅的技术水平。能否从理论上给予指导，使工艺师傅在实践中有所把握，即理论指导下的实践，是连铜淑思考和研究的问题。

连铜淑研究“反射棱镜调整”理论和计算，旨在确定棱镜的微量位移对光轴偏和像倾斜的影响，并从中找出规律，以指导光学仪器设计和校正等技术实践。在研究这些调整的规律同时还从定义参量、棱镜分类、编制图表以及制定国标等各个方面推动了反射棱镜调整理论自身的不断发展。

光轴偏计算按照计算方法的特点可分为平行光路中的光轴偏计算和会聚光路中的光轴偏计算。像倾斜计算，就其计算方法而言，与平行光路中的光轴偏计算没有任何差异，可列属平行光路的范围。因此，整个棱镜调整计算，其基本类型就只有平行光路和会聚光路两种。这就是说，如果掌握了棱镜在这样两种光路中的调整计算方法，那么就棱镜调整的分析计算方面而言，无论所遇到的对象是一个什么形式的光学系统，例如望远系统，或显微系统，或照相系统，或投影系统等，将不会遇到实质性的困难，一切问题均可迎刃而解。

连铜淑在棱镜调整的研究中，自始至终坚持“刚体运动学”的体系，而此种论点的具体表现就是把由反射棱镜微量位移所造成的像运动视为刚体的一种微量运动。因此，首先必须搞清楚像运动（像偏转和像点位移）的各个分量分别在平行光路和会聚光路中与光轴偏、像倾斜等一些最一般化的调整项目之间的关系。主要是要弄明白，像运动在光学校正中的物理意义是什么。

连铜淑在研究中抓住的就是上面研究微量转动和微量移动所推导的像偏转和像点位移在坐标系 x',y',z' 的六个分量，并研究了它们与光轴偏、像倾斜、像面偏和视差之间的相互关系。而此关系取决于所在光路的性质。他分平行光路和会聚光路两种情况进行讨论。他的研究结果是，在平行光路中，像偏转矢量 $\boldsymbol{\Delta\mu}'$ 直接代表了调整量（像倾斜和光轴偏），其沿

棱镜出射光轴 x' 上的分量 $\Delta\boldsymbol{\mu}'_{x'}$ 代表像倾斜，在沿与出射光轴相垂直的轴上 y',z' 的两个分量 $\Delta\boldsymbol{\mu}'_{y'}$，$\Delta\boldsymbol{\mu}'_{z'}$，则代表两个光轴偏分量。由此简化了调整计算。在会聚光路中，像偏转矢量 $\Delta\boldsymbol{\mu}'$ 的分量与平行光路一样，一是代表像倾斜，另两个分量表示像面偏。像的微量运动产生了像点位移矢量，其沿棱镜出射光轴 x' 上的分量与视差、视度相关，而沿轴 y',z' 的两个分量反映了光轴偏。

连铜淑教授引入像偏转矢量 $\Delta\boldsymbol{\mu}'$ 的更重要的作用，在于它对光轴偏与像倾斜的共性进行了高度的概括和抽象。本来对观察者来说，光轴偏和像倾斜是有区别的。此外，从包括透镜系统的整个光学系统来看，光轴偏受透镜系统角放大率的影响，而像倾斜则在大小和方向（正、负号）上都与透镜系统无关。但是，如果把讨论的问题缩小到棱镜以及棱镜的物、像空间这个小范围内，那么在光轴偏和像倾斜之间，它们的共性就成为主要的了。特别在引入像偏转矢量 $\Delta\boldsymbol{\mu}'$ 之后，它们的差别无非就是在不同坐标轴上的分量罢了。而这一点与其说是差别，不如说是大同。认识到光轴偏与像倾斜之间的共性问题，对于揭露客观存在于棱镜调整平行光路中的一些规律性的东西是极为重要的。

连铜淑导出的像运动的基本方程在总体上揭示了棱镜调整中的某些共同的规律性。但是，鉴于光学仪器设计和调整的需要，连铜淑还对棱镜调整中一些规律性问题进行探讨。

首先，连铜淑研究棱镜调整中的像倾斜和光轴偏的问题。他提出了反射棱镜调整定理，或称“余弦律与差向量法则”。该法则揭示了棱镜在像倾斜调整计算中的内在规律。其公式简单，物理意义明确，计算方便。由“余弦率与差向量法则”，根据给定的棱镜转轴的方向，很容易求得反射棱镜的任意一个微量转动所造成的一个像倾斜分量 $\Delta\boldsymbol{\mu}'_{x'}$ 和两个光轴偏分量 $\Delta\boldsymbol{\mu}'_{y'}$，$\Delta\boldsymbol{\mu}'_{z'}$。由差向量法所确定的三个极值特性向量正是解决棱镜调整问题最关键的参量。

其次，连铜淑研究了利用棱镜来稳定整个光学系统的图像的问题，即棱镜稳像。棱镜稳像在本质上可视为棱镜自动调整或自动补偿的问题。虽然在原理上与反射棱镜调整有许多共同之处，但前者比后者要复杂得多。因为调整时一般棱镜不运动，而稳像讨论的就是在运动状态下的图像的稳定，故技术上要求更高。

连铜淑深入探讨了反射棱镜稳像的众多问题，如稳像的自由度；相对稳像和绝对稳像；平行光路稳像和会聚光路稳像；微量转动稳像和有限转动稳像；单棱镜稳像和多棱镜稳像等。连铜淑还以某平飞轰炸瞄准具的观测系统为例，来说明棱镜稳像的原理以及棱镜稳像问题的复杂性。稳像的原理实质上就是成像、调整和扫描三者相结合的产物，而且是在动态情况下，由此可见稳像问题的复杂性。我在这里就不细述了。

其三，连铜淑探索反射棱镜共轭理论应用到反射棱镜制造误差的分析上。光学平行差是反射棱镜制造误差中的一个重要问题。光学平行差是由棱镜各工作面的方向误差所引起的，它决定了棱镜的成像质量。由于光学平行差在检验中容易测量，在加工中也能予以控制，因此，光学平行差是反射棱镜的一个综合性的技术参量。若给定公差，对光学平行差加以限制，则可约束其他许多与此相关的原始误差。

对于一块有误差的反射棱镜，它展开后已不再呈现为一块平行玻璃板，取代它的是一块楔玻璃板。因之，研究楔玻璃板的光学平行差和由此产生的色散以及造成平行光束的偏转是棱镜制造误差研究的一个重要课题。

连铜淑在实践中证明了基于刚体运动学理论的反射棱镜调整原理也可用于反射棱镜制造误差的分析与计算。对于一个具有多个反射面和屋脊的反射棱镜，连铜淑导出了光学平行差的表示式，构建了求解由棱镜各反射面与屋脊的原始误差在反射棱镜反射部像空间中所造成的像偏转总量 $\Delta\boldsymbol{\mu}'$ 的一个综合的公式，该公式承袭了用刚体运动学解决棱镜微量转动时所具有的全部优点。

连铜淑将基于刚体运动学的反射棱镜调整的原理应用于反射棱镜制造误差的分析和计算上，使得原来在性质上似乎有很大差异的两个课题归入一个学派体系里，这是对刚体运动学的学派体系应用于反射棱镜的又一个重大进展。

5. 反射棱镜共轭理论的实践应用

对于一个从事工程科学的科技工作者来说，研究理论是为了更好地应用于实践，指导实践；并从实践、应用中反馈的问题，思考理论，修正理论，更进一步丰富自己的理论。随着实践与应用的多种多样性，新的问题层出不穷，促使理论不断地磨炼，不断地升华而趋于完善；由于理论的升华和指导，人们的实践不局限于经验，而是理论指导下的实践，实践的内容越来越丰富，人们的认识逐渐由不自觉走向自觉的过程。这种理论与实践的相互促进，使人们的认识逐步走向自由王国，也使科学技术更好地为人类服务。

一个科技工作者，如果提出了一种假说论述了一个科学问题，推导了基本公式，描述了由此生发的定理和引理，等等。当然，从假说本身来说，数理逻辑和推理应是很缜密和细致的。这样，他（她）的研究补充了人们的认识，并丰富了这门科学的理论宝库。应该说，这便是科学研究的原始创新，是一项贡献和成就。

作为在工程科学领域驰骋的科学家，连铜淑当然不会仅仅满足于理论上的成就。他十分关心工厂生产在棱镜调整实践中所遇到的或者所出现的技术问题，他经常深入学校、工厂和研究所了解反射棱镜理论和棱镜调整中的问题，给教师、技术员和工人师傅讲解他的理论，以及如何应用这些定理和公式来设计和分析反射棱镜系统，指导反射棱镜的调整和稳像等。同样，他也从实践中汲取了丰富的营养，而正是理论与实践的良好结合，使他能更深入思考反射棱镜成像的问题。

就在连铜淑的专著中，我们可以见到他研究反射棱镜共轭理论这些年来对一些光学仪器中反射棱镜的设计和调整进行分析和总结的记录，如对铰链式双眼观察仪器的分校光轴特别是炮队镜的分校光轴及其光轴校正仪的分析和像位偏与光轴偏的分析；双眼望远镜光轴调整计算及其像位偏与光轴偏的分析；对 1 米体视测距仪的基端棱镜的调整分析；对光轴偏和像倾斜的综合计算以及基于观测线观测角误差规律（曲线）的调整等。

为了便于工程上的应用，在须耀辉、汤自义和尤定华等老师的共同参与下，连铜淑和他们一起编制了一份反射棱镜图表。图表中收集了 54 个常用的反射棱镜，对每一个棱镜，均给出了一个调整图、一个成像特性参量表、一个调整特性参量表以及像偏转和像点位移等六个调整计算公式。其成像特性参量和调整特性参量包含了 20 个最主要的参量。这些参量的名称我就不一一细述了。这些参量以一种最为简洁的形式，使人一目了然地看到了反射棱镜的某些重要特性，而这些特性反映了棱镜自身结构所造成的其输出与输入之间的数、性关系。这套图表是过去无论教科书或是手册上都未曾有过的。

理论与实践的结合，是我们经常谈的。但是，我们往往想的是能用就行，就是与实践结合了。连铜淑思考得更远些，不但是自己身体力行，努力参与实践，还要让应用者在实践中很方便地使用它。他和他的同事们所给出的这些图表十分细致详尽，因为每一种类型应用反射棱镜的光学仪器都有它自己的特殊问题，而且要充分考虑到实际应用人员的水平。如何使使用者少走弯路，使他们很快地学会应用，解决工程实际问题，是他努力的方向和目标。

连铜淑所进行的反射棱镜理论的探索既是一项高水平的研究，又是面向工程实际的、服务于设计和使用人员的需要。作为工程领域的科学家，以这样的奉献作为自己奋斗的目标，不仅需要有很高的理论学术修养和精湛的技术，更需要的是崇高的胸怀和为人民服务的精神。

这是一项高水平的科技创新，但它完全是我们中国的科学家自己创造的，具有鲜明的中国的标记和特色。作为一个工程科学家，连铜淑认为这是他必须做的。在我看来，这是我国光学界以自己的理论指导实践的一个光辉的范例。

三、由连铜淑的科学研究谈创新思维

2010 年，在听连铜淑关于棱镜调整的报告时，我的脑海中涌现出一个问题：他怎么会把这刚体运动和光线传播二者联系起来，用刚体运动学的原理来解决棱镜成像问题呢，因为无论从哪一方面来说，刚体和光线，万千差异。用刚体运动学来解决棱镜成像，真是有点匪夷所思。我后来有点明白刚体运动学用于研究反射棱镜的 idea 了：一物（一定大小和形状）经反射棱镜多次反射所形成共轭的图像（大小和形状不变）的对应关系正如一个刚体（有一定大小和形状）在力的作用下经移动和定点转动到达某一相应的位置一样，它还是一个刚体（大小和形状不变）。棱镜共轭的物像与始终点的（大小和形状不变）刚体相对应。这样的比拟还是可以理解的。但连铜淑怎么会把这两个学科——力学与光学联系在一起，有时不用通常几何光学中反射定律和折射定律，而用刚体运动学来解决棱镜成像问题，而有时又把光线运动和刚体运动结合起来，这确实不是一种正常的思维方式。

后来，我明白了，这就是一种所谓“求异思维”，它把“逆向思维”和“发散思维”结合起来思考，即对司空见惯似乎已成定论的事物或观点反过来思考，并把思维向四面八方扩散，使思维视野开阔，从而产生一种崭新的概念。

我认为，探讨一下连铜淑在研究反射棱镜共轭理论时所表现出来的创新思维是有意义的。大家知道，几何光学包括透镜、棱镜在内，光的直线传播，光的反射定律和折射定律，是形成经典光学的理论基础。我们大家都熟悉的高斯光学及像差理论，都是依靠这些定律建立起来的，已为举世公认。无论是谁，都不会怀疑它的正确性。从这些定律出发来讨论反射棱镜的成像，当然是天经地义的，正像我们现在应用牛顿的公式 $F = ma$ 来讨论质点的运动一样。但是，我认为，连铜淑对经典光学在处理反射棱镜的方法上一定是有不满意的地方，比方说，几何光学的光线传播，我们通常用描光路来实现；对于位置固定的光学系统（包括棱镜在内），当然是没有问题，然而对转动的棱镜系统，通过描大量光路追迹寻找它的规律，也许有可能，但依然是相当困难的，或者这样说，仅仅用光的反射定律和折射定律来探讨棱镜成像和调整是远远不够的，是难以寻找棱镜成像中更内蕴和更深刻的现象和规律的。

科学研究是从“问题”开始的，“问题”是促进科学发展的动力，一点也不错。如果连铜淑对经典光学的那一套处理棱镜成像的方法很满意，没有疑问和问题，他不可能往刚体运动学上去想，也不可能用它来发展原有的理论。

当然，如果换了其他人包括我在内研究反射棱镜成像，也可能会不满意，有疑问，有问题，但通常我们想的是，一定是我们的研究挖掘得还不够深，如果挖得深一点，也许会有进展了，会找到“金矿”了。在原有范畴内思考，在挖掘深度上做文章，或者在邻近再找寻一个挖掘点，这是人之常情，我们通常都是这样做的。顺向思维，毕竟大家都习惯了，风险也不会太大。话说回来，挖得深一点，或者寻找另一个新的挖掘点，说说容易，但要有创新的内容，也不是一件容易的事。至于求异思维，需要异常丰富的想象力，把不相干的事物联系起来，当然还需要研究者对这门学科的把握能力，甚至与他本人的人文情怀、艺术和思想水平相关。我本人也是从事科学研究的，回想自己写过的不少学术论文，每一篇都是针对出现的问题，或疑惑，或不满，或怀疑，但采用的手段、方法和基础，不是牛顿动力学，就是拉格朗日动力学、电磁场理论、电动力学、张量分析、数学物理方程等。也就是说，我始终在自己领域的范畴内捣鼓。我从来没有想过，我离开了这些理论和学说能否生存立足。因此，可以这样说，我的小小的成功只是在原范畴内比别人挖得深一些而已。从来没有像连铜淑这样“出格”的想法。由此可见，搞科学研究，有时需要有点“离经叛道”

的思想，想别人不敢想的，或者想别人没有想到的，才能有更大的创新。

这是我的第一点感觉，那就是连铜淑对棱镜成像的现状不满意，他觉得反射棱镜理论还存在不少问题，原有理论还有许多问题没有妥善解决的地方，或者是原有理论解决不了现在的问题。在众人认为没有问题的地方发现或者提出问题，或者是解决了当时普遍认为的疑难问题，这就是科学水平。

我的第二点感觉是佩服连铜淑那丰富的想象力和抽象能力。他浮想联翩，居然把两个性质完全不同的事物联系起来了。“光”有能量，但没有质量，虽不虚无缥缈，但很难说它实实在在；而刚体，无论怎样抽象，它是我们能想象的实在。连铜淑在研究中，有时看起来似乎把光经反射和折射传播的中间过程，刚体运动路径的中间过程，都抽象掉了，统统不要了。就要你们二者的首尾过程，看看你们是不是一样的，或者相似的。而研究共轭这个科学问题时恰恰只需要这个首（物）尾（像）对应（共轭），并不需要中间过程。而有时，在讨论棱镜的转动和移动时，连铜淑又把光线运动与机械运动融合在一起，把刚体的转动、位移与棱镜的转动、位移联系在一起，来研究其成像特性和调整特性。当然，这两门学科的结合，除了概念上的突破外，还需要对光学和力学这两门学科有深刻和透彻的了解。

我认为，连铜淑身上所涌现的刚体运动学的想象力并不是从天而降的，他一定是先了解原来棱镜成像理论中的统一性、和谐性、对称性等表现，因为这是几百年来很成熟的理论，但他还在探索原有的理论的不足，思考在何处所受的限制或它所带来的影响以及他所不满意的方方面面，而且他一定是“朝思暮想”解决的途径，因为对立的另一方面就存在于被限制或影响的范围之中。正是他的覃思苦虑的结果，或是受到同事的启发，他的脑海中突然涌现了刚体运动学的思想，灵感好像是“从天而降”似的。搞过科学研究的人都有体会，“顿悟”好像是运气，实际是覃思苦虑十分专注的结果。我认为，这绝不是偶然的。我们可以看出，连铜淑的思维形式，不但积极，而且目标非常明确。他不仅关注光线的传播，而且关注对立的或相反的事物，如刚体的运动，自觉地把它们联系起来，从而在似乎不合逻辑的情况下提出合乎逻辑的假设。此外，我想，他当年在清华大学上学时学习力学所形成的深厚功底也是有助于他想象力的飞跃。

这是我学习连铜淑的著作在笔记中写下的“体会”和“遐想”，我在这里仅是讲了连铜淑创新思想的片断，远远不是全面的，我的体会也很肤浅。应该说，当我细读了他的著作，学习了他的理论后，他的科学研究思路和处理科学问题的方法，对我也很有启发。我觉得，很多人包括我在内，一二十年寒窗苦读，甚至出国深造，并不缺乏知识（很可能是无用的知识不少，有用的知识不多），但缺乏的是思维上的开窍和对知识的深化，而学习前辈和大师们的科学思维和方法，对我们的思想认识会大有教益和帮助的。

四、中国科学应建立自己的学派体系

连铜淑在反射棱镜共轭理论的科学工作中并不是对传统的反射棱镜理论或方法进行一些补充或修正，而是全面的、系统的、独树一帜的理论和方法。在本文中，我已扼要阐述了连铜淑的反射棱镜共轭理论上一系列理论贡献，包括创建了 4 条定理和 2 条引理，以指导棱镜成像、棱镜调整、棱镜稳像、棱镜制造公差分析，指导棱镜设计与生产实践，发展到创造新的反射棱镜和棱镜组，从而形成了一个完整的学派理论体系。

据我的认识，其主要学术贡献在于运用“刚体运动学”的观点，以“刚体运动”来模拟和阐释反射棱镜物、像空间的相互关系，对反射棱镜的共轭理论进行高度的概括，提取共性的东西，发现隐含的参量，揭示共同的规律。这是前人从未进行过的，是属于连铜淑及其同事们独创的工作，是中国科学家对几何光学宝库的一个重大贡献。

连铜淑在研究反射棱镜共轭理论过程中撰写了有关反射棱镜的专著和图书 6 册，其中《棱镜调整》一书获全国优秀科技图书一等奖，《反射棱镜共轭理论》和《Theory of Conjugation for Reflecting Prisms》中英文专著各获部级优秀教材一等奖。尤其是，通过这本英文专著，已经把具有中国特色的反射棱镜共轭理论推向世界，为我国科学界特别是光学界争得了荣誉。至今，连铜淑教授的英文专著，英、美、澳、印度等国的一些售书站还在互联网上销售。

连铜淑的“反射棱镜共轭理论”对光学仪器的成像理论做出了重要贡献，在该学术领域的研究中被公认达到了国际领先水平，赢得了国内外有关专家的赞誉。国际光学工程界权威 Rudolf Kingslake 认为，连教授撰写的英文专著 *Theory of Conjugation for Reflecting Prisms* 将长久作为这一复杂课题方面的详尽的权威性论著。我国两弹一星元勋、两院院士王大珩先生在给该书的题字中写道："提出了有关各种反射棱镜性能的统一理论……这是作者的一项新成就，就其实际价值，应可看作是为几何光学增添了新篇章。"

我十分同意国内外学者对连铜淑的学术研究建立了反射棱镜共轭理论学派体系的评价，因为连铜淑提出的、由刚体运动学观点考察反射棱镜共轭理论的假说或创意，确实能进一步看清事物的一些内在本质，发现新的规律和现象，并引导着研究工作向四面八方展开。我们说，基于刚体运动学的反射棱镜共轭理论已形成一个学派体系，并不是我们中国人在拔高或者夸大自己的成就。而是因为，这一学派体系具备一个成功的科学理论的所有特征：第一是独创性，这是被国内外学术界公认的；第二是具备足够的能反映所研究客观现象本质的基本概念，且明白严谨，能以精确的数学形式表示；第三是能比现有理论解释更多的成果；第四是经受了生产实践严峻的考验，且付诸实用；第五是具有预见性，有发展潜力；最近他用这一理论体系研究反射棱镜制造公差获得成功就是一例。因此，这一学派体系的工作包含了假说—理论—实践—应用的所有部分，他的探索是在理论指导下的探索，他的实践，是在理论指导下的实践，且每一步都有极为丰富的创造性内容，系统全面。这是中国学者为丰富几何光学理论宝库所做的杰出贡献，它赢得国内外学者的高度赞誉绝不是偶然的。

连铜淑开创的基于刚体运动学的反射棱镜共轭理论学派体系，是一项了不起的成就，因为连铜淑所研究的并不是我们通常所说的自然科学或者说基础科学领域，而是在光学工程领域。我们知道，几何光学，传承了几百年，是一门相当成熟的学科，无论是原理上、概念上，还是在方法上，都经过了千锤百炼。要在这门学科上挖掘到一座"金矿"谈何容易，但我们中国人做到了。我们知道，基础科学，由于涉及自然界及宇宙的一些根本问题，虽然经历了几百年甚至几千年前仆后继的研究，有许多光辉的成就，但依然有许多问题期待着人们去发现、去重新认识；而正在兴起的前沿的、新兴的学科，有大量未开垦的处女地等待着人们开发，它们相对于十分成熟的工程技术学科，应该说，原始的、未知的和待解的问题更多一些，获得成功的概率更大一些。但是，遗憾的是，在我国，"完全领先，开时代之先河、开创性的科研成果和重大的科学发现，特别是基础研究领域的成果，到今天还没有在中国的土地上产生”（周光召院士语）。因之，我更觉得连铜淑的创新之可贵。

在连铜淑的创造性工作中，大家评价最高的，就是他创建的刚体运动学研究反射棱镜共轭理论的学派体系。在我国，尽管很早就号召“百家争鸣、百花齐放”，但那只是在戏剧领域，如京剧的“梅、程、尚、荀”等流派和越剧“袁、范、徐、王”等流派，这也是在过去的年代。但在今天的中国科学界，“学派”之说，不知为什么，应者寥寥。改革开放以来，尽管上上下下都谈创新，“学派”二字，依然是噤若寒蝉，大家是避而不谈学派或免谈学派的。同样，谈到创新，也很少提高到建立学派理论体系的水平上来议论。我认为，这不是一个正常的现象。读科学史我们知道，自20世纪以来，科学学派已成为科学活动中占支配地位的具体组织形式。而在我国，好像科学“学派”与我们科学界无关似的。试想，当中国由科学大国向科学强国迈进时，在科学上大多学科领域没有自己的学派，没有形成我国自己的学派理论体系的工作，这是很难说得过去的。

因此，我认为，中国学术界，特别是自然科学领域的基础研究，应鼓励团队的学术带头人，有志气将自己的和团队的科学研究向形成一个学派体系方向上前进。要创造条件鼓励一些杰出的、优秀的团队在一个或若干个科学方向上具有鲜明特色，能够在本门学科前沿开展属于世界一流的研究工作，推动学科前进，甚至形成一个（以国人命名或以单位、地域命名的）科学学派。当然，对于工程科学，在一些非常成熟的技术学科里，创建学派体系的难度很大，创新的重点主要是创造性的借鉴和应用先进的技术。但在这些技术学科的基础研究领域，也并不是没有创新的可能，连铜淑在十分成熟的几何光学领域，在反射棱镜共轭理论的研究上为我们树立了榜样。

在学习反射棱镜共轭理论的过程中，我多次向连铜淑教授请教，和他交换看法。连先生非常谦虚，多次与我谈，这个学派体系并不是他一个人创造的，他向我详细地描述刚体运动学解决反射棱镜共轭理论的学派体系的形成过程。这不但有北京理工大学的教师、校友以及他的学生和弟子们集体的贡献，也有我国高等院校的教师、研究所和工厂的研究员和工程师们的杰出贡献。如华东工程学院（现南京理工大学）、长春光机学院（现长春理工大学）、哈尔滨工业大学、清华大学以及国营云南光学仪器厂、西安应用光学研究所等单位的老师和科技人员，他们也做了大量的工作。

他特别提到当年在国营云南光学仪器厂工作的唐家范研究员和西安应用光学研究所何绍宇研究员（他们两位曾就读于北京工业学院，也是北京理工大学的校友）所做出的杰出贡献，对这一学派体系的形成起了重要的作用。连铜淑教授还深情地回忆了当年与他合作的华东工程学院（现南京理工大学）卞松玲、迟泽英、郭英智三位教授，说一方面他们在反射棱镜的成像与调整原理上做了很多工作；另一方面他们又把在工厂实践中发现的难题毫无保留地告诉了他，而正是这一难题成为他后来深入研究和发展反射棱镜共轭理论中的一个非常重要的突破口，并从此影响他近 40 年的科学生涯。此外，连铜淑教授还特别提到光学前辈麦伟麟研究员以及邓必鑫、王志坚、毛文炜、赵跃进教授等在反射棱镜理论和实践中所做出的贡献。

我为我们中国的光学科技工作者在这一领域的出色创造感到无比光荣。我还感到十分自豪的是，因为这一学派体系的创造者和参与者们有许多是出自北京理工大学光电工程系门下，我衷心希望我校从事光学工程和光子学的教师和研究生们把这一优秀传统继承下去并发扬光大。

结束语

从连铜淑教授的创新历程，我们可以看到，他是一个满怀自信、脚踏实地的人，也是一个孜孜不倦、只争朝夕的人。他的充分自信是建立在实事求是的科学态度、缜密的思考论证和掌握先进科学方法的基础上的。他知道，虽然科学是急不得的，但需要只争朝夕的精神，需要一步一步踏踏实实去做。因此，他不断地进行科学积累，不断地从实践中汲取营养，不断地思考捉摸出现的问题，不断地精雕细琢已得到的结论。几十年来，他从没有停止过探索，也没有停止过思考。正因为这样，他才有今天硕果累累的丰厚回报。

我写这篇文章，是希望我们青年学子和我一起向他学习，不仅学习他思考问题的方法、钻研学问的态度，更主要是学习他“求实奋进”的科学精神。

改革开放以来，我们国家欣欣向荣，在科技上取得了辉煌的成就。当前的年代，是中国青年科学家建功立业的大好时机，只要我们有远大的志气，崇高的使命感和责任心，有充分的自信心，有正确的方法指引，有求实的科学精神，就一定会后来居上，使我们的国家成为一个名副其实的科学强国。让我们为此共同努力吧！

参考文献

[1] Lian Tongshu. Theory of conjugation for reflecting prisms—adjustment and image stabilization of optical instruments [M]. New York: International Academic Publishers, 1991.

[2] 连铜淑. 反射棱镜共轭理论——光学仪器的调整与稳像 [M]. 北京: 北京理工大学出版社, 1988.

[3] 连铜淑. 反射棱镜制造误差的分析与计算 [J]. 科技导报, 2010, 28 (9) 68-72.

[4] 连铜淑. 棱镜调整——光轴和像倾斜的计算 [M]. 北京: 北京工业学院出版社, 1973.

[5] 连铜淑. 20世纪中国知名科学家学术成就概览·信息科学与技术卷·第一分册 [M]. 北京: 科学出版社, 2014: 348-360.

后　　记

在前言中，我曾说过，当今世界，不管凡夫俗子，还是科学大家，人人都需要被科普。这是因为，每个人懂的知识，仅是当今万千世界的沧海一粟。科普给人的感受是“世界真奇妙，不学不知道”。科普在公众理解科学方面，发挥着无可替代的作用。

科学普及是对公众的科学知识教育，一个社会，没有学校的教育，是不能想象的。同样，缺乏科学普及和知识传播的社会将是一个跛足的社会。科学普及是全民的事业。科普的目的是启发民智，提升公众的科学素质，感受科学思想和科学精神，养成良好的科学探究习惯。

科普有一些重要的特点。一是知识性，它把人类从古到今、包罗万象的知识、发明创造的成果介绍给大家，使人们更聪明、更有智慧和能力；二是通俗性，它把知识中一些艰深的概念，言简意赅、通俗易懂地告诉大家，尽管通俗化的层次有高低；三是趣味性，它以轻松的手法吸引读者，启发人们的想象，从平凡的事情中发掘不平凡的东西。

科学普及的形式多种多样，可以是书籍、杂志、报纸，也可以是讲座、展览、影视等。当然，科普的内容和范围也是多种多样，宇宙太空、原子微粒，都是奥秘；自然科学、工程技术、军事经济、文史哲医，都是知识，科学普及的内容无所不包。

西方曾把知识界分为两类人：一类是创造知识的人，即通常所说的科学家，也就是科学人；另一类是传播知识的人，即通常所说的科普作家，也就是科普人。在公众的眼里，研究科学，探索未知，十分伟大，故人们很敬重科学人；然而对科普，认为无非是拾科学家的牙慧，把人家的东西通俗化而已，缺乏原创性。公众心目中对科普及科普人远不及对科学及科学人敬重，这实在是很大的不公和误解，这也是我国的科学普及不及一些技术先进国家发达的一个原因。

我对科普的认识是看起来容易，做得好非常难。人们往往认为，科普人在传布一门学科的科学知识时远不及这门学科的创造者或发现者理解得深刻，这样的认识或许是对的，但未必普遍成立。固然，有些大科学家如霍金也是一位大科普家，如他写的通俗读物《时间简史》向读者系统讲解他所知道的宇宙。但科学家写科普一定写得好倒也未必。实际，科学人通常利用抽象思维，从逻辑上严密论证，发现并描述了一个物理现象，但对这一现象的内涵和理解并不一定十分深刻。科普人虽然不是原创者，但他从形象思维出发，有时更能深刻认识这一发现的实质和它的内涵，以及这一现象的普遍性和广泛性。再者，科学人不见得是一位好的科普人，他们往往缺乏美妙的文笔和更恰当的譬喻，他们的作品往往晦涩难懂，因而不能引人入胜地吸引读者。

科学著作和文章，通常是很难读的，这是不奇怪的。实际上，绝大多数的科学论文和著作是为极少数研究这一领域的人写的，其目的是告诉世界他的发现，“好读”并不是他的目的，也不是他关心的。因此，如果科学著作和文章很好读，连一般人都很容易懂，倒是难以理解了。但科普作品一定要考虑读者群的接受程度，它必须是“好读”的，许多科普作品也是很好的科学入门书。

科普适应的对象和阶层是不同的。对科普的兴趣和爱好，科学人、文化人和工农大众之间大有差别。青幼少年、成年人和耄耋老翁之间，阅读的领域和内容的深浅更是大不相同。但科普对象的重点应是青幼少年，科普激发他们的好奇心和求知欲，帮助他们了解世界，培养他们对科学的兴趣，为今后学习科学知识奠定基础。许多孩子正是受到科普的启发走上科学之路的。

科普作品应该让读者在阅读过程中，知道是什么推动了科学向前发展，为什么它们会让科学向前发展，为什么科学家会去做出某个发现，是灵感迸发、锲而不舍，还是纯属偶然。另外，在这一过程中，科学家经历的种种困难，包括灾难和打击，他是如何与命运搏斗，最后取得成功的。科普作品若给读者思想上、意识上更多的启迪和反思，这才是它最重要的价值。

科普作品不是教科书，它需要通过类比、联想、对照等方式，让人理解科学发展的脉络和各种科学知识之间的关联，而这种理解的过程正是对人思维能力的极好锻炼。我认为，好的科普作品是对科学思维、科学思想、科学精神潜移默化的培养，而文笔优美、内容丰富、形式新颖，给人不仅是知识的学习，而且是美的享受。因此，做一名好的科普人是不容易的，他需要从内容到形式，完成文学和科学的无缝对接，感性和理性的乳交融，使科学更好读。

说来容易，等到我自己拿起笔来写科普时，撰写科学研究论文那套八股的习惯总是去不掉，加上我的文笔又不优美，回首看看自己写的科普作品，离我上面说的要求太远啦！实在是没有办法，惭愧得很。如果我的作品真的能成为一块引玉的砖头，给读者一点点启发和联想，那我就太高兴了。